工学基礎

はじめての線形代数学

A 1st Course in linear algebra

佐藤和也
只野裕一
下本陽一／著

Kazuya Sato
Yuichi Tadano
Yoichi Shimomoto

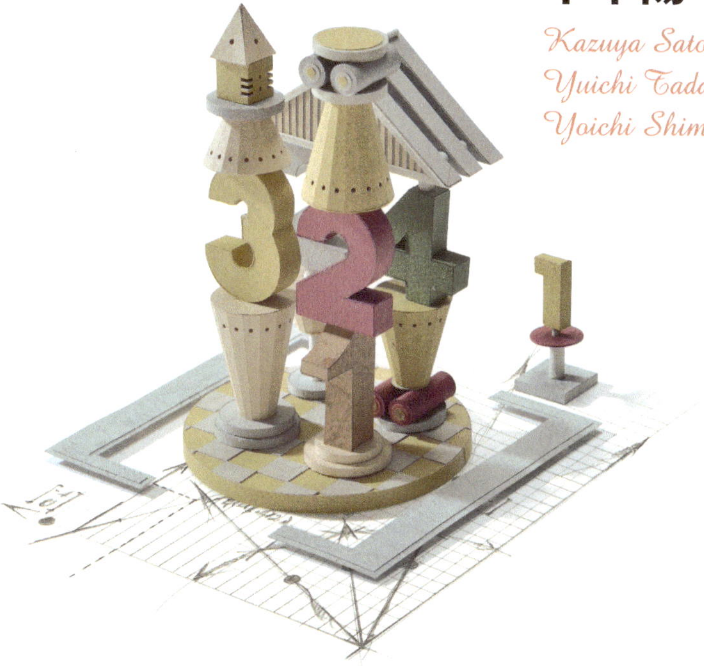

講談社

ご注意

❶本書を発行するにあたって，内容について万全を期して制作しましたが，万一，ご不審な点や誤り，記載漏れなどお気づきの点がありましたら，出版元まで書面にてご連絡ください．

❷本書の内容に関して適用した結果生じたこと，また，適用できなかった結果について，著者および出版社とも一切の責任を負えませんので，あらかじめご了承ください．

❸本書に記載されている情報は，2014 年 4 月時点のものです．

❹本書に記載されている Web サイトなどは，予告なく変更されていることがあります．

❺本書に記載されている会社名，製品名，サービス名などは，一般に各社の商標または登録商標です．なお，本書では，™，®，©マークは省略しています．

まえがき

工学系の学科のみならず，医学系や文系学科などにおいても専門基礎科目として線形代数学を必須としている教育機関が多い．これはベクトル，行列を利用した解析方法が広く普及し，文系理系の垣根を超えて線形代数学の内容を理解する必要性が増しているからであろう．

線形代数学については，さまざまな良書が数学もしくは工学を専門とする著名な先生方により執筆され，教科書として採用されている．著者らは勤務先で「線形代数学」の講義を担当し，良書を採用してきたが，学生から「固有値や基底などの計算方法はわかるが，どのような場面で利用されるのかイメージが掴みにくい」,「専門で用いることが多い外積，ベクトル関数の微分がわからない」という声を聞くことが多い．

そこで，本書は**行列について初学者となる読者を対象**として，工学を学ぶうえで必要となる線形代数学の基礎知識を身につけてもらうために，行列の成分がすべて実数である実行列に限って説明している．まず重要な基礎である，**ベクトル・行列の和差積の演算**が無理なく身につけられるように丁寧な記述を心がけ，数式の展開や具体的な計算もできるだけ途中式を記すことで，**計算方法に思い悩むことがない**ように配慮している．

つぎに，原則として連立１次方程式は未知数と方程式の数が同じものに限った場合について説明している．これは工学系の基礎問題に限ると，上記の場合が多いためである．さらに，**固有値・固有ベクトルは実数の場合のみ**に限って説明を行っている．固有値が複素数の場合を取り扱う必然性は充分に理解しているが，ひとまず実数の場合での固有値・固有ベクトルの求め方，意味が理解できなければ，さらなる応用を理解するのは難しいという想いからである．本書ではいきなり定義式を示すのではなく,「線形変換によって方向が変わらない特別なベクトルと対応したスカラー」という視点から固有値・固有ベクトルを説明しているのが特長の１つと考えている．

続いて，工学系において理解しておくことが望ましい，固有値と連立微分方程式の関係についても，微分方程式の工学的な意味から説明し，固有値による微分方程式のとらえ方について説明している．本書を通じて基礎的な事項に関して理解を深めておけば，さらなる発展的な事項を学ぶ際にも困ることがないことを期待して，**最低限の基礎事項を厳選し**，丁寧な執筆を心がけた．

一方，入門書には執筆されることが少なかった，ベクトル・行列の微分，外積，最小二乗法といった「評価関数の最適化」など**工学系の応用において重要となる基礎について説明している**ことも本書の特長である．

本書は講義で使われることを意識して，「章」ではなく「講義」として内容を 14 回に区切った．これまでに出版された線形代数学の良書に比べて内容，説明が至らない点もあるかもしれないが，工学系の専門を学ぶ上で重要となる事項が「ひとまず理解できた」と感じられるように内容を精査し，執筆している．学生が「線形代数学で学ぶ事項の意味がわかった」，「専門で学ぶ内容の基礎がわかった」と感じられ，将来にわたって線形代数学の内容で困ったときに読み返せる本となれることを期待している．

本書は本文中の文字に色付けをしている．**赤色の文字**は重要な説明，**青色の文字**は**赤色の文字**に対比もしくは対となる説明，文字のマークは重要なキーワードに付けている．

著者らの筆力不足で，読みにくく理解しにくい部分も多く残っていると思うが，今後ご指摘をいただき，改訂に繋げられれば幸いである．

出版に際して多くの方にお世話になりました．これまでご指導いただいた多くの先生方に感謝いたします．特に，著者らが初学の頃よりご指導いただいた，九州工業大学 小林敏弘名誉教授，九州工業大学 大屋勝敬教授，慶應義塾大学 故 野口裕久教授に深謝いたします．また，原稿に対する意見や校正に際して協力してくれた著者らの研究室の諸君にも感謝します．最後に出版の機会を与えてくださり，多大なご尽力をいただいた講談社サイエンティフィクの横山真吾氏，ならびに著者らの家族に感謝いたします．

2014 年盛夏

佐藤和也，只野裕一，下本陽一

工学基礎　はじめての線形代数学◎目次

講義 01

線形代数学とは

本書では線形代数学という数学の 1 分野における基礎的事項を説明する．数学が扱う内容にはさまざまな分野があるが（代数学，幾何学，解析学，集合論，情報科学，確率論，統計論など），線形代数学は代数学に含まれる内容を扱う．数学の研究分野はさまざまに入り組んでいるので，実際の内容は分野の枠を超えて複雑になっているが，線形代数学は数学や工学の基礎となり，現代では文・理系問わず重要な科目となっている．本講では線形代数学を学ぶうえで重要となるベクトル，行列の基礎的概念について説明し，線形代数学の応用例についても説明する．

講義 01 のポイント

- 行列とはどのようなものかを理解しよう．
- 線形代数学がどのような分野に用いられているのかを理解しよう．

1.1 線形代数学ことはじめ

「線形代数学」とは一言でいえば「ベクトルや行列の性質，およびそれらの相互作用を調べる」数学の一分野であるといえる．

「ベクトル」とは，高校の数学で学んだとおり「位置ベクトル」,「空間ベクトル」であり，2 次元平面や 3 次元空間での直線や平面，図形を表すことができる．このときベクトルの成分は 2 個か 3 個であったが[1]，線形代数学でのベクトルは n 個の成分を持つものにまで拡張され，2 次元平面や 3 次元空間の概念を超えるものとなる[2]．

「行列」という言葉ははじめて聞くかもしれないが，実は連立 1 次方程式と密接に関係している．例えば，つぎの問題を考えよう．

りんご 5 個とみかん 2 個の金額が 120 円，りんご 3 個とみかん 4 個の金額が 100 円のとき，りんご，みかんのそれぞれ 1 個の金額はいくらか？

1) 平面の座標を表すには 2 個の成分，空間の座標を表すには 3 個の成分で充分であった．
2) 詳しくは 2.1 節で説明する．

これを解くには，例えばりんごの値段を x，みかんの値段を y として，つぎの 2 元連立 1 次方程式を解けば良い．

$$\begin{cases} 5x + 2y &= 120 \\ 3x + 4y &= 100 \end{cases} \tag{1.1}$$

式 (1.1) を解くと，$x = 20, y = 10$ となる．

2 元連立 1 次方程式であれば比較的簡単に解くことはできるが，人類は古来から 3 元や 4 元以上の連立 1 次方程式を解く必要にせまられ，簡単に効率よく解く方法を考案してきた．そこで考え出されたのが「行列」である．

いま，式 (1.1) をつぎのように変形しよう．

$$\begin{bmatrix} 5x + 2y \\ 3x + 4y \end{bmatrix} = \begin{bmatrix} 120 \\ 100 \end{bmatrix} \Rightarrow \begin{bmatrix} 5 & 2 \\ 3 & 4 \end{bmatrix} \begin{bmatrix} x \\ y \end{bmatrix} = \begin{bmatrix} 120 \\ 100 \end{bmatrix} \tag{1.2}$$

式 (1.2) の矢印の左側は，式 (1.1) の第 1 式の左辺（右辺）と第 2 式の左辺（右辺）をそれぞれ角カッコの中に書き，さらに矢印の右側は係数（この場合 5，2，3，4）と x，y を分離して書き表している．ここで，式 (1.2) における左辺の関係を図的に表すと図 1.1 となる．

式 (1.2) において

$$\begin{bmatrix} 5 & 2 \\ 3 & 4 \end{bmatrix} \tag{1.3}$$

は式 (1.1) の左辺の係数を抜き出してまとめたものであり，**行列**と呼ばれる．この場合，式 (1.3) の行列は，連立 1 次方程式の**係数を規則に従って抜き出して並べたもの**と解釈できる．3 元や 4 元連立 1 次方程式においては，この行列表現を使うと連立 1 次方程式が簡単に解ける．

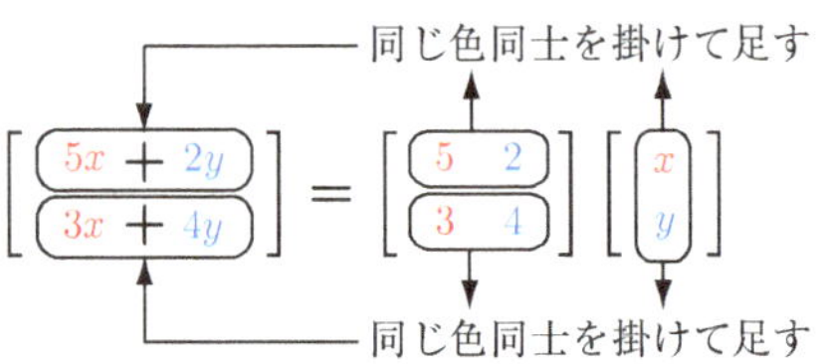

図 1.1 連立 1 次方程式の左辺の別表現

また，ある数式を変形したり，ある規則に従って数値を並べて**行列を求めることにより，数式を解いたり規則を解釈することが簡単になる場合が多い**．

1.2 線形代数学はどのように応用されるのか

本節では行列（ベクトル）がどのような分野で具体的に応用（利用）されるのかについて説明する．概説程度のため，専門的な説明に深く立ち入ることはしない．本節の内容はすべてを理解する必要はないが，行列（ベクトル）の使い道はさまざまであることを最低限理解しよう．

1.2.1 Google も行列？

インターネットを通じてさまざまな情報を得ることができるが，多数ある情報の中から自分のほしい情報を検索できるサイトとして Google が知られている（http://www.google.co.jp）．この検索サイトの基本的な仕組みは，サイト同士のリンク（つながりかた）を行列により表現し，解析したものである [5]．つぎの場合を考えよう．4 つのサイトがあり，それぞれが図 1.2 に示すとおりの関係でリンクが張られているとする．例えば，サイト A はサイト B, C, D にリンクを張り，サイト B と D からリンクを張られている．ここで，あるサイトからリンクを張られているときは 1，張られていないときは 0 と表すという規則を設けよう．サイト A の状況は，4 つのサイトのうちサイト B と D からリンクが張られているので，左から 2 番目と 4 番目を 1 とし，あとは 0 とすると 0 1 0 1 と表すことができる．この規則に従うと，サイト B の状況は 1 0 0 1，サイト C の状況は 1 0 0 0，サイト D の状況は 1 0 1 0 となる．これらサイトの状況を縦に並べると，図 1.3 に示す行列表現が得られる．この行列より行列の**固有値**，**固有ベクトル**というものを求めると，どのサイトが重要なサイトであるか，といったサイトごとのランキ

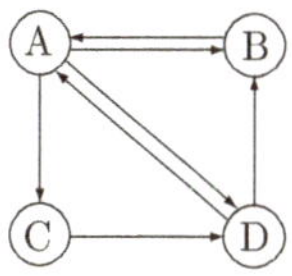

図 1.2 サイト接続の例

0	1	0	1	サイト A の状況
1	0	0	1	サイト B の状況
1	0	0	0	サイト C の状況
1	0	1	0	サイト D の状況

図 1.3 サイト接続の行列による表現

ングが求められる．つまり，「ある検索用語を入力すると，その用語が記載されている最も重要と判定されたサイトが検索結果の最初から順を追って表示される」という結果が得られる．これが検索サイトの根本原理であり，行列とそれに関連した計算が大変役に立っている．

1.2.2 ロボットも行列？

図 1.4 に示すようなロボットがさまざまな製造現場で利用されている．これらのロボットは各関節に配置されたモータ（アクチュエータ）によって駆動されることが多い．ロボットを望ましい姿勢にして作業を行わせるには，関節角を適切に制御する必要がある．関節角を変化させたときロボットの手先の位置がどこになるのかを知ることは重要であり，そのために行列が使われている．

図 1.4(a) の水平関節型ロボットは 2 つの関節を持ち，ロボットを上から見て模式的に表すと図 1.4(b) のように描くことができる．各アームの長さを ℓ_1, ℓ_2，各関節角度を θ_1, θ_2 とすると各関節の特徴を表す行列はつぎとなる[3)]．

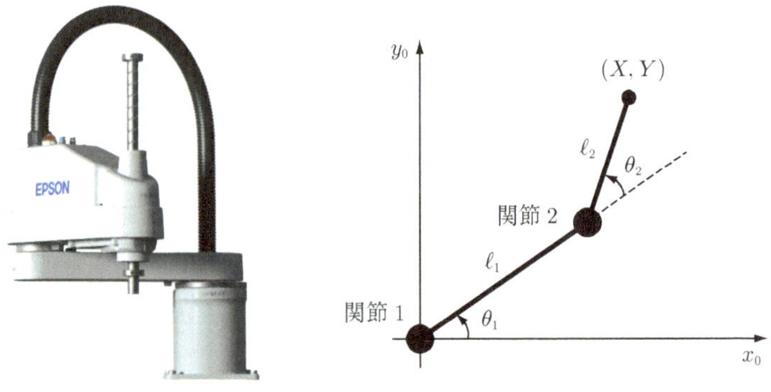

(a) スカラロボット「LS6」　(b) アームの座標構成

図 1.4　スカラロボットとアームの座標
（写真提供：エプソン販売株式会社）

3) この行列は，回転と並進の 2 つの行列を掛けた結果である．

$$\text{関節 } i : A_i = \begin{bmatrix} \cos\theta_i & -\sin\theta_i & \ell_i\cos\theta_i \\ \sin\theta_i & \cos\theta_i & \ell_i\sin\theta_i \\ 0 & 0 & 1 \end{bmatrix}, \quad i = 1, 2 \tag{1.4}$$

2つの行列 A_1 と A_2 を行列同士の掛け算の決まりに従って掛け，さらにベクトル $\begin{bmatrix} 0 \\ 0 \\ 1 \end{bmatrix}$ を掛けることにより，アームの手先の位置 (X, Y) はつぎとなる．

$$\begin{cases} X &= \ell_1\cos\theta_1 + \ell_2\cos(\theta_1 + \theta_2) \\ Y &= \ell_1\sin\theta_1 + \ell_2\sin(\theta_1 + \theta_2) \end{cases} \tag{1.5}$$

関節角度がわかればアームの手先がどの位置になるのかがわかるので，ロボットの姿勢を制御するための基礎となる．ロボットの関節が増え，さらに複雑になっても A_i もしくはそれに似た行列の掛け合わせによって手先の位置を求めることができ，行列同士，行列とベクトルの掛け算が重要となる．

1.2.3 車，ビル，電気回路の解析も行列？

図 1.5 に示す，車の乗り心地や高層ビルの揺れ対策などを考えるうえでの基礎となるマス–ばね–ダンパシステム，電気回路の解析の基礎となる RLC 回路を考えよう．これら 2 つのシステムの特性は微分方程式

$$a\ddot{y}(t) + b\dot{y}(t) + cy(t) = u(t) \tag{1.6}$$

で表される．ここで a, b, c は係数であり，図 1.5(a) では $a = M$，$b = D$，$c = K$，$y(t) = x(t)$，$u(t) = f(t)$ となり，図 1.5(b) では $a = LC$，$b = RC$，$c = 1$，$y(t) = v_o(t)$，$u(t) = v_i(t)$ となる．また $\dot{y}(t)$ は $y(t)$ の時間に関する 1 階微分，$\ddot{y}(t)$ は $y(t)$ の時間に関する 2 階微分である．微分方程式 (1.6) を解くとシステムの応答，すなわち $y(t)$ の変化を知ることができる．この微分方程式の解は式 (1.6) の係数 a, b, c により構成されるつぎの行列

$$\begin{bmatrix} 0 & 1 \\ -\dfrac{c}{a} & -\dfrac{b}{a} \end{bmatrix}$$

の**固有値**によって大別され，実数（重複も含める）または共役複素数のいず

れかとなる．

$a=1,\ b=5,\ c=6$ とした場合（固有値は $-2,-3$）と $a=1,\ b=0.8,\ c=20$ とした場合（固有値は $-0.4\pm 4.4542i$）の $y(t)$ を図 1.6 に示す．固有

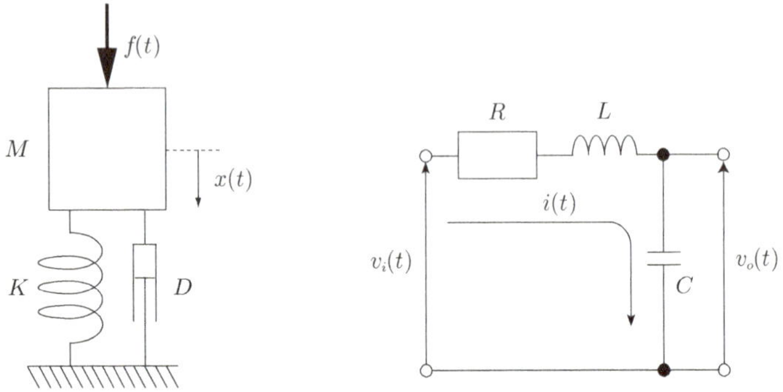

M：マスの質量
K：ばね定数
D：ダンパ係数
$x(t)$：マスのつり合いの位置からの変位
$f(t)$：マスに加える力

(a) マス–ばね–ダンパシステム

R：抵抗
L：インダクタンス
C：コンデンサ
$v_o(t)$：コンデンサの両端の電圧
$v_i(t)$：回路に加える電圧

(b) RLC 回路

図 1.5　2 階微分方程式で表されるシステム

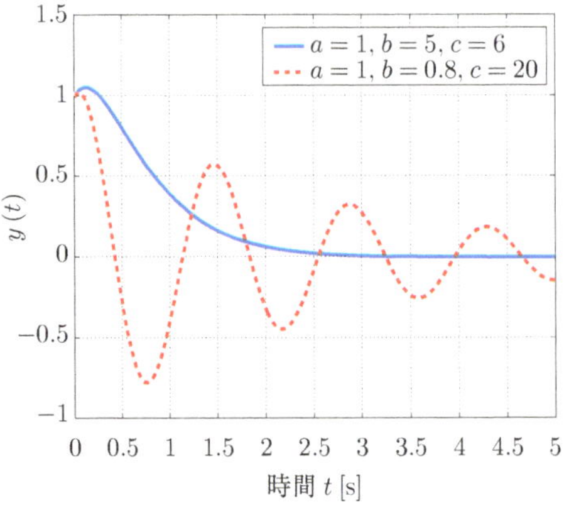

図 1.6　微分方程式の解の例

値が実数のみの場合に比べ共役複素数になる場合はマスの位置，あるいはコンデンサの両端の電圧が振動していることがわかる．

1.2.4　構造物の解析も行列？

構造物を構成する個々の部分のことを部材という．棒状の部材をピンで連結した構造をトラス構造と呼び，橋や鉄塔をはじめとする身の回りのさまざまな構造物に用いられている．図 1.7(a) の自転車置き場の屋根は，トラス構造の身近な一例である．図 1.7(b) に模式的に示すトラス構造を考えよう．ここでは，6 本のトラスが 5 つの節点によって連結され，外力 f を支えている．このとき，各トラスに生じる力（内力）が設計の際に計算すべき未知数となる．構造がつり合い状態で静止しており，またトラスの変形は無視できるとすると，例えば点 C における水平方向と垂直方向の力のつり合いは

$$\begin{cases} a_{11}T_{\mathrm{AC}} + a_{15}T_{\mathrm{CE}} = 0 \\ a_{24}T_{\mathrm{CD}} + a_{25}T_{\mathrm{CE}} = 0 \end{cases} \tag{1.7}$$

と書くことができる．$a_{11}, a_{15}, a_{24}, a_{25}$ は，それぞれのトラスの向きで決まる定数である．同様にして各点での力のつり合いを求めると，6 つの未知数に対して 6 元連立 1 次方程式が得られる．行列とベクトルを使えば，これをつぎのように表現することができる．

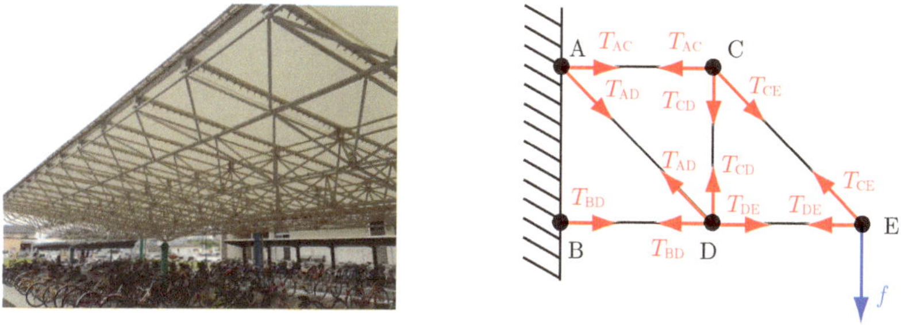

(a) 自転車置き場にあるトラス構造　　(b) トラス構造の模式図

図 1.7　トラス構造

$$\begin{bmatrix} a_{11} & 0 & 0 & 0 & a_{15} & 0 \\ 0 & 0 & 0 & a_{24} & a_{25} & 0 \\ 0 & a_{32} & a_{33} & 0 & 0 & a_{36} \\ 0 & a_{42} & 0 & a_{44} & 0 & 0 \\ 0 & 0 & 0 & 0 & a_{55} & a_{56} \\ 0 & 0 & 0 & 0 & a_{65} & 0 \end{bmatrix} \begin{bmatrix} T_{\mathrm{AC}} \\ T_{\mathrm{AD}} \\ T_{\mathrm{BD}} \\ T_{\mathrm{CD}} \\ T_{\mathrm{CE}} \\ T_{\mathrm{DE}} \end{bmatrix} = \begin{bmatrix} 0 \\ 0 \\ 0 \\ 0 \\ 0 \\ -f \end{bmatrix} \qquad (1.8)$$

行列とベクトルによって，たくさんの連立 1 次方程式を効率よく記述できることがわかる．

ここでは簡単なトラス構造を取り上げたが，現実の構造物の多くでは部材が多大な数となる．結果として方程式の数が増え，これを表す行列やベクトルも非常に大きなものとなる．このとき，個々の部材に対する方程式は比較的単純な 1 次方程式であるが，それが大量に連立されて規模の大きな連立 1 次方程式となっていることが特徴である．講義 06，07 で学ぶように，連立 1 次方程式はその規模にかかわらず，解き方や方程式の性質には一般性がある．連立 1 次方程式を表す行列の性質を調べれば，その方程式がどのような解を持つかを知ることができるため，行列の性質に対する理解が重要となる．

以上のトラス構造の考え方をより一般化し，構造物を要素と呼ばれる基本的な形状の部分の集合としてとらえ，個々の要素に対する方程式を連立することで構造物全体の変形などを評価する手法を**有限要素法**という．有限要素法は非常に汎用性が高い手法であり，構造物だけでなく熱の伝わり方や液体・気体の流れ，電磁場の評価などさまざまな工学問題，物理問題でコンピュータシミュレーションのための手法として利用されている．有限要素法で取り扱う問題は，未知数の数が膨大なものとなることも多いが，今日では家庭用のパーソナルコンピュータでも 10 万以上，スーパーコンピュータを利用すれば 1 億以上の未知数を持つ連立方程式を取り扱うことが可能となっている．

1.2.5 身の回りの材料の変形も行列？

有限要素法を使って，身の回りの材料の変形を評価した例を示そう．ゴムホースを手に持って曲げると，しばらくは全体がしなるように曲がる．しかし，加える力を大きくしていくと，ある箇所から突然ポキッと折れるように変形してしまったという経験はないだろうか．これは座屈と呼ばれ，構造や

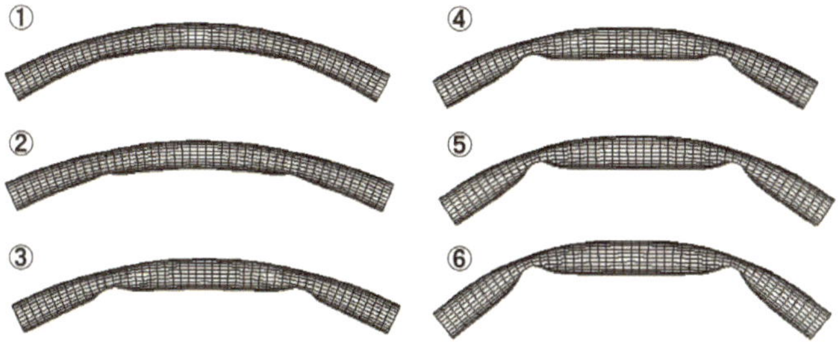

図 1.8 ゴムホースの曲げ
（図版提供：株式会社豊田中央研究所 田中真人博士）

材料の健全性を評価する際に重要となる現象である．座屈の発生は，講義 09 で学ぶ固有値や固有ベクトルと深く関連していることが知られている．前述の有限要素法を用いて，ゴムホースを曲げた際の変形挙動をシミュレーションした結果を図 1.8 に示す．

はじめは均一に曲がっていたゴムホースが，途中から 2 箇所で折れるように変形する様子が再現されている．この問題を連立方程式で表したとき，そこに現れる行列の固有値を評価することで，折れ曲がりの発生する条件を調べることができる．また，そのときに折れ曲がる位置や折れ曲がり方は固有ベクトルと密接な関係を持っており，ここでも行列が重要な役割を果たしていることがわかる．

講義 01 のまとめ

- 行列とはある数式や規則に基づいて数値もしくは記号を配置したものである.
- インターネットの検索サイト，ロボットの解析，車や構造物，電気回路の解析にも行列が使われている.
- 行列はさまざまな工学分野での応用の基礎となる.

講義 02

ベクトルによる表現

本講ではベクトルによるさまざまな表現について説明する．図形を表現するうえで用いるベクトルの考え方も重要であるが，ベクトルの成分表示による考え方も応用上重要となる．成分表示によるベクトルの大きさ，内積，ベクトルを用いた直線の表現，特に媒介変数表示について理解を深めることは重要である．

講義 02 のポイント

- ベクトルの成分表示を理解しよう．
- ベクトルの大きさ，内積を理解しよう．
- ベクトルを用いた直線の表現を理解しよう．

2.1 ベクトルとは

2.1.1 スカラーとベクトル

質量や長さなどの物理量は 3[kg], 5[m] と表されるが，単位を意識しなければ，それぞれ 3, 5 など**単なる数の大きさ**でその量が決まる．数値のみの量を**スカラー**（scalar）と呼ぶ．工学で扱う物理量は，力や流量（3[N], 5[m^3/s]）などのように数値としての**大きさ**のみではなく，「どの方向に向かうのか」という**向き**も考慮しなければならない量が存在する．「大きさ」と「向き」を持った量を**ベクトル**（vector）と呼ぶ．

図 2.1 に示すとおり，平面または空間において点 A から点 B への向きを考えた線分 $\overrightarrow{\mathrm{AB}}$ を**有向線分**，点 A を**始点**，点 B を**終点**と呼ぶ．有向線分 $\overrightarrow{\mathrm{AB}}$ に

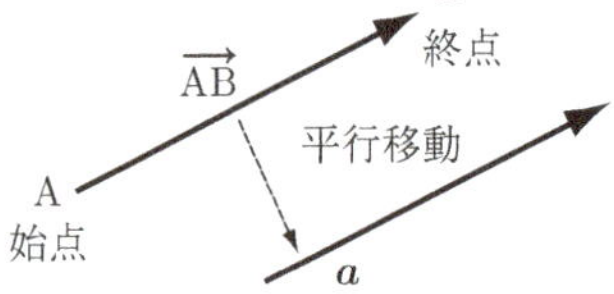

図 2.1 矢線ベクトル

対して，その大きさと向きを同じとして平行移動したものすべてを同じであるとみなせるとき，この有向線分を**矢線ベクトル**と呼ぶ．スカラーの記号は a, b など普通の斜体で表すが，矢線ベクトル $\overrightarrow{\mathrm{AB}}$ の記号は $\boldsymbol{a}$ のように太字の斜体で表す[1)]．以後，矢線ベクトルをただ単に**ベクトル**と呼ぶことにする．

2.1.2 ベクトルの成分表示

図 2.2 に示す xy 座標平面上（2 次元平面上の直交座標系）において，原点 O（始点）から点 A（終点）に向かうベクトルを $\boldsymbol{a}(=\overrightarrow{\mathrm{OA}})$ とする．点 A の座標 (a_1, a_2) において a_1 を x 座標の成分，a_2 を y 座標の成分という．各成分によりベクトル $\boldsymbol{a}$ をつぎで表す．

$$\boldsymbol{a} = \begin{bmatrix} a_1 \\ a_2 \end{bmatrix} \tag{2.1}$$

ベクトル $\boldsymbol{a}$ を式 (2.1) のように成分で表すことを**ベクトルの成分表示**と呼ぶ[2)]．

図 2.3 に示す xyz 座標空間上（3 次元空間上の直交座標系）において，始点を原点 O，終点を点 A（座標は (a_1, a_2, a_3)，a_3 は z 座標の成分）としたベクトルは，式 (2.1) の平面のベクトルの成分表示を拡張してつぎで表す．

$$\boldsymbol{a} = \begin{bmatrix} a_1 \\ a_2 \\ a_3 \end{bmatrix} \tag{2.2}$$

平面，空間のベクトルの成分表示を拡張させて，ベクトルの成分が n 個の

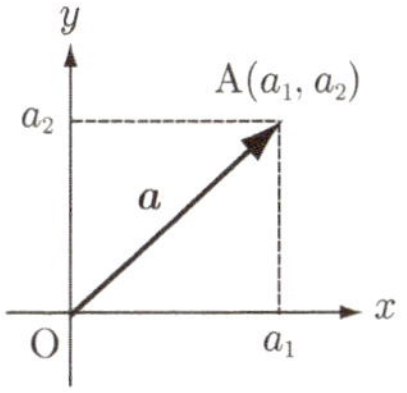

図 2.2　xy 座標平面上のベクトル

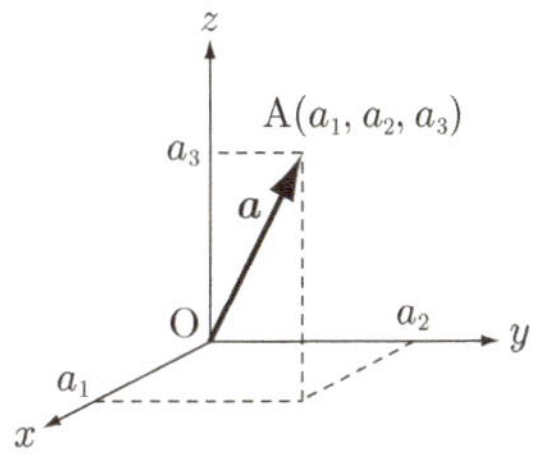

図 2.3　xyz 座標空間内のベクトル

1) 線形代数学においてはベクトルを太文字の $\boldsymbol{a}$ で表すことが多い．

2) ベクトルの成分表示を $\begin{pmatrix} a_1 \\ a_2 \end{pmatrix}$ のように丸括弧で表す場合もあるが，本書では角括弧で表す．

ものを考えることができる．n 個の変数や定数 $a_1, a_2, \cdots, a_n$ を記号 a の右下添字番号（数字）の順に並べたつぎの形式を考えよう．

$$\boldsymbol{a}_c = \left.\begin{bmatrix} a_1 \\ a_2 \\ \vdots \\ a_n \end{bmatrix}\right\} n \text{ 個}, \quad \boldsymbol{a}_r = \underbrace{\begin{bmatrix} a_1 & a_2 & \cdots & a_n \end{bmatrix}}_{n \text{ 個}} \tag{2.3}$$

ここで $\boldsymbol{a}_c$ を**列ベクトル**（column vector），$\boldsymbol{a}_r$ を**行ベクトル**（row vector）と呼ぶ．ベクトル内の変数または定数のことを**成分**（element）という．ベクトルの成分数は縦の数 × 横の数として表す．列ベクトルは，成分の縦の数が n，横の数が 1 なので $n \times 1$ ベクトルと表す．行ベクトルは，成分の縦の数が 1，横の数が n なので $1 \times n$ ベクトルと表す．成分がすべて実数のベクトルを**実ベクトル**と呼ぶ．また，各ベクトルの成分の個数 n のことを**次数**（order）と呼ぶ．

ベクトルを平面や空間など図的イメージで考えてもよいが，単に数字の並びをベクトルとしてとらえてもよい[3)]．このとき式 (2.3) のベクトルを**数ベクトル**と呼ぶ[4)]．また，次数 n のベクトルを **n 次元数ベクトル**と呼ぶ．

実数全体の集合を $\mathbb{R}$ とすると，数ベクトル（列ベクトル）の集合としてつぎの表現がある．

$\mathbb{R}^n$：n 次元数ベクトル全体の集合

$$\mathbb{R}^n = \left\{ \boldsymbol{a} = \begin{bmatrix} a_1 \\ a_2 \\ \vdots \\ a_n \end{bmatrix} \middle| \, a_1, a_2, \cdots, a_n \in \mathbb{R} \right\} \tag{2.4}$$

ここで $a_1, a_2, \cdots, a_n \in \mathbb{R}$ は，「変数または定数 a_i が実数 $\mathbb{R}$ に属する」という意味であり，式 (2.4) は実数 $\mathbb{R}$ に属する a_i を成分とする列ベクトル $\boldsymbol{a}$ の全体の集合を $\mathbb{R}^n$ で表すことを意味する[5)]．すなわち，$\boldsymbol{a} \in \mathbb{R}^n$ はベクトル $\boldsymbol{a}$

3) しかし，その数には座標など何かの意味がある．
4) 数ベクトルであることが明らかな場合は，ただ単にベクトルと表記することもある．
5) $\mathbb{R}^n$ の右上添字は，本来 $n \times 1$ となるが列数が 1 の場合は $\times 1$ を省略することができる．

が n 次元数ベクトルの集合に属することを表す．

2.1.3 ベクトルの和，差，スカラー倍

n 次元数ベクトルにおいて，ベクトルの和，差とスカラー倍の計算方法が定義されていて，列ベクトルの場合はつぎとなる．

n 次元数ベクトル $\boldsymbol{a} = \begin{bmatrix} a_1 \\ a_2 \\ \vdots \\ a_n \end{bmatrix}$ と $\boldsymbol{b} = \begin{bmatrix} b_1 \\ b_2 \\ \vdots \\ b_n \end{bmatrix}$，すなわち $\boldsymbol{a}, \boldsymbol{b} \in \mathbb{R}^n$ とスカラー $k \in \mathbb{R}$ に対してつぎの演算が定義される．

$$\text{和 } \boldsymbol{a}+\boldsymbol{b} = \begin{bmatrix} a_1+b_1 \\ a_2+b_2 \\ \vdots \\ a_n+b_n \end{bmatrix}, \text{差 } \boldsymbol{a}-\boldsymbol{b} = \begin{bmatrix} a_1-b_1 \\ a_2-b_2 \\ \vdots \\ a_n-b_n \end{bmatrix}, \text{スカラー倍 } k\boldsymbol{a} = \begin{bmatrix} ka_1 \\ ka_2 \\ \vdots \\ ka_n \end{bmatrix}$$

これより，ベクトル同士の次数が同じ場合は和と差が計算できて，ベクトル内の対応する成分同士のみを足し引きすればよいことがわかる．また，スカラー倍はベクトルの成分のそれぞれにスカラーを掛ければよいことがわかる．

列ベクトル同士だけではなく，行ベクトル同士についても和，差，スカラー倍の演算が成り立つ．

例 2.1 $\boldsymbol{a} = \begin{bmatrix} 3 \\ 4 \\ 3 \end{bmatrix}, \boldsymbol{b} = \begin{bmatrix} 2 \\ 3 \\ 1 \end{bmatrix}, \boldsymbol{c} = \begin{bmatrix} 3 & 5 & 6 \end{bmatrix}, \boldsymbol{d} = \begin{bmatrix} 1 & 3 & 5 \end{bmatrix}$ とするとつぎとなる．

$$\boldsymbol{a}+\boldsymbol{b} = \begin{bmatrix} 5 \\ 7 \\ 4 \end{bmatrix}, \quad \boldsymbol{a}-\boldsymbol{b} = \begin{bmatrix} 1 \\ 1 \\ 2 \end{bmatrix}, \quad \boldsymbol{c}+\boldsymbol{d} = \begin{bmatrix} 4 & 8 & 11 \end{bmatrix},$$

$$\boldsymbol{c}-\boldsymbol{d} = \begin{bmatrix} 2 & 2 & 1 \end{bmatrix}$$

❖

ベクトルの和と差の決まりより，例 2.1 の場合，$\boldsymbol{a}+\boldsymbol{c}$ や $\boldsymbol{b}-\boldsymbol{d}$ などの計算はできない．

例 2.2 $\boldsymbol{a} = \begin{bmatrix} 3 \\ 4 \\ 3 \end{bmatrix}$ に 2 を掛けるとつぎとなる．また $\boldsymbol{b} = \begin{bmatrix} 2 & 6 & 8 \end{bmatrix}$ はつぎで表すことができる．

$$2\boldsymbol{a} = \begin{bmatrix} 6 \\ 8 \\ 6 \end{bmatrix}, \quad \boldsymbol{b} = 2\begin{bmatrix} 1 & 3 & 4 \end{bmatrix}$$

矢線ベクトルと同様に，数ベクトルの和とスカラー倍の基本性質はつぎとなる．

ベクトルの和とスカラー倍の基本性質

$\boldsymbol{a}, \boldsymbol{b}, \boldsymbol{c}$ を任意の n 次元数ベクトル，k, ℓ をスカラーとするとき，つぎが成立する．

(1) $\boldsymbol{a} + \boldsymbol{b} = \boldsymbol{b} + \boldsymbol{a}$（交換法則）

(2) $(\boldsymbol{a} + \boldsymbol{b}) + \boldsymbol{c} = \boldsymbol{a} + (\boldsymbol{b} + \boldsymbol{c})$（和の結合法則）

(3) $\boldsymbol{a} + \boldsymbol{0} = \boldsymbol{a}, \quad \boldsymbol{a} + (-\boldsymbol{a}) = \boldsymbol{0}$

(4) $k(\ell\boldsymbol{a}) = (k\ell)\boldsymbol{a}$（スカラー倍の結合法則）

(5) $(k + \ell)\boldsymbol{a} = k\boldsymbol{a} + \ell\boldsymbol{a}, \quad k(\boldsymbol{a} + \boldsymbol{b}) = k\boldsymbol{a} + k\boldsymbol{b}$（分配法則）

(6) $1\boldsymbol{a} = \boldsymbol{a}, \quad 0\boldsymbol{a} = \boldsymbol{0}$

ここで性質 (3), (6) の $\boldsymbol{0}$ はすべての成分が 0 のベクトルで**零（ぜろ）ベクトル**と呼ぶ．

つぎにベクトルの和とスカラー倍の基本性質を満たす，ベクトルの集合を表すベクトル空間について説明する．

ベクトル空間

性質 (1)〜(6) を満たすベクトルの集合を V とすると $\boldsymbol{V}$ **を** $\mathbb{R}$ **上の線形空間（ベクトル空間）**, または**実ベクトル空間**と呼び, $\boldsymbol{a}, \boldsymbol{b}, \boldsymbol{c} \in \boldsymbol{V}$ と表す．また，n 次元数ベクトルの集合は性質 (1)〜(6) を満たすので，**数ベクトル空間** $\mathbb{R}^n$ と呼ぶ．

また，2 つの n 次元数ベクトル $\boldsymbol{a}$，$\boldsymbol{b}$（行または列ベクトル同士）において

$$a_1 = b_1, \quad a_2 = b_2, \ \cdots, \quad a_n = b_n \tag{2.5}$$

が成り立つとき，2 つのベクトル $\boldsymbol{a}$ と $\boldsymbol{b}$ は等しいといい，$\boldsymbol{a} = \boldsymbol{b}$ と表す．

ベクトル同士の足し算とスカラー倍において，つぎが知られている．

ベクトルの 1 次（線形）結合

2 つのベクトル $\boldsymbol{a}$ と $\boldsymbol{b}$ にスカラー k, ℓ をそれぞれ掛けて足したつぎの形式を**ベクトルの 1 次（線形）結合**（linear combination）と呼ぶ．

$$k\boldsymbol{a} + \ell\boldsymbol{b} \tag{2.6}$$

また，n 個のベクトル $\boldsymbol{a}_1, \boldsymbol{a}_2, \cdots, \boldsymbol{a}_n$ とスカラー $k_1, k_2, \cdots, k_n$ に関しても，つぎの形式を 1 次（線形）結合と呼ぶ．

$$k_1\boldsymbol{a}_1 + k_2\boldsymbol{a}_2 + \cdots + k_n\boldsymbol{a}_n \tag{2.7}$$

図 2.4(a) に示す O を原点とする xy 座標平面上で，点 E_1（座標は $(1, 0)$）と点 E_2（座標は $(0, 1)$）を考えよう．このとき $\boldsymbol{e}_1(= \overrightarrow{\mathrm{OE}_1})$, $\boldsymbol{e}_2(= \overrightarrow{\mathrm{OE}_2})$ を xy 座標の**基本ベクトル**（standard basis）と呼び，その成分表示はつぎとなる．

$$\boldsymbol{e}_1 = \begin{bmatrix} 1 \\ 0 \end{bmatrix}, \quad \boldsymbol{e}_2 = \begin{bmatrix} 0 \\ 1 \end{bmatrix} \tag{2.8}$$

同様に図 2.4(b) に示す xyz 座標空間の基本ベクトルはつぎとなる．

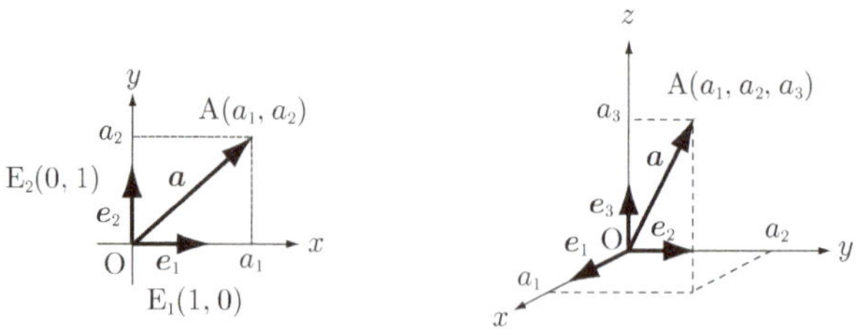

(a) xy 座標平面上の基本ベクトル　(b) xyz 座標空間上の基本ベクトル

図 2.4　平面・空間上のベクトルと基本ベクトル

$$\boldsymbol{e}_1 = \begin{bmatrix} 1 \\ 0 \\ 0 \end{bmatrix}, \quad \boldsymbol{e}_2 = \begin{bmatrix} 0 \\ 1 \\ 0 \end{bmatrix}, \quad \boldsymbol{e}_3 = \begin{bmatrix} 0 \\ 0 \\ 1 \end{bmatrix} \tag{2.9}$$

よって，式 (2.1) のベクトル $\boldsymbol{a}$ は基本ベクトルを使ってつぎで表される．

$$\boldsymbol{a} = \begin{bmatrix} a_1 \\ a_2 \end{bmatrix} = a_1 \begin{bmatrix} 1 \\ 0 \end{bmatrix} + a_2 \begin{bmatrix} 0 \\ 1 \end{bmatrix} = a_1\boldsymbol{e}_1 + a_2\boldsymbol{e}_2 \tag{2.10}$$

また，式 (2.2) のベクトル $\boldsymbol{a}$ は基本ベクトルを使ってつぎで表される．

$$\boldsymbol{a} = \begin{bmatrix} a_1 \\ a_2 \\ a_3 \end{bmatrix} = a_1 \begin{bmatrix} 1 \\ 0 \\ 0 \end{bmatrix} + a_2 \begin{bmatrix} 0 \\ 1 \\ 0 \end{bmatrix} + a_3 \begin{bmatrix} 0 \\ 0 \\ 1 \end{bmatrix} = a_1\boldsymbol{e}_1 + a_2\boldsymbol{e}_2 + a_3\boldsymbol{e}_3 \tag{2.11}$$

式 (2.10)，(2.11) より，**ベクトルは基本ベクトルの 1 次（線形）結合により表すことができる**ことに注意しよう．この考え方は講義 07 で説明する「1 次独立と 1 次従属」，講義 12 で説明する「基底」と重要なつながりがある．また，a_1, a_2, a_3 は実数（スカラー）であることにも注意しよう．

ベクトル同士の積の計算については講義 03 で説明する．

2.1.4 ベクトルの大きさ

n 次元数ベクトル $\boldsymbol{a} = \begin{bmatrix} a_1 \\ a_2 \\ \vdots \\ a_n \end{bmatrix}$ に対して，$\boldsymbol{a}$ の大きさをつぎで定義する．

$$\|\boldsymbol{a}\| = \sqrt{a_1^2 + a_2^2 + \cdots + a_n^2} \tag{2.12}$$

$\|\boldsymbol{a}\|$ は $\boldsymbol{a}$ の大きさ（長さ），または**ノルム**（norm）と呼び，スカラーの値となる[6]．n 次元数ベクトルにおいても式 (2.12) によりベクトルのノルムが計算できる．一般に，ベクトルのノルムはつぎの性質を満たす．

数ベクトルのノルムの基本性質

$\boldsymbol{a}, \boldsymbol{b}$ を n 次元数ベクトル，α を実数とするとき，つぎが成立する[7]．

(1) $\|\boldsymbol{a}\| \geq 0$

(2) $\|\boldsymbol{a}\| = 0$ が成り立つのは $\boldsymbol{a} = \boldsymbol{0}$ のときのみ

(3) $\|\boldsymbol{a} + \boldsymbol{b}\| \leq \|\boldsymbol{a}\| + \|\boldsymbol{b}\|$（三角不等式）

(4) $\|\alpha\boldsymbol{a}\| = |\alpha|\|\boldsymbol{a}\|$

ここで性質 (4) の $|\alpha|$ は α の絶対値である．ベクトルのノルムは式 (2.12) 以外にもさまざまな定義があるが，高度な内容になるので本書では取り扱わない．本書でのノルムは式 (2.12) で求められるものとする．

6) 式 (2.12) は，平面（$n = 2$）や空間（$n = 3$）のベクトルの大きさ（長さ）の計算の自然な拡張になっている．

7) 不等号の記号として $\geq (\leq)$ を用いるが，これは $\geqq (\leqq)$ と同じ意味である．

例 2.3　つぎのベクトルのノルムを求めよう．

$$(1)\ \boldsymbol{a} = \begin{bmatrix} 2 \\ -3 \end{bmatrix} \qquad (2)\ \boldsymbol{b} = \begin{bmatrix} 6 \\ 2 \\ -3 \end{bmatrix}$$

(1) $\|\boldsymbol{a}\| = \sqrt{2^2 + (-3)^2} = \sqrt{13}$

(2) $\|\boldsymbol{b}\| = \sqrt{6^2 + 2^2 + (-3)^2} = \sqrt{49} = 7$ ❖

n 次元数ベクトル $\boldsymbol{a}$ をそのノルム $\|\boldsymbol{a}\|$ で割ったベクトルを

$$\boldsymbol{e}_{\boldsymbol{a}} = \frac{1}{\|\boldsymbol{a}\|}\boldsymbol{a} \tag{2.13}$$

とすると，ベクトル $\boldsymbol{e}_{\boldsymbol{a}}$ はベクトル $\boldsymbol{a}$ と平行で（沿っていて），大きさが 1 のベクトルとなり，**単位ベクトル**（unit vector）と呼ばれる（➡図 2.5）．また，あるベクトルの単位ベクトルを求めることを，ベクトルを**正規化する**（normalization）という．

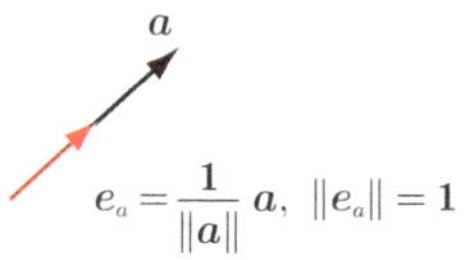

図 2.5　単位ベクトル

確認問題 2.1　つぎのベクトルのノルムをそれぞれ求め，さらに単位ベクトルを求めよ．

$$\boldsymbol{a} = \begin{bmatrix} 2 \\ 3 \\ 1 \end{bmatrix}, \quad \boldsymbol{b} = \begin{bmatrix} 3 \\ 1 \\ -2 \end{bmatrix}, \quad \boldsymbol{c} = \begin{bmatrix} 1 \\ -1 \\ 1 \end{bmatrix}$$ ❖

2.1.5　ベクトルの内積

平面または空間において点 O を始点とする零ベクトルではない 2 つのベク

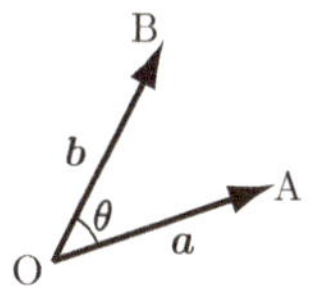

図 2.6　2 つのベクトルのなす角

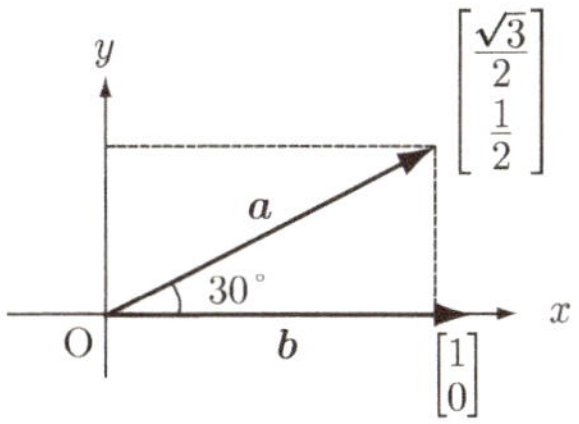

図 2.7　例 2.4

トル $\boldsymbol{a}, \boldsymbol{b}$（終点をそれぞれ A, B とする）を考えよう[8]．図 2.6 に示すとおり，$\angle$AOB の大きさ θ（$0° \leq \theta \leq 180°$）を，$\boldsymbol{a}$ と $\boldsymbol{b}$ の**なす角**という．

2 つのベクトル $\boldsymbol{a}, \boldsymbol{b}$ のなす角を θ とするとき，$\boldsymbol{a}$ と $\boldsymbol{b}$ の**内積**（inner product）はつぎで表される．

$$(\boldsymbol{a}, \boldsymbol{b}) = \|\boldsymbol{a}\|\|\boldsymbol{b}\| \cos\theta \tag{2.14}$$

ここで $\|\boldsymbol{a}\|$ と $\|\boldsymbol{b}\|$ は式 (2.12) よりスカラー，$\cos\theta$ もスカラーであるので，**内積の計算結果はスカラーの値となる**．

式 (2.14) で与えられる内積はつぎの性質を満たす．

内積の基本性質

$\boldsymbol{a}, \boldsymbol{b}, \boldsymbol{c}$ をベクトル，α を実数とするとき，つぎが成立する．

(1)　$(\boldsymbol{a}, \boldsymbol{a}) \geq 0$，$(\boldsymbol{a}, \boldsymbol{a}) = 0$ が成り立つのは $\boldsymbol{a} = \boldsymbol{0}$ のときのみ

(2)　$(\boldsymbol{a}, \boldsymbol{b}) = (\boldsymbol{b}, \boldsymbol{a})$

(3)　$(\boldsymbol{a} + \boldsymbol{b}, \boldsymbol{c}) = (\boldsymbol{a}, \boldsymbol{c}) + (\boldsymbol{b}, \boldsymbol{c})$,　$(\boldsymbol{a}, \boldsymbol{b} + \boldsymbol{c}) = (\boldsymbol{a}, \boldsymbol{b}) + (\boldsymbol{a}, \boldsymbol{c})$

(4)　$(\alpha\boldsymbol{a}, \boldsymbol{b}) = \alpha(\boldsymbol{a}, \boldsymbol{b})$,　$(\boldsymbol{a}, \alpha\boldsymbol{b}) = \alpha(\boldsymbol{a}, \boldsymbol{b})$

この内積の基本性質よりつぎが成り立つことがわかる．

$$(\boldsymbol{a}, \boldsymbol{a}) = \|\boldsymbol{a}\|^2$$

数ベクトルに対しては式 (2.14) を用いずに，ベクトルの成分から直接ベク

8) もちろん $\boldsymbol{a} \neq \boldsymbol{0}$, $\boldsymbol{b} \neq \boldsymbol{0}$ である．

トル同士の内積を求めることができる．2 次元，3 次元数ベクトルの場合，内積はつぎで求められる．

2 次元数ベクトルの場合

$\boldsymbol{a} = \begin{bmatrix} a_1 \\ a_2 \end{bmatrix}$, $\boldsymbol{b} = \begin{bmatrix} b_1 \\ b_2 \end{bmatrix}$ の内積はつぎとなる．

$$(\boldsymbol{a}, \boldsymbol{b}) = a_1 b_1 + a_2 b_2 \tag{2.15}$$

3 次元数ベクトルの場合

$\boldsymbol{a} = \begin{bmatrix} a_1 \\ a_2 \\ a_3 \end{bmatrix}$, $\boldsymbol{b} = \begin{bmatrix} b_1 \\ b_2 \\ b_3 \end{bmatrix}$ の内積はつぎとなる．

$$(\boldsymbol{a}, \boldsymbol{b}) = a_1 b_1 + a_2 b_2 + a_3 b_3 \tag{2.16}$$

例 2.4　xy 座標平面上の原点を始点とし，終点の座標を $\left(\frac{\sqrt{3}}{2}, \frac{1}{2}\right)$ とするベクトル $\boldsymbol{a} = \begin{bmatrix} \frac{\sqrt{3}}{2} \\ \frac{1}{2} \end{bmatrix}$ と，終点の座標を $(1, 0)$ とするベクトル $\boldsymbol{b} = \begin{bmatrix} 1 \\ 0 \end{bmatrix}$ との内積を求めよう．

この 2 つのベクトル $\boldsymbol{a}$ と $\boldsymbol{b}$ を図示すると，図 2.7 となり，座標の値からベクトル $\boldsymbol{a}$ とベクトル $\boldsymbol{b}$ のなす角は 30° となることがわかる．また，式 (2.12) より $\|\boldsymbol{a}\| = \sqrt{\left(\frac{\sqrt{3}}{2}\right)^2 + \left(\frac{1}{2}\right)^2} = 1$，$\|\boldsymbol{b}\| = \sqrt{1^2 + 0^2} = 1$ となる．したがって，式 (2.14) より 2 つのベクトル $\boldsymbol{a}$ と $\boldsymbol{b}$ の内積はつぎとなる．

$$(\boldsymbol{a}, \boldsymbol{b}) = \|\boldsymbol{a}\|\|\boldsymbol{b}\| \cos\theta = 1 \times 1 \times \cos 30^\circ = \frac{\sqrt{3}}{2} \tag{2.17}$$

一方，式 (2.15) によれば，2 つのベクトル $\boldsymbol{a}$ と $\boldsymbol{b}$ の内積はつぎとなる．

$$(\boldsymbol{a}, \boldsymbol{b}) = a_1 b_1 + a_2 b_2 = \frac{\sqrt{3}}{2} \times 1 + \frac{1}{2} \times 0 = \frac{\sqrt{3}}{2} \tag{2.18}$$

よって式 (2.17) と式 (2.18) の 2 つのベクトルの内積は式 (2.14)，(2.15) のどちらの方法によっても同じ値となることがわかる．❖

数ベクトル同士の内積を求めるには，式 (2.15) を使うと便利である[9)]．

2 次元数ベクトル（平面ベクトル），3 次元数ベクトル（空間ベクトル）といった図的な概念をとりはらい，数ベクトル同士の内積という概念を一般化すると n 次元数ベクトルの内積はつぎで与えられる．

n 次元数ベクトルの場合

$$\boldsymbol{a} = \begin{bmatrix} a_1 \\ a_2 \\ \vdots \\ a_n \end{bmatrix}, \quad \boldsymbol{b} = \begin{bmatrix} b_1 \\ b_2 \\ \vdots \\ b_n \end{bmatrix}$$ の内積はつぎとなる．

$$(\boldsymbol{a}, \boldsymbol{b}) = a_1 b_1 + a_2 b_2 + \cdots + a_n b_n = \sum_{i=1}^{n} a_i b_i \tag{2.19}$$

この内積は「内積の基本性質」を満たし，**標準内積**（cannonical inner product）と呼ばれる．2 つの数ベクトルの内積は，ベクトル同士の角度を用いず，ベクトルの成分同士の積和で求められるので，応用上，非常に重要となる．

式 (2.19) により内積を求める方法は，各数ベクトルを基本ベクトルを使って表し，内積の基本性質 (3) と基本ベクトル同士の内積が 0 となることから導出できる[10)]．

内積にはつぎの関係があることが知られている．

ベクトルの直交性

零ベクトルでない 2 つのベクトル $\boldsymbol{a}, \boldsymbol{b}$ のなす角が 90° の場合，$\boldsymbol{a}$ と $\boldsymbol{b}$ は**直交する**（orthogonal）といい，$\boldsymbol{a} \perp \boldsymbol{b}$ と表す．このときつぎが成り立つ．

$$\boldsymbol{a} \perp \boldsymbol{b} \iff (\boldsymbol{a}, \boldsymbol{b}) = 0 \tag{2.20}$$

2 次または 3 次元数ベクトル同士の内積が 0 の場合，その 2 つのベクトルは直交しているという図的イメージを持つことができる．**n 次元数ベクトル同士でも内積が 0 になれば，そのベクトルは直交している．** これを図的イメー

9) 式 (2.14) と式 (2.15) を使ってなす角を求めることができる．
10) 図 2.4(a) からもわかるとおり，基本ベクトルはお互いに直交している．

ジでとらえることは難しいが，「n 次元数ベクトル同士が直交している」という概念は応用上非常に重要となる．

確認問題 2.2 確認問題2.1での3つのベクトルがお互いになす角を求めよ．

2.2 ベクトルを用いた平面上の直線の表現

xy 平面上の直線の式がつぎで表されることは馴染み深いであろう．

$$y = ax + b \tag{2.21}$$

ここで a は直線の傾き，b は y 切片である．傾き a は x 成分が 1 増加すると，y 成分が a 増加することを意味する．以後，ベクトルの始点は原点としよう．このとき，傾きをベクトルで表すと $\begin{bmatrix} 1 \\ a \end{bmatrix}$ となる（⇒図 2.8）．すなわち，直線 $y = ax + b$ はベクトル $\begin{bmatrix} 1 \\ a \end{bmatrix}$ と平行であるといえる．

つぎに，図 2.8 で表される直線 $y = ax + b$ をどのように図示するのか考えよう．おそらく，さまざまな x の値に対応する y を求め，座標 (x, y) よりグラフ上に点を描き，それらの点を通るように定規で線を引き直線を描くことが一般的であろう．この一連の流れを数式で表現してみよう．$x_1, x_2, \cdots, x_n$ などのようにさまざまな x の値を $x_i (i = 1, 2, \cdots, n)$ で表すことにしよう[11]．

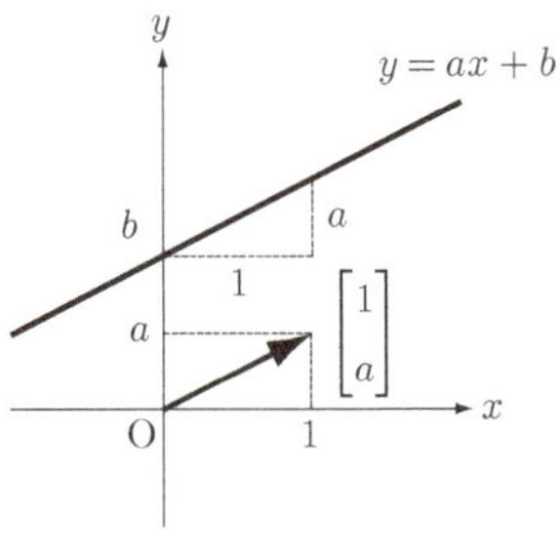

図 2.8 xy 平面上の直線

11) x 座標上の**すべての** x の値を表すには n という有限の個数で終わるのではなく無限（∞）個の個数を考える必要がある．

いま，$x_i(i = 1, 2, \cdots, n)$ に対応した y の値を式 (2.21) より求め，それを $y_i(i = 1, 2, \cdots, n)$ とし，得られた座標 (x_i, y_i) をベクトルの終点とすると，つぎで表すことができる．

$$\begin{bmatrix} x_1 \\ y_1 \end{bmatrix} = \begin{bmatrix} x_1 \\ ax_1 + b \end{bmatrix}, \begin{bmatrix} x_2 \\ y_2 \end{bmatrix} = \begin{bmatrix} x_2 \\ ax_2 + b \end{bmatrix}, \cdots, \begin{bmatrix} x_n \\ y_n \end{bmatrix} = \begin{bmatrix} x_n \\ ax_n + b \end{bmatrix} \tag{2.22}$$

式 (2.22) は，x 座標のある値 x_i を決めて，それに対応する y_i の値を求め，その結果，ベクトル $\begin{bmatrix} x_i \\ y_i \end{bmatrix}$ が求められた，ということを意味する．そこで式 (2.22) を一般化し，「さまざまな x の値を」という事項を「さまざまな t の値を」と置き換えると，つぎで表すことができる．

$$\begin{bmatrix} x \\ y \end{bmatrix} = \begin{bmatrix} t \\ at + b \end{bmatrix} \tag{2.23}$$

ここで t はスカラーの変数であり，x 座標の値を代表したものとなっている．

式 (2.23) において，$x = t, y = at + b$ であるので t を消去すると $y = ax + b$ となることに注意しよう．すなわち式 (2.23) は直線 $y = ax + b$ の別表現であり，座標 (x, y) を終点としたベクトルを表しているので**直線のベクトル表示**と呼ばれる．一方，直線 $y = ax + b$ という形式は**直線の標準形**と呼ばれる．

また，式 (2.23) はつぎの形式に変形できる．

$$\begin{bmatrix} x \\ y \end{bmatrix} = \begin{bmatrix} 0 \\ b \end{bmatrix} + t \begin{bmatrix} 1 \\ a \end{bmatrix} \tag{2.24}$$

このとき右辺第 2 項の $\begin{bmatrix} 1 \\ a \end{bmatrix}$ は図 2.8 に示した式 (2.21) の傾きを表すベクトルと同じであり，直線 $y = ax + b$ の傾き（方向）を表している．そこで，ベクトル $\begin{bmatrix} 1 \\ a \end{bmatrix}$ を**方向ベクトル**と呼ぶ．また右辺第 1 項の $\begin{bmatrix} 0 \\ b \end{bmatrix}$ は直線 $y = ax + b$ の y 切片の座標を終点としたベクトルであり，**直線が通る座標**（をベクトルで表したもの）と解釈できる．

ここで式 (2.24) の t を $-\infty$ から $+\infty$ まで変化させることにより座標 (x, y)

の値（ベクトルの終点）が変わり，座標が示す点を結んで描いたものが直線となる．t はさまざまな値をとるということから，**媒介変数**（parameter）と呼ばれ，直線のベクトル表示のことを**媒介変数表示**と呼ぶこともある．

例 2.5 直線 $y = 2x + 3$ のベクトル表示を求め，媒介変数を $t = -2, -1, 0, 1, 2$ としたときのベクトル $\begin{bmatrix} x \\ y \end{bmatrix}$ で表し，図示してみよう．

直線 $y = 2x + 3$ のベクトル表示は式 (2.24) にならえばつぎとなる．

$$\begin{bmatrix} x \\ y \end{bmatrix} = \begin{bmatrix} 0 \\ 3 \end{bmatrix} + t \begin{bmatrix} 1 \\ 2 \end{bmatrix} \tag{2.25}$$

媒介変数の各値におけるベクトルはそれぞれつぎとなる．

$$\begin{bmatrix} 0 \\ 3 \end{bmatrix} + (-2) \begin{bmatrix} 1 \\ 2 \end{bmatrix}, \begin{bmatrix} 0 \\ 3 \end{bmatrix} + (-1) \begin{bmatrix} 1 \\ 2 \end{bmatrix}, \begin{bmatrix} 0 \\ 3 \end{bmatrix} + 0 \begin{bmatrix} 1 \\ 2 \end{bmatrix}, \begin{bmatrix} 0 \\ 3 \end{bmatrix} + 1 \begin{bmatrix} 1 \\ 2 \end{bmatrix}, \begin{bmatrix} 0 \\ 3 \end{bmatrix} + 2 \begin{bmatrix} 1 \\ 2 \end{bmatrix}$$

これを図示すると図 2.9(a) となる．すなわち，直線が通る点の座標を終点とするベクトル $\begin{bmatrix} 0 \\ 3 \end{bmatrix}$ と，方向ベクトルに媒介変数を掛けたベクトル $t \begin{bmatrix} 1 \\ 2 \end{bmatrix}$ との合成ベクトル（図中の破線のベクトル）の終点の集まりが直線をなしていることがわかる．❖

確認問題 2.3 点 $(1, 5)$ を通り，方向ベクトルを $\begin{bmatrix} 2 \\ 4 \end{bmatrix}$ とする直線のベクトル表示を求めよ．媒介変数を $-2, -1, 0, 1, 2$ と変化させたときの直線の座標を求め，図 2.9(b) に示せ．また，直線の標準形を求めよ．❖

例 2.5 と確認問題 2.3 より，直線 $y = 2x + 3$ の 2 つのベクトル表示の違いは，t の値に応じた座標が違うのみで，表している直線は同じである（➡図 2.9）．したがって，ある直線のベクトル表示は何通りもあるが，標準形に変形すれば 1 通りの表現にしかならない．直線の表し方が何通りもあるのは不便なようにも見えるが，ベクトル表示は大変便利な表現であり重要となる．

平面上の直線のベクトル表示について，つぎのとおりまとめることができる．

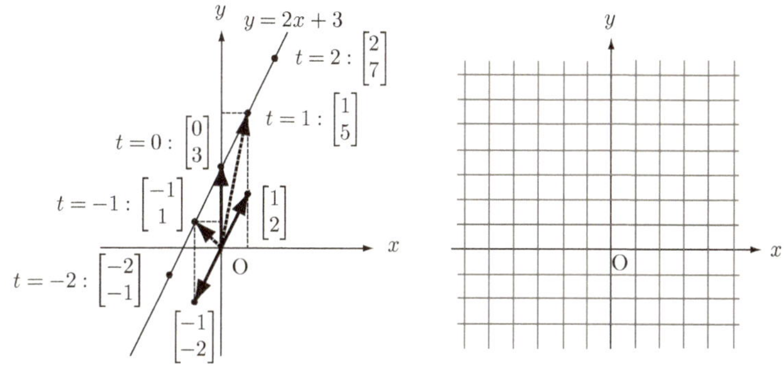

(a) 直線 $y = 2x + 3$ とベクトル表示である式 (2.25) との関係

(b) 確認問題 2.3

図 2.9　直線 $y = 2x + 3$ のベクトル表示の違いによる直線上の点の関係

平面上の直線のベクトル表示

xy 平面上のベクトル $\begin{bmatrix} a \\ b \end{bmatrix}$ に平行で，点 (x_0, y_0) を通る直線のベクトル表示は t を媒介変数としてつぎで与えられる．

$$\begin{bmatrix} x \\ y \end{bmatrix} = \begin{bmatrix} x_0 \\ y_0 \end{bmatrix} + t \begin{bmatrix} a \\ b \end{bmatrix} \tag{2.26}$$

また xy 平面上の 2 点 $\mathrm{A}(x_1, y_1)$，$\mathrm{B}(x_2, y_2)$ を通る直線のベクトル表示はつぎで与えられる．

$$\begin{bmatrix} x \\ y \end{bmatrix} = \begin{bmatrix} x_1 \\ y_1 \end{bmatrix} + t \begin{bmatrix} x_2 - x_1 \\ y_2 - y_1 \end{bmatrix} \tag{2.27}$$

式 (2.27) から t を消去するとつぎの平面上の直線の標準形が得られる．

$$y - y_1 = \frac{y_2 - y_1}{x_2 - x_1}(x - x_1) \tag{2.28}$$

講義 02 のまとめ

- ベクトルの和とスカラー倍の基本性質を満たすベクトルの集合を線形空間と呼ぶ.
- ベクトルの成分表示による内積の計算は重要である.
- 平面上の直線のベクトル表示は応用上重要な基礎となる.

演習問題

2.1 $\boldsymbol{a} = \begin{bmatrix} 1 \\ -4 \\ 2 \end{bmatrix}$, $\boldsymbol{b} = \begin{bmatrix} -2 \\ 1 \\ 3 \end{bmatrix}$ の両方のベクトルに対して垂直で，長さが 1 であるベクトルを求めよ.

2.2 $\boldsymbol{a} = \begin{bmatrix} 2 \\ 2 \\ 3 \end{bmatrix}$ と $\boldsymbol{b} = \begin{bmatrix} -1 \\ k \\ 2 \end{bmatrix}$ が垂直となるように k の値を定めよ．また $\boldsymbol{a}$ と垂直な単位ベクトルのうち，$\boldsymbol{b}$と平行なベクトルを 1 つ求めよ.

2.3 原点を O とする座標空間内に 2 点 $\mathrm{A} = (-2, 2, 4)$, $\mathrm{B} = (-1, 1, 3)$ がある．B から直線 OA に下ろした垂線の足を H とする．点 H の座標を求めよ.

2.4 座標平面上の 2 直線 $y = \dfrac{1}{2}x$ と $y = -\dfrac{1}{3}x$ のなす角の大きさを求めよ.

講義 03

行列，ベクトルの演算

本講では線形代数学で学ぶ事項の中心的な内容である行列について説明する．行列についてはさまざまな演算，形式があるが，ここでは講義 01 で紹介した行列の一般形，行列の成分の呼び方，行列とベクトルの演算，行列同士の演算について説明する．本講での内容を身につけないと，線形代数学を理解することは難しいので，頑張って身につけてほしい．

講義 03 のポイント

- **行列の一般形とその成分の呼び方を理解しよう．**
- **行列，ベクトルの演算を理解しよう．**

3.1 行列とは

式 (1.3)，図 1.3，式 (1.4)，式 (1.8) に示したとおり，数式や規則に基づいて行列を求め，それを解析することで簡単に方程式の解が得られるなど，行列を考える必然性がわかった．本講ではさまざまな形式で現れる行列を一般化して考える．行列の一般形による計算方法などを知ることで，講義 01 で示したさまざまな分野に現れる行列を統一的に扱うことができる．

講義 01 に現れた**行列**（matrix）を一般的に書くとつぎで表される．

$$\underbrace{\left.\begin{bmatrix} a_{11} & a_{12} & \cdots & a_{1n} \\ a_{21} & a_{22} & \cdots & a_{2n} \\ \vdots & \vdots & \ddots & \vdots \\ a_{m1} & a_{m2} & \cdots & a_{mn} \end{bmatrix}\right\}}_{\text{成分の縦の並びが } n \text{ 個ある} \rightarrow n \text{ 列}} \text{成分の横の並びが } m \text{ 個ある} \rightarrow m \text{ 行} \tag{3.1}$$

この行列の**成分の横の並びを行**（row），**縦の並びを列**（column）と呼ぶ．すなわち $a_{11}, a_{12}, \cdots, a_{1n}$ を第 1 行，$a_{21}, a_{22}, \cdots, a_{2n}$ を第 2 行と呼び，$a_{11}, a_{21}, \cdots, a_{m1}$ を第 1 列，$a_{12}, a_{22}, \cdots, a_{m2}$ を第 2 列と呼ぶ．

式 (3.1) は m 個の行，n 個の列より $m \times n$ 行列といい，$a_{ij}(i = 1, 2, \cdots, m,$

$j = 1, 2, \cdots, n$) を行列の i 行 j 列の**成分**（element）と呼ぶ．行列の成分は行列内のどの場所にあるかを特定するために，(i, j) 成分と呼ぶこともある．**本書では成分がすべて実数の行列を考える．**

行列の行と列の並びを抜き出したものは**ベクトル**となり，

$$\boldsymbol{a}_{c1} = \begin{bmatrix} a_{11} \\ a_{21} \\ \vdots \\ a_{m1} \end{bmatrix}, \quad \boldsymbol{a}_{r1} = \begin{bmatrix} a_{11} & a_{12} & \cdots & a_{1n} \end{bmatrix} \tag{3.2}$$

とすると，式 (2.3) と同様に，$\boldsymbol{a}_{c1}$ は m 次元の列ベクトル（$m \times 1$），$\boldsymbol{a}_{r1}$ は n 次元の行ベクトル（$1 \times n$）となる．ベクトルの成分についても a_{21} をベクトル $\boldsymbol{a}_{c1}$ の $(2, 1)$ 成分，a_{15} をベクトル $\boldsymbol{a}_{r1}$ の $(1, 5)$ 成分などと呼ぶ．

ベクトルの視点から行列を眺めると，行列は列ベクトルが横に並んだ，もしくは行ベクトルが縦に並んだ形式であることがわかる．

確認問題 3.1　つぎの行列 A の $(1, 2)$ 成分，$(2, 1)$ 成分，$(3, 3)$ 成分の値はなにか求めよ．またつぎのベクトル $\boldsymbol{a}$ の $(1, 3)$ 成分はなにか求めよ．

$$A = \begin{bmatrix} 3 & 2 & 1 \\ 5 & 3 & 6 \\ 1 & 4 & 9 \end{bmatrix}, \quad \boldsymbol{a} = \begin{bmatrix} 3 & 8 & 6 \end{bmatrix}$$

❖

2 つの行列 A と B が等しいとは，A と B の行と列の数が同じ，かつ行番号と列番号がともに同じ成分同士の値が等しい場合であり，つぎで表される．

$$A = B \tag{3.3}$$

例 3.1　$A = \begin{bmatrix} 1 & 2 \\ 3 & 4 \end{bmatrix}$, $B = \begin{bmatrix} 1 & 2 \\ 3 & 4 \end{bmatrix}$, $C = \begin{bmatrix} 1 & 2 & 3 \\ 4 & 5 & 6 \end{bmatrix}$ とするとつぎが成り立つ．

$$A = B, \quad A \neq C, \quad B \neq C$$

❖

❖ 3.2 行列，ベクトルの演算

3.2.1 行列の和，差，スカラー倍

行列同士の和，差，スカラー倍は通常の数と同じ要領で計算が可能である．行列の行と列の数が同じ場合のみ和と差が計算でき，行番号と列番号がともに同じ成分同士を足したり引いたりすることに注意しよう．また，スカラー倍はスカラーを行列のすべての成分に掛ける．

03

例 3.2 $A = \begin{bmatrix} 3 & 4 \\ 5 & 6 \end{bmatrix}$, $B = \begin{bmatrix} 1 & 2 \\ 3 & 1 \end{bmatrix}$ とするとつぎとなる．

$$A + B = \begin{bmatrix} 4 & 6 \\ 8 & 7 \end{bmatrix}, \quad A - B = \begin{bmatrix} 2 & 2 \\ 2 & 5 \end{bmatrix}$$ ❖

例 3.3 $A = \begin{bmatrix} 1 & 2 \\ 1 & 3 \end{bmatrix}$ に 2 を掛けるとつぎとなる．また $B = \begin{bmatrix} 2 & 4 \\ 6 & 8 \end{bmatrix}$ はつぎで表すことができる．

$$2A = \begin{bmatrix} 2 & 4 \\ 2 & 6 \end{bmatrix}, \quad B = 2\begin{bmatrix} 1 & 2 \\ 3 & 4 \end{bmatrix}$$ ❖

行列の和とスカラー倍の基本性質

A, B, C を $m \times n$ 行列，α, β をスカラーとするとき，つぎが成立する．

(1) $A + B = B + A$（交換法則）

(2) $(A + B) + C = A + (B + C)$（和の結合法則）

(3) $A + \boldsymbol{O} = A$, $A + (-A) = \boldsymbol{O}$（$\boldsymbol{O}$ は成分がすべて 0 の行列で**零行列**という）

(4) $\alpha(\beta A) = (\alpha\beta)A$（スカラー倍の結合法則）

(5) $(\alpha + \beta)A = \alpha A + \beta A$, $\alpha(A + B) = \alpha A + \alpha B$（分配法則）

3.2.2 ベクトルの積

行列同士の積を説明する前に，ベクトル同士の積について説明する．ベクトル $\boldsymbol{a}, \boldsymbol{b}$ の積は，行ベクトルと列ベクトルまたは列ベクトルと行ベクトルの順番の場合のみ計算できる．すなわち**ベクトル a の列の数とベクトル b の行の数が同じ場合のみ，積 ab を計算することができる．**

例 3.4　3 次元行ベクトル $\boldsymbol{a} = \begin{bmatrix} 2 & 3 & 4 \end{bmatrix}$ (1×3) と 3 次元列ベクトル $\boldsymbol{b} = \begin{bmatrix} 2 \\ 4 \\ 3 \end{bmatrix}$ (3×1) はベクトル $\boldsymbol{a}$ の列の数とベクトル $\boldsymbol{b}$ の行の数が同じであるので計算でき，結果はつぎとなる．

$$\boldsymbol{ab} = \begin{bmatrix} 2 & 3 & 4 \end{bmatrix} \begin{bmatrix} 2 \\ 4 \\ 3 \end{bmatrix} = 2\times2+3\times4+4\times3 = 4+12+12 = 28$$ ❖

例 3.4 に示したベクトル同士の積の説明を図 3.1(a) に示す．これより行ベクトルと列ベクトルの積の結果はスカラーとなることがわかる．

例 3.5　つぎに例 3.4 のベクトル $\boldsymbol{a}$ と $\boldsymbol{b}$ において，$\boldsymbol{ba}$ の計算はできるかどうかを考えよう．図 3.1(a) と同様に図的に考えると図 3.1(b) となる．図 3.1(b) より $\boldsymbol{ba}$ の結果は 3×3 行列となり，実際に計算するとつぎとなる．

$$\boldsymbol{ba} = \begin{bmatrix} 2 \\ 4 \\ 3 \end{bmatrix} \begin{bmatrix} 2 & 3 & 4 \end{bmatrix} = \begin{bmatrix} 2\times2 & 2\times3 & 2\times4 \\ 4\times2 & 4\times3 & 4\times4 \\ 3\times2 & 3\times3 & 3\times4 \end{bmatrix} = \begin{bmatrix} 4 & 6 & 8 \\ 8 & 12 & 16 \\ 6 & 9 & 12 \end{bmatrix}$$

すなわち，ベクトル $\boldsymbol{b}$ の 1 行目の成分 2 とベクトル $\boldsymbol{a}$ の各成分のそれぞれの積が，結果となる行列の第 1 行目，ベクトル $\boldsymbol{b}$ の 2 行目の成分 4 とベクトル $\boldsymbol{a}$ の各成分のそれぞれの積が行列の第 2 行目，ベクトル $\boldsymbol{b}$ の 3 行目の成分 3 とベクトル $\boldsymbol{a}$ の各成分のそれぞれの積が行列の第 3 行目となる． ❖

行ベクトル $\boldsymbol{a}$ $(1\times n)$，列ベクトル $\boldsymbol{b}$ $(m\times1)$ 同士の積において，例 3.5 と同様の計算により $\boldsymbol{ba}$ は $m\times n$ 行列となる．

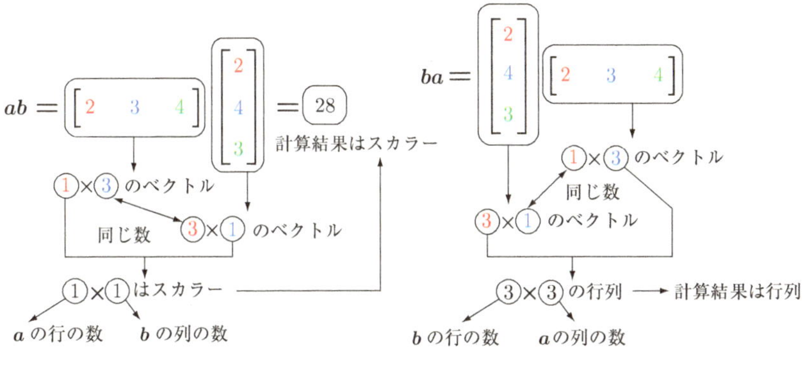

(a) スカラーになる場合　　(b) 行列になる場合

図 3.1　ベクトル同士の積の説明

3.2.3　行列とベクトルの積

つぎに行列 A とベクトル $\boldsymbol{b}$ の積を考えよう．ベクトル同士の積の場合と同様に，**行列 A の列の数とベクトル b の行の数が同じ場合のみ，積 Ab の計算をすることができる．**

例 3.6　2×2 行列 $A = \begin{bmatrix} 2 & 3 \\ 1 & 4 \end{bmatrix}$ と 2 次元列ベクトル $\boldsymbol{b} = \begin{bmatrix} 2 \\ 3 \end{bmatrix}$ (2×1) の積 $A\boldsymbol{b}$ を計算しよう．

$$A\boldsymbol{b} = \begin{bmatrix} 2 & 3 \\ 1 & 4 \end{bmatrix} \begin{bmatrix} 2 \\ 3 \end{bmatrix}$$

となるが，行列 A が 2 つの行ベクトル (1×2) に分解できると考えると，図 3.2 に示すとおり考えることができる．まず行列 A の第 1 行である $\begin{bmatrix} 2 & 3 \end{bmatrix}$ と列ベクトル $\boldsymbol{b}$ の積はつぎとなる．

$$\begin{bmatrix} 2 & 3 \end{bmatrix} \begin{bmatrix} 2 \\ 3 \end{bmatrix} = 2 \times 2 + 3 \times 3 = 13$$

同様に行列 A の第 2 行である $\begin{bmatrix} 1 & 4 \end{bmatrix}$ と列ベクトル $\boldsymbol{b}$ の積はつぎとなる．

$$\begin{bmatrix} 1 & 4 \end{bmatrix} \begin{bmatrix} 2 \\ 3 \end{bmatrix} = 1 \times 2 + 4 \times 3 = 14$$

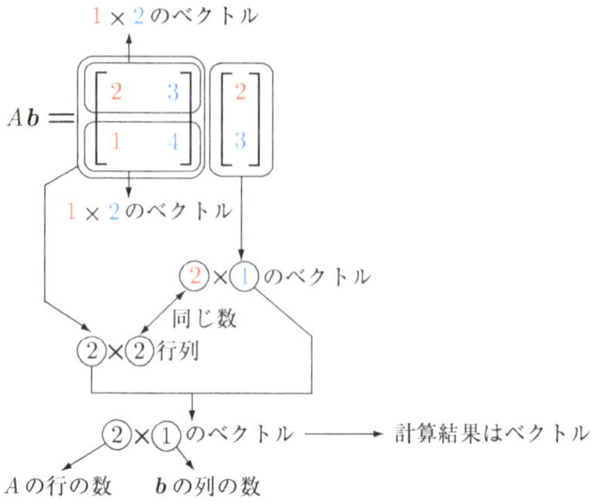

図 3.2 行列とベクトルの積の説明（その 1）

行列 A の第 1 行目，第 2 行目と列ベクトル $\boldsymbol{b}$ との積の結果を並べたもの，すなわち行列 A と列ベクトル $\boldsymbol{b}$ の積はつぎの 2×1 のベクトルとなる．

$$A\boldsymbol{b} = \begin{bmatrix} 13 \\ 14 \end{bmatrix}$$

この場合，「行列 A に右から列ベクトル $\boldsymbol{b}$ を掛けた」と表現する[1)]． ❖

例 3.6 に示した行列と列ベクトルの積は応用上も重要となり，特に CG（Computer Graphics）やロボット工学などさまざまな分野で重要となる．つぎの例を考えよう．

例 3.7 列ベクトル $\begin{bmatrix} 1 \\ 0 \end{bmatrix}$ に行列 $A = \begin{bmatrix} 1 & -1 \\ 1 & 1 \end{bmatrix}$ を左から掛けるとつぎとなる．

$$\begin{bmatrix} 1 & -1 \\ 1 & 1 \end{bmatrix} \begin{bmatrix} 1 \\ 0 \end{bmatrix} = \begin{bmatrix} 1 \\ 1 \end{bmatrix}$$

得られた列ベクトル $\begin{bmatrix} 1 \\ 1 \end{bmatrix}$ に再び行列 A を左から掛けるとつぎとなる．

1) 左右のどちらから行列，ベクトルを掛けるのかを指定することは重要となる．

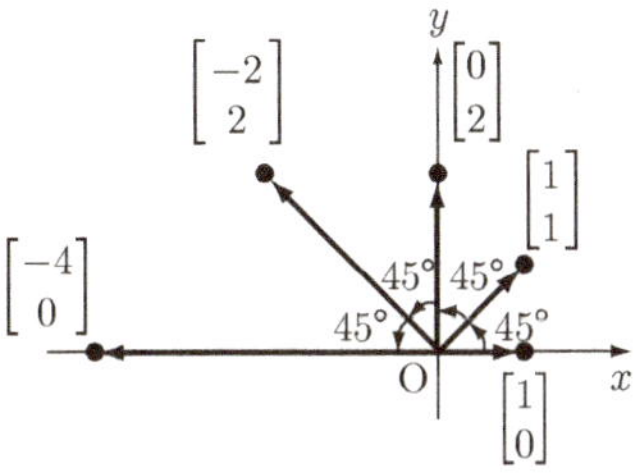

図 3.3　行列とベクトルの積の図的な関係

$$\begin{bmatrix} 1 & -1 \\ 1 & 1 \end{bmatrix}\begin{bmatrix} 1 \\ 1 \end{bmatrix} = \begin{bmatrix} 0 \\ 2 \end{bmatrix}$$

これを繰り返すと，つぎのベクトルが順番に得られる．

$$\begin{bmatrix} -2 \\ 2 \end{bmatrix}, \quad \begin{bmatrix} -4 \\ 0 \end{bmatrix}, \cdots$$

得られた列ベクトルを xy 平面上に表すと，図 3.3 となる．図 3.3 より，列ベクトル $\begin{bmatrix} 0 \\ 1 \end{bmatrix}$ を起点とし，行列 A を左から順次掛けると列ベクトルは左回りに 45° ずつ回転し，かつベクトルの大きさが順次大きくなっていることがわかる．これは棒が回転しながら長くなる CG や，ロボットアームの手先の位置などを求めることなどの基礎となり，ベクトルに左から行列を掛けることにより，ベクトルの向きや大きさが変わることを意味している．本例において，なぜベクトルが規則正しく 45° ずつ回転するのか，大きさが順次大きくなるのかについては講義 08 で説明する．❖

確認問題 3.2　例 3.7 において，列ベクトル $\begin{bmatrix} -4 \\ 0 \end{bmatrix}$ に左から行列 A を掛けて得られるベクトルを求めよ．得られたベクトルにさらに左から A を掛けてベクトルを求めることを 3 回行い，最終的にどのようなベクトルが得られるかを確認せよ．❖

行列 A とベクトル $\boldsymbol{b}$ の積のもう 1 つの組合せ，すなわち積 $\boldsymbol{b}A$ の場合について考えよう．これまでの例から考えると，ベクトル $\boldsymbol{b}$ の列の数と行列 A の行の数が同じ場合のみ，積 $\boldsymbol{b}A$ の計算をすることができる．

例 3.8 　3×3 行列 $A=\begin{bmatrix}1&2&3\\2&4&3\\3&2&4\end{bmatrix}$ と 3 次元行ベクトル $\boldsymbol{b}=\begin{bmatrix}1&2&3\end{bmatrix}$ (1×3) の積 $\boldsymbol{b}A$ を計算しよう．

$$\boldsymbol{b}A=\begin{bmatrix}1&2&3\end{bmatrix}\begin{bmatrix}1&2&3\\2&4&3\\3&2&4\end{bmatrix}$$

となるが，行列 A が列ベクトルに分解できると考えると，図 3.4 に示すとおり考えることができる．まず行ベクトル $\boldsymbol{b}$ と行列 A の第 1 列である $\begin{bmatrix}1\\2\\3\end{bmatrix}$ との積はつぎとなる．

$$\begin{bmatrix}1&2&3\end{bmatrix}\begin{bmatrix}1\\2\\3\end{bmatrix}=1\times 1+2\times 2+3\times 3=14$$

同様に行ベクトル $\boldsymbol{b}$ と行列 A の第 2 列である $\begin{bmatrix}2\\4\\2\end{bmatrix}$，第 3 列である $\begin{bmatrix}3\\3\\4\end{bmatrix}$ とのそれぞれの積はつぎとなる．

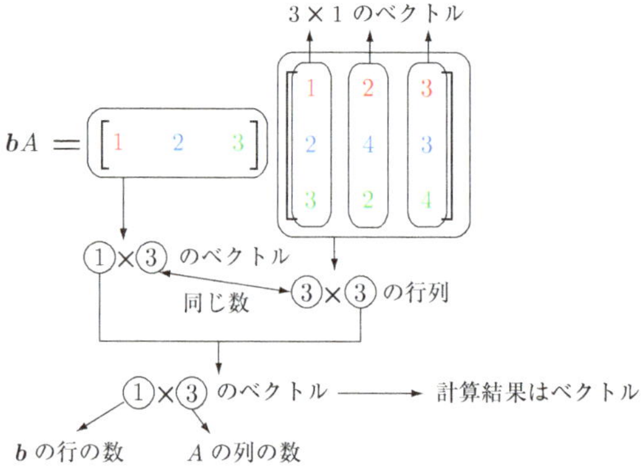

図 3.4 　行列とベクトルの積の説明（その 2）

$$\begin{bmatrix} 1 & 2 & 3 \end{bmatrix} \begin{bmatrix} 2 \\ 4 \\ 2 \end{bmatrix} = 1 \times 2 + 2 \times 4 + 3 \times 2 = 16,$$

$$\begin{bmatrix} 1 & 2 & 3 \end{bmatrix} \begin{bmatrix} 3 \\ 3 \\ 4 \end{bmatrix} = 1 \times 3 + 2 \times 3 + 3 \times 4 = 21$$

行ベクトル $\boldsymbol{b}$ と行列 A の第 1, 2, 3 列目とのそれぞれの積の結果を並べることで，行ベクトル $\boldsymbol{b}$ と行列 A との積はつぎの 1×3 のベクトルとなる．

$$\boldsymbol{b}A = \begin{bmatrix} 14 & 16 & 21 \end{bmatrix}$$

❖

3.2.4 行列同士の積

行列同士の積は，例 3.6, 3.8 に示した行列とベクトルの積を拡張したものと考えられる．行列 A と B の積は，**行列 A の列の数と行列 B の行の数が同じ場合のみ，積 AB は計算可能である．** つぎの例で確認しよう．

例 3.9 2×2 行列 $A = \begin{bmatrix} 1 & 2 \\ 3 & 4 \end{bmatrix}$ と 2×2 行列 $B = \begin{bmatrix} 3 & 4 \\ 1 & 2 \end{bmatrix}$ の積 AB を計算しよう．

$$AB = \begin{bmatrix} 1 & 2 \\ 3 & 4 \end{bmatrix} \begin{bmatrix} 3 & 4 \\ 1 & 2 \end{bmatrix}$$

行列 A は行ベクトルに分解でき，行列 B は列ベクトルに分解できるので，図 3.5(a) に示すとおり考えることができる．まず行列 A の第 1 行と行列 B の第 1, 2 列との積は，例 3.8 と同様に考えることができるので，

$$\begin{bmatrix} 1 & 2 \end{bmatrix} \begin{bmatrix} 3 & 4 \\ 1 & 2 \end{bmatrix} = \begin{bmatrix} 1 \times 3 + 2 \times 1 & 1 \times 4 + 2 \times 2 \end{bmatrix} = \begin{bmatrix} 5 & 8 \end{bmatrix}$$

となる．また，行列 A の第 2 行と行列 B の第 1, 2 列との積も同様にして，

$$\begin{bmatrix} 3 & 4 \end{bmatrix} \begin{bmatrix} 3 & 4 \\ 1 & 2 \end{bmatrix} = \begin{bmatrix} 3 \times 3 + 4 \times 1 & 3 \times 4 + 4 \times 2 \end{bmatrix} = \begin{bmatrix} 13 & 20 \end{bmatrix}$$

となる．よって行列 A と B の積はつぎとなる．

$$AB = \begin{bmatrix} 1 & 2 \\ 3 & 4 \end{bmatrix} \begin{bmatrix} 3 & 4 \\ 1 & 2 \end{bmatrix} = \begin{bmatrix} 1\times 3 + 2\times 1 & 1\times 4 + 2\times 2 \\ 3\times 3 + 4\times 1 & 3\times 4 + 4\times 2 \end{bmatrix} = \begin{bmatrix} 5 & 8 \\ 13 & 20 \end{bmatrix}$$

❖

例 3.10 2×2 行列 $A = \begin{bmatrix} 1 & 2 \\ 3 & 4 \end{bmatrix}$ と 2×3 行列 $C = \begin{bmatrix} 3 & 4 & 2 \\ 1 & 2 & 3 \end{bmatrix}$ の積 AC を計算しよう[2)].

$$AC = \begin{bmatrix} 1 & 2 \\ 3 & 4 \end{bmatrix} \begin{bmatrix} 3 & 4 & 2 \\ 1 & 2 & 3 \end{bmatrix}$$

行列 A は行ベクトルに分解でき，行列 C は列ベクトルに分解できるので，図 3.5(b) に示すとおりに考えることができる．まず行列 A の第 1 行と行列 C の第 1, 2, 3 列との積を計算するが，これは例 3.8 と同様に考えることができるので，つぎとなる．

$$\begin{bmatrix} 1 & 2 \end{bmatrix} \begin{bmatrix} 3 & 4 & 2 \\ 1 & 2 & 3 \end{bmatrix} = \begin{bmatrix} 1\times 3 + 2\times 1 & 1\times 4 + 2\times 2 & 1\times 2 + 2\times 3 \end{bmatrix}$$
$$= \begin{bmatrix} 5 & 8 & 8 \end{bmatrix}$$

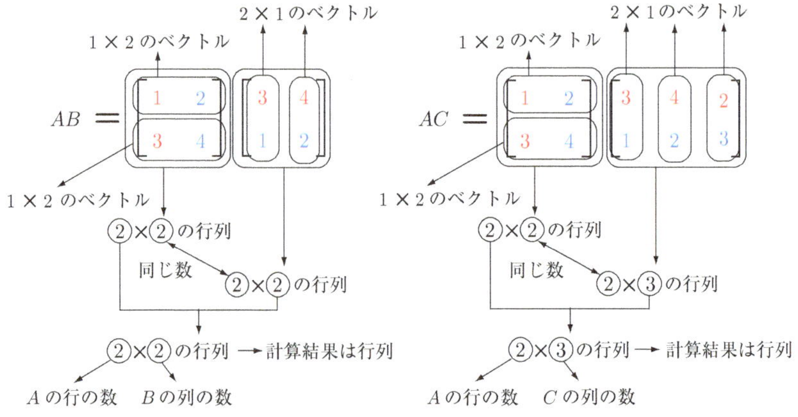

(a) 例 3.9　　(b) 例 3.10

図 3.5 行列同士の積の説明

2) そろそろ行列・ベクトルの積の計算にも慣れたであろうから，これ以降は成分の色をつけていない．

つぎに行列 A の第 2 行と行列 C の第 1, 2, 3 列との積の計算も同様に考えると，つぎとなる．

$$\begin{bmatrix} 3 & 4 \end{bmatrix} \begin{bmatrix} 3 & 4 & 2 \\ 1 & 2 & 3 \end{bmatrix} = \begin{bmatrix} 3 \times 3 + 4 \times 1 & 3 \times 4 + 4 \times 2 & 3 \times 2 + 4 \times 3 \end{bmatrix}$$
$$= \begin{bmatrix} 13 & 20 & 18 \end{bmatrix}$$

よって行列 A と C の積はつぎとなる．

$$AC = \begin{bmatrix} 1 & 2 \\ 3 & 4 \end{bmatrix} \begin{bmatrix} 3 & 4 & 2 \\ 1 & 2 & 3 \end{bmatrix}$$
$$= \begin{bmatrix} 1 \times 3 + 2 \times 1 & 1 \times 4 + 2 \times 2 & 1 \times 2 + 2 \times 3 \\ 3 \times 3 + 4 \times 1 & 3 \times 4 + 4 \times 2 & 3 \times 2 + 4 \times 3 \end{bmatrix}$$
$$= \begin{bmatrix} 5 & 8 & 8 \\ 13 & 20 & 18 \end{bmatrix}$$

❖

例 3.11 2×3 行列 $C = \begin{bmatrix} 3 & 4 & 2 \\ 1 & 2 & 3 \end{bmatrix}$ と 3×2 行列 $D = \begin{bmatrix} 1 & 2 \\ 3 & 4 \\ 3 & 1 \end{bmatrix}$ との積 CD を計算しよう．

$$CD = \begin{bmatrix} 3 & 4 & 2 \\ 1 & 2 & 3 \end{bmatrix} \begin{bmatrix} 1 & 2 \\ 3 & 4 \\ 3 & 1 \end{bmatrix}$$

行列 C を 2 つの行ベクトル，行列 D を 2 つの列ベクトルに分解し，行列 C の第 1 行と行列 D の第 1, 2 列との積を計算するとつぎとなる．

$$\begin{bmatrix} 3 & 4 & 2 \end{bmatrix} \begin{bmatrix} 1 & 2 \\ 3 & 4 \\ 3 & 1 \end{bmatrix} = \begin{bmatrix} 3 \times 1 + 4 \times 3 + 2 \times 3 & 3 \times 2 + 4 \times 4 + 2 \times 1 \end{bmatrix}$$
$$= \begin{bmatrix} 21 & 24 \end{bmatrix}$$

つぎに行列 C の第 2 行と行列 D の第 1, 2 列との積の計算も同様に考えると，つぎとなる．

$$\begin{bmatrix}1 & 2 & 3\end{bmatrix}\begin{bmatrix}1 & 2\\3 & 4\\3 & 1\end{bmatrix}=\begin{bmatrix}1\times1+2\times3+3\times3 & 1\times2+2\times4+3\times1\end{bmatrix}$$
$$=\begin{bmatrix}16 & 13\end{bmatrix}$$

よって行列 C と D の積はつぎとなる．

$$CD=\begin{bmatrix}3 & 4 & 2\\1 & 2 & 3\end{bmatrix}\begin{bmatrix}1 & 2\\3 & 4\\3 & 1\end{bmatrix}=\begin{bmatrix}21 & 24\\16 & 13\end{bmatrix}$$ ❖

例 3.11 では 2×3 行列 C と 3×2 行列 D の積は，行列 C の行数 2 と行列 D の列数 2 より 2×2 行列となった．

例 3.12 例 3.9 の行列 $A=\begin{bmatrix}1 & 2\\3 & 4\end{bmatrix}$ と行列 $B=\begin{bmatrix}3 & 4\\1 & 2\end{bmatrix}$ の積 BA を計算しよう．詳しい計算過程は省略するが，結果はつぎとなる．

$$BA=\begin{bmatrix}15 & 22\\7 & 10\end{bmatrix}$$

この結果より $AB\neq BA$ となることがわかる． ❖

ある実数 a,b 同士の積では $ab=ba$ が成り立つ．しかし，行列同士の積では AB, BA が計算できるからといって必ずしも $AB=BA$ とはならないことに注意しよう．**$AB=BA$ が成り立つとき，A と B は可換である**という．

これまでの行列同士の積をまとめるとつぎとなる．

行列同士の積

A を $\ell\times m$ 行列，B を $m\times n$ 行列とするとき，行列 A の列数 m と行列 B の行数 m が等しいので積 AB が計算でき，行列 AB は行列 A の行数 ℓ と行列 B の列数 n を持つ $\ell\times n$ 行列となる．

上記において ℓ,m,n を適宜 1 とすることで，3.2.3 項に示したとおり行列

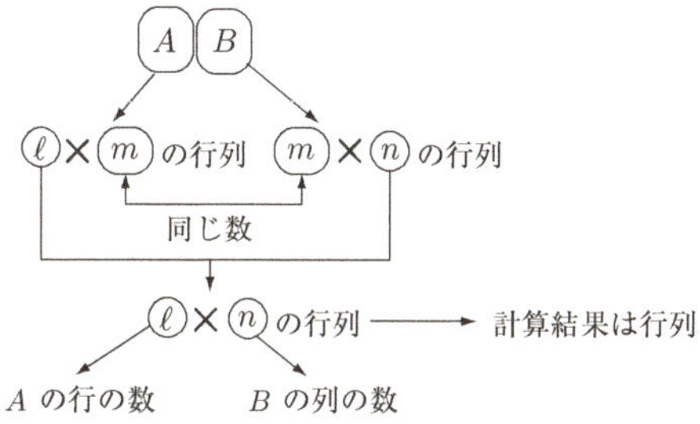

図 3.6 行列同士の積のアドバイス

とベクトルの積についても考えることができる．

行列同士の積の計算に慣れないうちは図 3.5(a), 3.5(b) のように行ベクトル，列ベクトルをどのように分けるかを書いてから計算すると間違いが少ないと思われる．慣れてくればそのような必要はないが，何行何列の行列と何行何列の行列を掛けるのかを書いたうえで計算すると間違いが少なくなる．また，図 3.6 からもわかるように，$\ell \times m$ 行列 A と $m \times n$ 行列 B の積 AB は計算できても BA は計算できないことに注意しよう．

行列の積の基本性質

行列 A, B, C はつぎの式で和と積が定義できるとし，α をスカラーとするとき，つぎが成立する．

(1) $(AB)C = A(BC)$（積の結合法則）

(2) $A(B + C) = AB + AC$（分配法則）

(3) $(A + B)C = AC + BC$（分配法則）

(4) $(\alpha A)B = A(\alpha B) = \alpha(AB)$

(5) $A\boldsymbol{O} = \boldsymbol{O}, \quad \boldsymbol{O}A = \boldsymbol{O}$

講義 03 のまとめ

- 行列の成分の横の並びを行，縦の並びを列と呼ぶ.
- 行列，ベクトルの行の数，列の数がそれぞれ同じ場合のみ和，差が計算できる.
- 行列，ベクトル同士の積を計算する場合は行と列の数に注意して計算する.

演習問題

3.1 つぎの計算を行え.

(1) $\begin{bmatrix} 2 & 3 \end{bmatrix} + \begin{bmatrix} 5 & 4 \end{bmatrix}$ (2) $\begin{bmatrix} 6 \\ 3 \end{bmatrix} + \begin{bmatrix} 2 \\ 4 \end{bmatrix}$ (3) $3\begin{bmatrix} 4 \\ 2 \end{bmatrix} - \begin{bmatrix} 8 \\ 4 \end{bmatrix}$

(4) $\begin{bmatrix} 2 & 3 \\ 1 & 4 \end{bmatrix} + \begin{bmatrix} 5 & 4 \\ 2 & 3 \end{bmatrix}$ (5) $2\begin{bmatrix} 1 & 4 \\ 3 & 2 \end{bmatrix} - \begin{bmatrix} 1 & 3 \\ 4 & 1 \end{bmatrix}$

3.2 つぎのベクトルと行列について，積ができる組合せを選び，計算を行え.

$$\boldsymbol{a} = \begin{bmatrix} 2 & 3 \end{bmatrix}, \quad \boldsymbol{b} = \begin{bmatrix} 1 \\ 4 \end{bmatrix}, \quad \boldsymbol{c} = \begin{bmatrix} 3 & 2 & 1 \end{bmatrix}, \quad \boldsymbol{d} = \begin{bmatrix} 2 \\ 4 \\ 3 \end{bmatrix}$$

$$A = \begin{bmatrix} 3 & 2 \\ 2 & 1 \end{bmatrix}, \quad B = \begin{bmatrix} 1 & 3 & 4 \\ 2 & 4 & 5 \end{bmatrix}, \quad C = \begin{bmatrix} 4 & 5 \\ 1 & 1 \\ 2 & 3 \end{bmatrix}, \quad D = \begin{bmatrix} 4 & 2 & 4 \\ 2 & 1 & 2 \\ 2 & 2 & 4 \end{bmatrix}$$

3.3 つぎの行列を用いて，行列の積の基本性質 (3) が成り立つことを，左辺と右辺をそれぞれ計算して確かめよ.

$$A = \begin{bmatrix} 2 & 1 \\ 1 & 2 \end{bmatrix}, \quad B = \begin{bmatrix} 2 & 3 \\ 1 & 2 \end{bmatrix}, \quad C = \begin{bmatrix} 1 & 2 \\ 1 & 3 \end{bmatrix}$$

講義 04 さまざまな行列

本講では，行列とベクトルの転置，行列のさまざまな形式について説明する．行列とベクトルの転置は，与えられた式を行列・ベクトルで表現する際などにおいて重要な事項となる．また行列にはさまざまな形式があり，それらの呼び方や性質を知っておくことは重要となる．

講義 04 のポイント

- 行列とベクトルの転置を理解しよう．
- 行列のさまざまな形式を理解しよう．

4.1 転置とは

4.1.1 ベクトルの転置

式 (3.2) で示した列ベクトルの例として $\boldsymbol{a} = \begin{bmatrix} 3 \\ 4 \end{bmatrix}$ を考えよう．このベクトルは 2 行 1 列であり，(1, 1) 成分の値は 3，(2, 1) 成分の値は 4 である．ベクトルの (i, j) 成分において，i は行番号，j は列番号を表している．(i, j) 成分とはその成分の値のある場所を表していることに注意しよう．

いま，ベクトル $\boldsymbol{a}$ の行と列の数字，成分の行番号 i と列番号 j をそれぞれ入れ替えると，ベクトルは 1 行 2 列となり，成分は (1, 1) 成分，(1, 2) 成分となる．この入れ替えにより，列ベクトル $\boldsymbol{a} = \begin{bmatrix} 3 \\ 4 \end{bmatrix}$ は 1 行 2 列の行ベクトルとなり，(1, 1) 成分の 3 はそのまま (1, 1) 成分に，(2, 1) 成分にあった 4 は (1, 2) 成分になるのでつぎで表される．

$$\begin{bmatrix} 3 & 4 \end{bmatrix} \tag{4.1}$$

ここで，与えられたベクトルの行と列の数，成分の行番号と列番号をそれぞれ入れ替えて成分の値を並べ直した形式を**転置** (transpose) と呼び，ベクトルの記号では $\boldsymbol{a}^{\mathsf{T}}$ と表す[1)]．例えば行ベクトル $\boldsymbol{b} = \begin{bmatrix} 2 & 3 & 4 \end{bmatrix}$ の転置は

1) 数学や工学のある分野では転置を ${}^t\boldsymbol{a}$ と表すこともあるが，意味は同じである．

$$\boldsymbol{b}^{\top} = \begin{bmatrix} 2 \\ 3 \\ 4 \end{bmatrix}, \quad \begin{bmatrix} 2 & 3 & 4 \end{bmatrix}^{\top} = \begin{bmatrix} 2 \\ 3 \\ 4 \end{bmatrix} \tag{4.2}$$

となり，行ベクトルを転置すると列ベクトルに変わる[2)]．

例 4.1　x_1, x_2 についての方程式 $a_1x_1 + a_2x_2 = b_1$ をベクトルを使って表そう．ここで a_1, a_2, b_1 は定数とする．式 (1.2) の変形と 3.2.2 項より，与えられた方程式はつぎで表される．

$$\begin{bmatrix} a_1 & a_2 \end{bmatrix} \begin{bmatrix} x_1 \\ x_2 \end{bmatrix} = b_1 \tag{4.3}$$

ここでベクトル $\begin{bmatrix} a_1 & a_2 \end{bmatrix}$ は 1 行 2 列の行ベクトル，$\begin{bmatrix} x_1 \\ x_2 \end{bmatrix}$ は 2 行 1 列の列ベクトルであるので，それらの積は例 3.4 と同様にスカラーとなり，式 (4.3) は与えられた方程式の別表現であることがわかる．いま，$\boldsymbol{a} = \begin{bmatrix} a_1 \\ a_2 \end{bmatrix}$，$\boldsymbol{x} = \begin{bmatrix} x_1 \\ x_2 \end{bmatrix}$ とすれば，式 (4.3) はつぎで表される．

$$\boldsymbol{a}^{\top}\boldsymbol{x} = b_1 \tag{4.4}$$

❖

確認問題 4.1　例 4.1 にならって，x_1, x_2, x_3 についての方程式 $a_1x_1 + a_2x_2 + a_3x_3 = b_1$ をベクトルを使って表せ．ただしベクトル $\boldsymbol{a}, \boldsymbol{x}$ ともに行ベクトルとせよ．ここで a_1, a_2, a_3, b_1 は定数とする． ❖

4.1.2 行列の転置

行列の転置もベクトルの転置と同様に考えることができる．例として 3×2 行列を考えよう．

例 4.2　つぎの 3×2 行列の転置を求めよう．

---

2) 転置の記号はベクトルの文字につける他に，直接数ベクトルに書くこともできる．

$$A = \begin{bmatrix} a_{11} & a_{12} \\ a_{21} & a_{22} \\ a_{31} & a_{32} \end{bmatrix}$$

行列 A はつぎの 2 つの列ベクトルに分解でき，$\boldsymbol{a}_{c1} = \begin{bmatrix} a_{11} \\ a_{21} \\ a_{31} \end{bmatrix}$，$\boldsymbol{a}_{c2} = \begin{bmatrix} a_{12} \\ a_{22} \\ a_{32} \end{bmatrix}$ と表すことができる．これら 2 つのベクトルの転置はつぎで表される．

$$\boldsymbol{a}_{c1}^{\top} = \begin{bmatrix} a_{11} & a_{21} & a_{31} \end{bmatrix}, \quad \boldsymbol{a}_{c2}^{\top} = \begin{bmatrix} a_{12} & a_{22} & a_{32} \end{bmatrix}$$

もとの行列 A は 3×2 行列であるので，行の数と列の数を入れると 2×3 行列となることと，列ベクトルの転置は行ベクトルになることを考えると，行列 A の転置はつぎとなる．

$$A^{\top} = \begin{bmatrix} a_{11} & a_{21} & a_{31} \\ a_{12} & a_{22} & a_{32} \end{bmatrix}$$

すなわち 3×2 行列 A を転置すると 2×3 行列になることがわかる．$A^{\top}$ を行列 A の**転置行列**（transposed matrix）と呼ぶ． ❖

確認問題 4.2　例 4.2 にならって，3×3 行列 $A = \begin{bmatrix} a_{11} & a_{12} & a_{13} \\ a_{21} & a_{22} & a_{23} \\ a_{31} & a_{32} & a_{33} \end{bmatrix}$ と 2×3 行列 $B = \begin{bmatrix} b_{11} & b_{12} & b_{13} \\ b_{21} & b_{22} & b_{23} \end{bmatrix}$ の転置行列を求めよ． ❖

転置行列の性質としてつぎが知られている．

転置行列の性質

行列 A, B はつぎの式で和と積が定義できるとし，α をスカラーとするとき，つぎが成立する．

(1)　$(A^{\top})^{\top} = A$

(2)　$(A+B)^{\top} = A^{\top} + B^{\top}$

(3)　$(\alpha A)^{\top} = \alpha A^{\top}$

(4)　$(AB)^{\top} = B^{\top} A^{\top}$

確認問題 4.3　行列 $A = \begin{bmatrix} 1 & 0 & 2 \\ 2 & 1 & 3 \\ 3 & 0 & 2 \end{bmatrix}$, $B = \begin{bmatrix} 2 & 2 & 1 \\ 2 & 2 & 3 \\ 1 & 3 & 1 \end{bmatrix}$ としたとき，$(A+B)^{\top} = A^{\top} + B^{\top}$，$(AB)^{\top} = B^{\top} A^{\top}$ であることを，両辺をそれぞれ計算して確かめよ．

4.2　正方行列，対角行列，単位行列

行列において，行の数と列の数が等しい行列を**正方行列**（square matrix）と呼ぶ．つぎの 2×2 行列と 3×3 行列は正方行列である．

$$A = \begin{bmatrix} a_{11} & a_{12} \\ a_{21} & a_{22} \end{bmatrix}, \quad B = \begin{bmatrix} b_{11} & b_{12} & b_{13} \\ b_{21} & b_{22} & b_{23} \\ b_{31} & b_{32} & b_{33} \end{bmatrix} \tag{4.5}$$

式 (4.5) で示した行列をそれぞれ，**2 次正方行列**，**3 次正方行列**と呼ぶ．

正方行列のうち，行と列の成分番号が同じ数の成分を**対角成分**（diagonal elements）と呼び，式 (4.5) の行列 A, B においてはつぎが対角成分となる．

行列 A の対角成分：a_{11}, a_{22}

行列 B の対角成分：b_{11}, b_{22}, b_{33}

また，正方行列の対角成分のみの和を行列の**トレース**（trace）と呼び，つぎで表す[3]．

$$\mathrm{tr}\,A = a_{11} + a_{22}, \quad \mathrm{tr}\,B = b_{11} + b_{22} + b_{33} \tag{4.6}$$

正方行列において，対角成分以外の成分がすべて 0 の行列を**対角行列**（diagonal matrix）と呼ぶ．つぎの 2×2 行列 A と 3×3 行列 B は対角行列である．

$$A = \begin{bmatrix} a_{11} & 0 \\ 0 & a_{22} \end{bmatrix}, \quad B = \begin{bmatrix} b_{11} & 0 & 0 \\ 0 & b_{22} & 0 \\ 0 & 0 & b_{33} \end{bmatrix} \tag{4.7}$$

対角行列は対角成分のみで特定できるので，つぎの記法を用いることもある．

$$A = \mathrm{diag}(a_{11}, a_{22}), \quad B = \mathrm{diag}(b_{11}, b_{22}, b_{33}) \tag{4.8}$$

対角行列のうち，対角成分がすべて 1 である行列を**単位行列**（identitiy matrix）と呼ぶ．つぎの 2×2 行列と 3×3 行列は単位行列である．

$$E = \begin{bmatrix} 1 & 0 \\ 0 & 1 \end{bmatrix}, \quad E = \begin{bmatrix} 1 & 0 & 0 \\ 0 & 1 & 0 \\ 0 & 0 & 1 \end{bmatrix} \tag{4.9}$$

単位行列に限り，行列の記号として E を使うことが多い．本書では単位行列の記号として E を用いる[4]．

数同士の積の場合，ある数に 1 を掛けても解はある数と同じままであるが（例えば $3 \times 1 = 3$），行列の積の場合はある行列に単位行列を掛けると，もとの行列になり，つぎが成り立つ．

$$AE = EA = A \tag{4.10}$$

また，単位行列 E と同じ次数のベクトル $\boldsymbol{x}$ との積において，つぎが成り立つ．

$$E\boldsymbol{x} = \boldsymbol{x} \tag{4.11}$$

---

3) もちろん n 次正方行列のトレースは n 個の対角成分をすべて足したものとなる．
4) 工学の分野では単位行列の記号として I を用いることも多い．

4.3　対称行列，歪対称行列

正方行列のうち，$A = A^{\top}$ が成り立つ行列を**対称行列**（symmetric matrix）と呼ぶ．つぎの 2 次正方行列と 3 次正方行列は対称行列である．

$$\begin{bmatrix} a_{11} & a_{12} \\ a_{12} & a_{22} \end{bmatrix}, \quad \begin{bmatrix} b_{11} & b_{12} & b_{13} \\ b_{12} & b_{22} & b_{23} \\ b_{13} & b_{23} & b_{33} \end{bmatrix} \tag{4.12}$$

すなわち，対称行列は $i \neq j$ としたときの (i, j) 成分の値と (j, i) 成分の値が等しい行列であるといえる．

正方行列のうち $A = -A^{\top}$ が成り立つ行列を**歪（ひずみ，わい）対称行列**[5)]（skew symmetric matrix），または交代行列（alternative matrix）と呼ぶ．つぎの 2 次正方行列と 3 次正方行列は歪対称行列である．

$$\begin{bmatrix} 0 & a_{12} \\ -a_{12} & 0 \end{bmatrix}, \quad \begin{bmatrix} 0 & -b_{12} & b_{13} \\ b_{12} & 0 & b_{23} \\ -b_{13} & -b_{23} & 0 \end{bmatrix} \tag{4.13}$$

歪対称行列 A においてつぎの性質が成り立つ．

$$\boldsymbol{x}^{\top} A \boldsymbol{x} = 0 \tag{4.14}$$

ここで $\boldsymbol{x}$ は行列 A と同じ次数の列ベクトルである．

確認問題 4.4　行列 $A = \begin{bmatrix} 0 & -2 & -3 \\ 2 & 0 & 4 \\ 3 & -4 & 0 \end{bmatrix}$，ベクトル $\boldsymbol{x} = \begin{bmatrix} x_1 \\ x_2 \\ x_3 \end{bmatrix}$ とするとき，式 (4.14) が成り立つことを計算して確かめよ．

4.4　三角行列

正方行列において，対角成分の左側の成分がすべて 0 である n 次正方行列を**n 次上三角行列**（upper triangular matrix, right triangular matrix）という．3 次上三角行列の場合，つぎとなる．

5) 反対称行列と呼ぶ場合もある．

$$\begin{bmatrix} a_{11} & a_{12} & a_{13} \\ 0 & a_{22} & a_{23} \\ 0 & 0 & a_{33} \end{bmatrix} \tag{4.15}$$

また，対角成分の右側の成分がすべて 0 である n 次正方行列を **n 次下三角行列（lower triangular matrix, left triangular matrix）**という．3 次下三角行列の場合，つぎとなる．

$$\begin{bmatrix} a_{11} & 0 & 0 \\ a_{21} & a_{22} & 0 \\ a_{31} & a_{32} & a_{33} \end{bmatrix} \tag{4.16}$$

三角行列は連立 1 次方程式の解法において非常に重要となる．特に，行列 A を下三角行列 L と上三角行列 U の積

$$A = LU \tag{4.17}$$

の形に分解することを**三角分解**または **LU 分解**と呼び，数値計算や理論的な研究で用いられることが多い．

行列 A, B が n 次上三角行列（下三角行列）であり，和と積が定義できるとすると，和 $A + B$, スカラー倍 αA（α はスカラー），積 AB も n 次上三角行列（下三角行列）となる．また，上三角行列（下三角行列）を転置すると下三角行列（上三角行列）になる．

確認問題 4.5 行列 $A = \begin{bmatrix} 1 & 2 & 3 \\ 0 & 3 & 2 \\ 0 & 0 & 4 \end{bmatrix}, B = \begin{bmatrix} 2 & 3 & 1 \\ 0 & 2 & 3 \\ 0 & 0 & 1 \end{bmatrix}$ について，$A + B$ と AB を計算せよ． ❖

❖4.5 行列のベキ

正方行列 A に対して，A を n 個掛け合わせることを A の n 乗といい，つぎで表す．

$$\underbrace{AA\cdots A}_{n\text{ 個}} = A^n \tag{4.18}$$

これよりつぎの関係が成り立つ．

$$A^2 = AA, \quad A^3 = AAA = A^2A, \quad A^4 = AAAA = A^2A^2 = A^3A, \ldots$$

$$A^n = A^{n-2}A^2 = A^{n-1}A \tag{4.19}$$

対角行列のベキは各対角成分のベキを取ればよいので，例えば式 (4.7) に示した行列 A, B の場合はつぎとなる．

$$A^n = \begin{bmatrix} a_{11}^n & 0 \\ 0 & a_{22}^n \end{bmatrix}, \quad B^n = \begin{bmatrix} b_{11}^n & 0 & 0 \\ 0 & b_{22}^n & 0 \\ 0 & 0 & b_{33}^n \end{bmatrix} \tag{4.20}$$

確認問題 4.6　行列 $A = \begin{bmatrix} 2 & 1 \\ 6 & 3 \end{bmatrix}, B = \begin{bmatrix} 3 & 0 & 0 \\ 0 & 2 & 0 \\ 0 & 0 & 4 \end{bmatrix}$ について，A^2 と B^3 を求めよ． ❖

また，2 次正方行列 $A = \begin{bmatrix} a & b \\ c & d \end{bmatrix}$ について，つぎが成り立つ．

$$A^2 - (a+d)A + (ad-bc)E = \boldsymbol{O} \tag{4.21}$$

この方程式は 2 次正方行列に対する**ケイリー・ハミルトンの定理**（Cayley-Hamilton theorem）（またはハミルトン・ケイリーの定理）と呼ばれ，行列のベキを求める際などに役に立つ．ここで $\boldsymbol{O}$ は 2 次零行列である．ケイリー・ハミルトンの定理は n 次正方行列に対しても考えることができ，講義 09 において説明する．

確認問題 4.7　$A = \begin{bmatrix} 2 & 1 \\ 3 & -2 \end{bmatrix}$ のとき，ケイリー・ハミルトンの定理を用いて A^3 を求めよ． ❖

講義 04 のまとめ

- 行列とベクトルの転置は，成分の行番号と列番号を入れ替えて成分を並べ直したものである．
- 行列にはさまざまな形式があり，さまざまな場合で用いられる．

演習問題

4.1　つぎの連立 1 次方程式を行列とベクトルを使って表せ．

(1) $\begin{cases} 2x_1 + 3x_2 = 5 \\ x_1 + 5x_2 = 6 \end{cases}$　(2) $\begin{cases} 3x_1 + 2x_2 + 4x_3 = 10 \\ x_1 + 7x_3 = 8 \\ 2x_1 + x_2 + 5x_3 = 8 \end{cases}$

4.2　つぎのベクトル，行列の転置を求めよ．

(1) $\begin{bmatrix} 3 & 1 & 4 \end{bmatrix}$　(2) $\begin{bmatrix} 5 \\ 2 \\ 3 \end{bmatrix}$　(3) $\begin{bmatrix} 4 \\ 2 \\ 5 \\ 1 \end{bmatrix}$　(4) $\begin{bmatrix} 3 & 1 & 6 & 2 \end{bmatrix}$

(5) $\begin{bmatrix} 3 & 2 \\ 4 & 6 \end{bmatrix}$　(6) $\begin{bmatrix} 3 & 2 & 5 \\ 1 & 4 & 6 \end{bmatrix}$　(7) $\begin{bmatrix} 3 & 2 & 5 \\ 1 & 4 & 6 \\ 7 & 3 & 2 \end{bmatrix}$　(8) $\begin{bmatrix} 2 & 4 & 5 & 6 \\ 3 & 2 & 1 & 8 \\ 8 & 9 & 1 & 2 \end{bmatrix}$

4.3　つぎの行列同士の積を求めよ．

(1) $\begin{bmatrix} 1 & 0 \\ 1 & 1 \end{bmatrix} \begin{bmatrix} 5 & 4 \\ 0 & -2 \end{bmatrix}$　(2) $\begin{bmatrix} 2 & 0 \\ 3 & 2 \end{bmatrix} \begin{bmatrix} 3 & 2 \\ 0 & -4 \end{bmatrix}$

(3) $\begin{bmatrix} 3 & 0 & 0 \\ 2 & 2 & 0 \\ 1 & 3 & 2 \end{bmatrix} \begin{bmatrix} 3 & 2 & 1 \\ 0 & 2 & 3 \\ 0 & 0 & 2 \end{bmatrix}$　(4) $\begin{bmatrix} 3 & 2 & 1 \\ 0 & 2 & 3 \\ 0 & 0 & 2 \end{bmatrix} \begin{bmatrix} 3 & 2 & 1 \\ 0 & 2 & 3 \\ 0 & 0 & 2 \end{bmatrix}$

(5) $\begin{bmatrix} 3 & 0 & 0 \\ 1 & 4 & 0 \\ 7 & 3 & 2 \end{bmatrix} \begin{bmatrix} 3 & 2 & 5 \\ 0 & 4 & 6 \\ 0 & 0 & 2 \end{bmatrix}$

4.4　確認問題 4.6 の行列 A において，式 (4.21) を用いて A^2 と $A^2 - 6A$ を求めよ．さらに n を自然数とするとき，A^n の形を予想せよ（証明はしなくてもよい）．

講義 05

逆行列と行列式

本講では逆行列と行列式について説明する．逆行列は行列の逆数と解釈できる行列である．行列式は行列の性質を考えるうえで非常に重要であるが，一方でその意味がイメージしづらく，講義 09 で学ぶ固有値，固有ベクトルと並んで初学者をしばしば困惑させる．逆行列と行列式は講義 06，07 で学ぶ連立 1 次方程式の解の性質と密接な関係があるだけでなく，さまざまな場面で行列の性質を理解するためにも重要となる．本講において，その定義をしっかり身につけてほしい．

講義 05 のポイント

- 逆行列の性質と求め方を理解しよう．
- 行列式の求め方を理解しよう．
- 逆行列と行列式の関係を理解しよう．

5.1　連立 1 次方程式と行列

x に関する 1 次方程式 $ax = b$ を x について解けば

$$x = \frac{1}{a}b = a^{-1}b \tag{5.1}$$

が得られる．すなわち未知数 x の係数 a の逆数を両辺に掛けることで，x を求めることができる．係数 a が 0 でない限り a には逆数が存在するので，$a \neq 0$ であれば $ax = b$ は必ず解くことができる．

ここで，つぎの x_1，x_2 に関する連立 1 次方程式を考えよう．

$$\begin{cases} a_{11}x_1 + a_{12}x_2 = b_1 \\ a_{21}x_1 + a_{22}x_2 = b_2 \end{cases} \tag{5.2}$$

$A = \begin{bmatrix} a_{11} & a_{12} \\ a_{21} & a_{22} \end{bmatrix}$，$\boldsymbol{x} = \begin{bmatrix} x_1 \\ x_2 \end{bmatrix}$，$\boldsymbol{b} = \begin{bmatrix} b_1 \\ b_2 \end{bmatrix}$ とおけば，この連立 1 次方程式を

$$A\boldsymbol{x} = \boldsymbol{b} \tag{5.3}$$

と行列とベクトルで表現できる．式 (5.3) は 1 変数の 1 次方程式 $ax = b$ とよく似た形の方程式になっている．しかし，係数 A が行列であるため，逆数を両辺に掛けるという操作はできない．それでは，行列の逆数に相当するものは存在するのだろうか．行列 A に対して，$BA = E$ となる 2 次正方行列 B が存在すると仮定しよう．式 (5.3) の両辺に B を左から掛けると，

$$BA\boldsymbol{x} = B\boldsymbol{b} \quad \Rightarrow \quad \boldsymbol{x} = B\boldsymbol{b} \tag{5.4}$$

となる．ここで $BA\boldsymbol{x} = E\boldsymbol{x} = \boldsymbol{x}$ となることに注意しよう．未知数を並べたベクトル $\boldsymbol{x}$ は，ベクトル $\boldsymbol{b}$ の左から行列 B を掛けたものと等しくなる．すなわち，行列 B は行列 A に対して逆数と同様の性質を持つ行列である．そこで，a の逆数を a^{-1} と書くのと同様に，$BA = E$ を満たす行列 B をこれ以降では A^{-1} と書くことにしよう．

行列 A^{-1} が存在するのであれば，具体的にどのような行列になるのか考えよう．連立 1 次方程式 (5.2) を加減法で解けば，$a_{11}a_{22} - a_{12}a_{21} \neq 0$ のとき

$$\begin{cases} x_1 = \dfrac{a_{22}b_1 - a_{12}b_2}{a_{11}a_{22} - a_{12}a_{21}} \\[2ex] x_2 = \dfrac{-a_{21}b_1 + a_{11}b_2}{a_{11}a_{22} - a_{12}a_{21}} \end{cases} \tag{5.5}$$

を得る．式 (5.5) を行列とベクトルで表現すれば

$$\begin{bmatrix} x_1 \\ x_2 \end{bmatrix} = \frac{1}{a_{11}a_{22} - a_{12}a_{21}} \begin{bmatrix} a_{22} & -a_{12} \\ -a_{21} & a_{11} \end{bmatrix} \begin{bmatrix} b_1 \\ b_2 \end{bmatrix} \tag{5.6}$$

となり，行列 A^{-1} はつぎとなる．

$$A^{-1} = \frac{1}{a_{11}a_{22} - a_{12}a_{21}} \begin{bmatrix} a_{22} & -a_{12} \\ -a_{21} & a_{11} \end{bmatrix} \tag{5.7}$$

確認問題 5.1 つぎの連立 1 次方程式の解 x_1，x_2 が，式 (5.6) を用いて正しく求められることを確認せよ．

$$\begin{cases} x_1 + 2x_2 = 4 \\ 3x_1 + 4x_2 = 10 \end{cases}$$

❖

5.2　2 次正方行列の逆行列

式 (5.7) より 2 次正方行列 A の逆行列 A^{-1} はつぎで定義される．

2 次正方行列の逆行列

2 次正方行列 $A = \begin{bmatrix} a_{11} & a_{12} \\ a_{21} & a_{22} \end{bmatrix}$ に対して

$$A^{-1} = \frac{1}{a_{11}a_{22} - a_{12}a_{21}} \begin{bmatrix} a_{22} & -a_{12} \\ -a_{21} & a_{11} \end{bmatrix} \tag{5.8}$$

を行列 A の**逆行列** (inverse matrix) と呼ぶ．ただし $a_{11}a_{22} - a_{12}a_{21} \neq 0$ とする．A^{-1} はつぎの関係を満たす行列である．

$$AA^{-1} = A^{-1}A = E \tag{5.9}$$

ここで，$a_{11}a_{22} - a_{12}a_{21} = 0$ の場合は A^{-1} が求められないことに注意しよう．前節で説明したとおり，逆行列はもとの行列に対する逆数に相当する行列であった．スカラーに逆数を掛けると 1 が得られるが，行列の場合には逆行列を掛けると単位行列 E が得られることに注意しよう．A^{-1} は A の左右どちらから掛けても，単位行列 E が得られるという性質を持つ．

例 5.1　式 (5.8) で定義した A^{-1} に対して，$AA^{-1} = E$ となることを確認しよう．

$$\begin{aligned} AA^{-1} &= \begin{bmatrix} a_{11} & a_{12} \\ a_{21} & a_{22} \end{bmatrix} \frac{1}{a_{11}a_{22} - a_{12}a_{21}} \begin{bmatrix} a_{22} & -a_{12} \\ -a_{21} & a_{11} \end{bmatrix} \\ &= \frac{1}{a_{11}a_{22} - a_{12}a_{21}} \begin{bmatrix} a_{11}a_{22} - a_{12}a_{21} & -a_{11}a_{12} + a_{12}a_{11} \\ a_{21}a_{22} - a_{22}a_{21} & -a_{21}a_{12} + a_{22}a_{11} \end{bmatrix} \\ &= \begin{bmatrix} 1 & 0 \\ 0 & 1 \end{bmatrix} = E \end{aligned}$$

となる. ❖

確認問題 5.2 例 5.1 と同様にして, $A^{-1}A = E$ となることを確認せよ. ❖

例 5.2 行列 $A = \begin{bmatrix} 1 & 2 \\ 3 & k \end{bmatrix}$ の逆行列を求めよう.

$$A^{-1} = \frac{1}{1 \times k - 2 \times 3} \begin{bmatrix} k & -2 \\ -3 & 1 \end{bmatrix} = \frac{1}{k-6} \begin{bmatrix} k & -2 \\ -3 & 1 \end{bmatrix}$$

となる. よって $k \neq 6$ であれば A^{-1} を求めることができ, 例えば $k = 1$ のとき $A^{-1} = \frac{1}{5} \begin{bmatrix} -1 & 2 \\ 3 & -1 \end{bmatrix}$ である. ❖

05

確認問題 5.3 例 5.2 の行列 A について, $k = 1$ のとき $AA^{-1} = A^{-1}A = E$ となることを確認せよ. ❖

例 5.3 ある正方行列に対して, 逆行列は 1 つしか存在しないことを示そう. 正方行列 A に対して, $AB = BA = E$, $AC = CA = E$ となる 2 つの逆行列 B, C があると仮定しよう. $B = BE$ が成り立つので, この右辺に $E = AC$ を代入し, $BA = E$ に注意すれば

$$B = BE = B(AC) = (BA)C = EC = C \tag{5.10}$$

すなわち必ず $B = C$ となる. これは行列 A の逆行列はただ 1 つであることを意味している. これを**逆行列の一意性**という. ❖

例 5.4 2 つの正方行列 A, B の積 AB の逆行列 $(AB)^{-1}$ は

$$(AB)^{-1} = B^{-1}A^{-1} \tag{5.11}$$

であることを示そう. 行列 AB の逆行列を $(AB)^{-1} = C$ とおくと, $CAB = E$ が成り立つ. この両辺に右から B^{-1} を掛けると, $BB^{-1} = E$, $EB^{-1} = B^{-1}$ であるから

$$CABB^{-1} = EB^{-1}$$

$$CA = B^{-1} \tag{5.12}$$

となる．さらに式 (5.12) の両辺の右から A^{-1} を掛ければ

$$\begin{aligned} CAA^{-1} &= B^{-1}A^{-1} \\ C &= B^{-1}A^{-1} \end{aligned}$$

となることから，$(AB)^{-1} = B^{-1}A^{-1}$ であることが確認できる． ❖

❖ 5.3 行列式

5.3.1 2 次正方行列の行列式

式 (5.8) で定義した逆行列 A^{-1} が存在する条件を，つぎの例で考えよう．

例 5.5 例 5.2 の行列 A に逆行列が存在する条件を調べよう．A の逆行列は

$$A^{-1} = \frac{1}{k-6}\begin{bmatrix} k & -2 \\ -3 & 1 \end{bmatrix}$$

であったので，$k \neq 6$ であれば逆行列 A^{-1} を求めることができる．一方で $k = 6$ のとき係数の分母が 0 となるため，A^{-1} は計算できない．よって，A に逆行列が存在する条件は $k \neq 6$ である． ❖

この例を一般化すれば，式 (5.8) に現れる分数の分母に着目し $a_{11}a_{22} - a_{12}a_{21} \neq 0$ となるとき，2 次正方行列には逆行列が存在することがわかる．$a_{11}a_{22} - a_{12}a_{21}$ を 2 次正方行列 A の**行列式**（determinant）という．すなわち，2 次正方行列 A の行列式はつぎで定義される．

2次正方行列の行列式

2次正方行列 $A = \begin{bmatrix} a_{11} & a_{12} \\ a_{21} & a_{22} \end{bmatrix}$ に対して

$$|A| = \det A = a_{11}a_{22} - a_{12}a_{21} \tag{5.13}$$

を行列 A の**行列式**もしくは**デターミナント**と呼ぶ．

- $|A| \neq 0$ であれば行列 A の逆行列が存在する．このとき行列 A は**正則である**（non-singular）という．
- $|A| = 0$ であれば行列 A の逆行列は存在しない．このとき行列 A は**正則ではない**（singular）という．

05

例5.5で説明したとおり，$|A|$ は逆行列の定義である式(5.8)に現れる分数の分母である．$|A| = 0$ のとき分母が0となってしまうため，逆行列を求めることができない．すなわち，行列 A に逆行列が存在するかは，**行列式の値**[1)]が0でないかどうか（行列が正則か否か）で判別することができる．言い換えれば，**正則な行列とは逆行列が存在する行列**である．スカラー a の逆数 a^{-1} は，$a \neq 0$ であれば必ず存在するが，行列 A の逆行列は行列 $A \neq \boldsymbol{O}$ であっても $|A| = 0$ のときには存在しないことに注意しよう．

確認問題 5.4　つぎの行列の行列式の値を求めよ．

(1) $\begin{bmatrix} 2 & 3 \\ -1 & 4 \end{bmatrix}$　(2) $\begin{bmatrix} 6 & -2 \\ 3 & -1 \end{bmatrix}$

5.3.2　3次正方行列の行列式

3次正方行列 $A = \begin{bmatrix} a_{11} & a_{12} & a_{13} \\ a_{21} & a_{22} & a_{23} \\ a_{31} & a_{32} & a_{33} \end{bmatrix}$ の行列式は

1) 以降では，行列式を計算して得られる具体的な数値を指すときには**行列式の値**と表記する．

$$|A| = \begin{matrix} a_{11}a_{22}a_{33} + a_{12}a_{23}a_{31} + a_{13}a_{21}a_{32} \\ -a_{11}a_{23}a_{32} - a_{12}a_{21}a_{33} - a_{13}a_{22}a_{31} \end{matrix}$$

$$|A| = \begin{vmatrix} a_{11} & a_{12} & a_{13} \\ a_{21} & a_{22} & a_{23} \\ a_{31} & a_{32} & a_{33} \end{vmatrix}$$

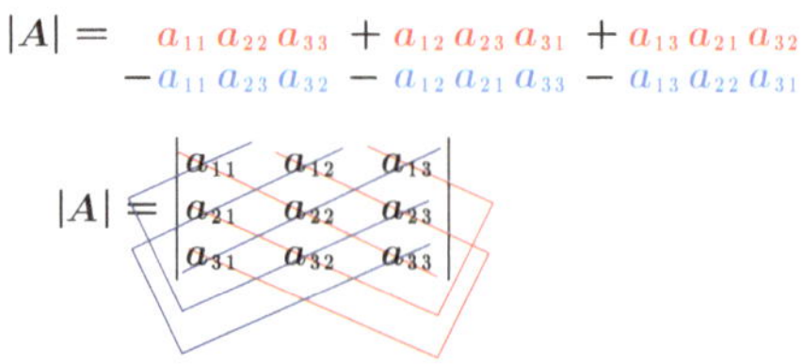

図 5.1 サラスの方法

$$\det A = |A| = a_{11}a_{22}a_{33} + a_{12}a_{23}a_{31} + a_{13}a_{21}a_{32}$$
$$- a_{11}a_{23}a_{32} - a_{12}a_{21}a_{33} - a_{13}a_{22}a_{31} \tag{5.14}$$

で求めることができる．上式をそのまま覚えるのは大変そうであるが，図 5.1 に示すように行列の各成分を右下方向に掛けたものの和から，左下方向に掛けたものの和を引いた，と考えれば覚えやすい．これを**サラスの方法**（Sarrus' rule）という．

例 5.6 つぎの行列 A の行列式の値を求めよう．

$$A = \begin{bmatrix} 2 & 3 & 1 \\ 1 & 1 & -1 \\ 3 & 1 & 1 \end{bmatrix}$$

サラスの方法を用いれば，

$$|A| = 2 \times 1 \times 1 + 3 \times (-1) \times 3 + 1 \times 1 \times 1$$
$$- 2 \times (-1) \times 1 - 3 \times 1 \times 1 - 1 \times 1 \times 3$$
$$= -10$$

となる．

5.3.3　n 次正方行列の行列式

さらに一般的に，n 次正方行列の行列式はどのように定義されるのだろうか．サラスの方法のような計算方法が任意の n 次正方行列に適用できればよいが，残念ながら 4 次以上の n 次正方行列の行列式ではサラスの方法は成り立たない．

n 次正方行列の行列式を定義する前に，つぎの定義をしておこう．n 次正方行列 A から第 i 行と第 j 列を取り除いて得られる $(n-1)$ 次正方行列を行列 A の**小行列**といい，A_{ij} と書くことにしよう．このとき，

$$\tilde{a}_{ij} = (-1)^{i+j}|A_{ij}| \tag{5.15}$$

で定義される $\tilde{a}_{ij}$ を行列 A の成分 a_{ij} に関する**余因子**（cofactor）という．

2 次正方行列の余因子を求めよう．行列 $A = \begin{bmatrix} a_{11} & a_{12} \\ a_{21} & a_{22} \end{bmatrix}$ の小行列は，図 5.2 に示すように 1×1 の行列（スカラー）となる．これより行列 A の余因子は

$$\begin{aligned} \tilde{a}_{11} &= (-1)^{1+1}|a_{22}| = a_{22}, & \tilde{a}_{12} &= (-1)^{1+2}|a_{21}| = -a_{21}, \\ \tilde{a}_{21} &= (-1)^{2+1}|a_{12}| = -a_{12}, & \tilde{a}_{22} &= (-1)^{2+2}|a_{11}| = a_{11} \end{aligned} \tag{5.16}$$

と求められる．ここで $|a_{ij}|$ は $A_{ij} = \begin{bmatrix} a_{ij} \end{bmatrix}$ という 1×1 の行列（スカラー）の行列式を表しており，$|a_{ij}| = a_{ij}$ である．a_{ij} の絶対値ではないことに注意しよう．

余因子を用いて，n 次正方行列の行列式を求める方法をつぎに示そう．

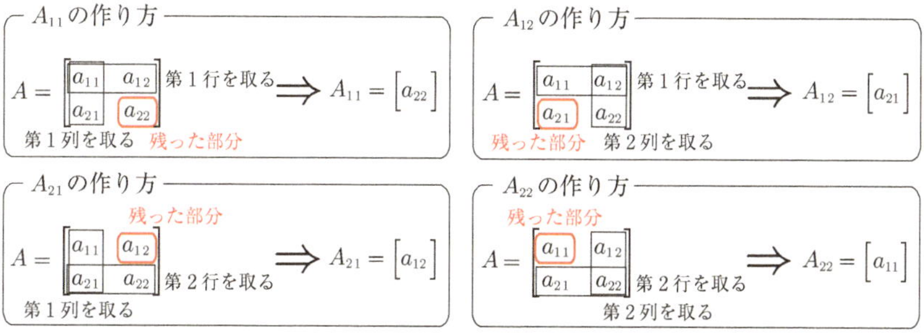

図 5.2　2 次正方行列の小行列の作り方

n 次正方行列の行列式

n 次正方行列

$$A = \begin{bmatrix} a_{11} & a_{12} & \cdots & a_{1n} \\ a_{21} & a_{22} & \cdots & a_{2n} \\ \vdots & \vdots & \ddots & \vdots \\ a_{n1} & a_{n2} & \cdots & a_{nn} \end{bmatrix} \tag{5.17}$$

の行列式 $|A|$ をつぎで定義する．

$$n = 1 \text{ のとき} \quad |A| = \det A = |a_{11}| = a_{11} \tag{5.18}$$

$$n \geq 2 \text{ のとき} \quad |A| = \det A = \sum_{k=1}^{n} a_{1k}\tilde{a}_{1k} \tag{5.19}$$

ただし $\tilde{a}_{1k}$ は行列 A の $(1, k)$ 成分 a_{1k} に関する余因子である．

この定義をもとに，2 次および 3 次の正方行列の行列式を導出しよう．2 次正方行列 $A = \begin{bmatrix} a_{11} & a_{12} \\ a_{21} & a_{22} \end{bmatrix}$ について考えると，式 (5.16) で求めた余因子を用いて，A の行列式はつぎとなる．

$$\begin{aligned} |A| &= \sum_{k=1}^{2} a_{1k}\tilde{a}_{1k} = a_{11}\tilde{a}_{11} + a_{12}\tilde{a}_{12} \\ &= a_{11}a_{22} - a_{12}a_{21} \end{aligned} \tag{5.20}$$

これは式 (5.13) の定義と一致する．

同様に，3 次正方行列の行列式を導出しよう．$A = \begin{bmatrix} a_{11} & a_{12} & a_{13} \\ a_{21} & a_{22} & a_{23} \\ a_{31} & a_{32} & a_{33} \end{bmatrix}$ について考えると，図 5.3 のように行列 A の小行列が求められる．これを用いれば，行列 A の行列式は

$$|A| = \sum_{k=1}^{3} a_{1k}\tilde{a}_{1k} = a_{11}\tilde{a}_{11} + a_{12}\tilde{a}_{12} + a_{13}\tilde{a}_{13}$$

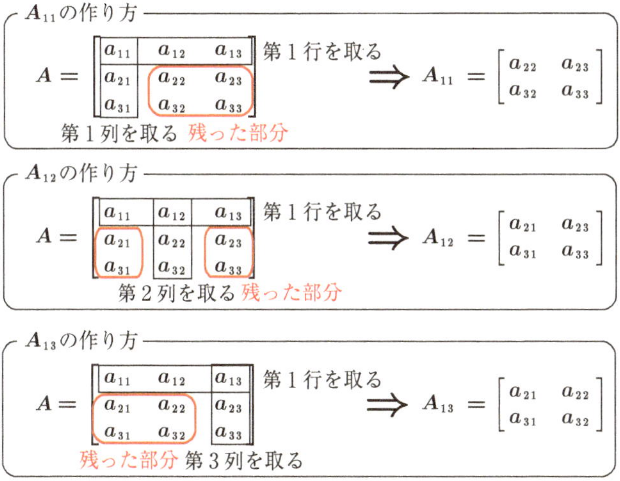

図 5.3　3 次正方行列の第 1 行に関する小行列の作り方

$$
\begin{aligned}
&= (-1)^2 a_{11}|A_{11}| + (-1)^3 a_{12}|A_{12}| + (-1)^4 a_{13}|A_{13}| \\
&= a_{11}\begin{vmatrix} a_{22} & a_{23} \\ a_{32} & a_{33} \end{vmatrix} - a_{12}\begin{vmatrix} a_{21} & a_{23} \\ a_{31} & a_{33} \end{vmatrix} + a_{13}\begin{vmatrix} a_{21} & a_{22} \\ a_{31} & a_{32} \end{vmatrix} \\
&= a_{11}(a_{22}a_{33} - a_{23}a_{32}) - a_{12}(a_{21}a_{33} - a_{23}a_{31}) \\
&\quad + a_{13}(a_{21}a_{32} - a_{22}a_{31}) \\
&= a_{11}a_{22}a_{33} + a_{12}a_{23}a_{31} + a_{13}a_{21}a_{32} \\
&\quad - a_{11}a_{23}a_{32} - a_{12}a_{21}a_{33} - a_{13}a_{22}a_{31} \qquad (5.21)
\end{aligned}
$$

と求めることができ，サラスの方法の結果である式 (5.14) と一致する．

式 (5.19) による行列式の定義では，n 次正方行列の行列式は余因子より得られる $(n-1)$ 次正方行列の行列式の和として表されている．すなわち，ある行列の行列式はより低次の行列式により表現できるため，この操作を帰納的に繰り返すことで n 次正方行列の行列式を求めることができる[2)]．

2) この定義を**帰納的定義**という．行列式のより厳密な定義は，置換と呼ばれる数学的な操作によってなされる．

5.3.4 余因子展開

3 次正方行列の行列式は，式 (5.21) より余因子を用いてつぎで書ける．

$$|A| = a_{11}\tilde{a}_{11} + a_{12}\tilde{a}_{12} + a_{13}\tilde{a}_{13} \tag{5.22}$$

これを一般化すると，n 次正方行列に対して

$$|A| = a_{i1}\tilde{a}_{i1} + a_{i2}\tilde{a}_{i2} + \cdots + a_{in}\tilde{a}_{in} = \sum_{k=1}^{n} a_{ik}\tilde{a}_{ik} \tag{5.23}$$

が成り立ち，これを**第 i 行に対する余因子展開**という．同様に

$$|A| = a_{1j}\tilde{a}_{1j} + a_{2j}\tilde{a}_{2j} + \cdots + a_{nj}\tilde{a}_{nj} = \sum_{k=1}^{n} a_{kj}\tilde{a}_{kj} \tag{5.24}$$

を**第 j 列に対する余因子展開**という．余因子展開を用いることで，行列式の計算をより低次の行列の行列式の計算に置き換えることができる．

例 5.7　4 次正方行列 $A = \begin{bmatrix} 1 & 2 & 2 & 2 \\ 2 & 1 & 2 & 2 \\ 2 & 2 & 1 & 2 \\ 2 & 2 & 2 & 1 \end{bmatrix}$ の行列式の値を，余因子展開を用いて求めよう．第 1 行に対して余因子展開をすれば

$$\begin{aligned} |A| &= a_{11}\tilde{a}_{11} + a_{12}\tilde{a}_{12} + a_{13}\tilde{a}_{13} + a_{14}\tilde{a}_{14} \\ &= 1 \times \begin{vmatrix} 1 & 2 & 2 \\ 2 & 1 & 2 \\ 2 & 2 & 1 \end{vmatrix} - 2 \times \begin{vmatrix} 2 & 2 & 2 \\ 2 & 1 & 2 \\ 2 & 2 & 1 \end{vmatrix} + 2 \times \begin{vmatrix} 2 & 1 & 2 \\ 2 & 2 & 2 \\ 2 & 2 & 1 \end{vmatrix} - 2 \times \begin{vmatrix} 2 & 1 & 2 \\ 2 & 2 & 1 \\ 2 & 2 & 2 \end{vmatrix} \\ &= 1 \times 5 - 2 \times 2 + 2 \times (-2) - 2 \times 2 = -7 \end{aligned}$$

となり，実質的に 3 次正方行列の行列式計算に置き換えることができる[3)]．　✣

確認問題 5.5　例 5.7 における行列 A の行列式の値を，第 2 行および第 1 列に対する余因子展開より求め，例 5.7 と同じ結果になることを示せ．　✣

---

3) さらに 3 次正方行列の行列式を，余因子展開によって 2 次正方行列の行列式に置き換えることも可能である．

5.3.5 行列式の性質

行列式にはつぎの性質がある．

行列式の性質

(1) ある行のすべての成分に0ではないスカラー α を掛けたとき，行列式の値はもとの行列式の値の α 倍となる．

(2) ある行に0ではない数を掛けたものを他の行に加えたとき，行列式の値はもとの行列式の値と等しい．

(3) 2つの行を入れ替えたとき，行列式の値はもとの行列式の値の -1 倍となる．

(4) 行列を転置したとき，行列式の値はもとの行列式の値と等しい．

(5) 2つの行が等しい行列の行列式の値は0である．

(6) 2つの列が等しい行列の行列式の値は0である．

05

例 5.8 例5.6の行列 A について，行列式の性質(1)〜(3)が成り立つことを確認しよう．

A の行列式は $\begin{vmatrix} 2 & 3 & 1 \\ 1 & 1 & -1 \\ 3 & 1 & 1 \end{vmatrix} = -10$ であった．第1行を2倍した行列の行列式の値を求めると，

$$\begin{vmatrix} 4 & 6 & 2 \\ 1 & 1 & -1 \\ 3 & 1 & 1 \end{vmatrix} = 4 - 18 + 2 - (-4) - 6 - 6 = -20$$

となり，行列式の値はもとの行列式の値の2倍となる．

行列 A の第2行を2倍して第1行に加えると，

$$\begin{vmatrix} 4 & 5 & -1 \\ 1 & 1 & -1 \\ 3 & 1 & 1 \end{vmatrix} = 4 - 15 - 1 - (-4) - 5 - (-3) = -10$$

となり，行列式の値は変わらない．

行列 A の第 1 行と第 2 行を入れ替えると

$$\begin{vmatrix} 1 & 1 & -1 \\ 2 & 3 & 1 \\ 3 & 1 & 1 \end{vmatrix} = 3 + 3 - 2 - 1 - 2 - (-9) = 10$$

となり，行列式の値はもとの行列式の値の -1 倍となる． ❖

確認問題 5.6 例 5.8 で調べた行列式の性質 (1)〜(3) について，例 5.8 に示した以外の行に対して同様の操作を行っても成り立つことを確認せよ． ❖

確認問題 5.7 例 5.6 の行列 A の転置行列 A^{T} の行列式の値を求め，もとの行列 A の行列式の値と等しくなることを確認せよ． ❖

例 5.9 第 2 行と第 3 行が等しい行列 $A = \begin{bmatrix} 2 & 3 & 1 \\ 1 & 1 & -1 \\ 1 & 1 & -1 \end{bmatrix}$ の行列式の値を求めよう．

$$\begin{vmatrix} 2 & 3 & 1 \\ 1 & 1 & -1 \\ 1 & 1 & -1 \end{vmatrix} = -2 - 3 + 1 + 2 + 3 - 1 = 0$$

行列 A の行列式の値は 0 となり，行列式の性質 (5) が成り立っていることがわかる． ❖

確認問題 5.8 第 1 列と第 3 列が等しい行列 $A = \begin{bmatrix} 3 & 2 & 3 \\ 2 & 1 & 2 \\ 1 & -1 & 1 \end{bmatrix}$ の行列式の値を求め，行列式の性質 (6) が成り立つことを確認せよ． ❖

5.4 逆行列

5.4.1 余因子行列

5.2 節で 2 次正方行列の逆行列について説明した．ここではより一般化した，n 次正方行列の逆行列の求め方を説明する．まず式 (5.15) で定義した余因子を用いて，行列 A の余因子行列をつぎで定義する．

余因子行列

n 次正方行列

$$A = \begin{bmatrix} a_{11} & a_{12} & \cdots & a_{1n} \\ a_{21} & a_{22} & \cdots & a_{2n} \\ \vdots & \vdots & \ddots & \vdots \\ a_{n1} & a_{n2} & \cdots & a_{nn} \end{bmatrix} \tag{5.25}$$

の余因子 $\tilde{a}_{ij}$ を i 行 j 列の成分とする行列の転置行列

$$\tilde{A} = \operatorname{adj} A = \begin{bmatrix} \tilde{a}_{11} & \tilde{a}_{12} & \cdots & \tilde{a}_{1n} \\ \tilde{a}_{21} & \tilde{a}_{22} & \cdots & \tilde{a}_{2n} \\ \vdots & \vdots & \ddots & \vdots \\ \tilde{a}_{n1} & \tilde{a}_{n2} & \cdots & \tilde{a}_{nn} \end{bmatrix}^{\mathsf{T}} = \begin{bmatrix} \tilde{a}_{11} & \tilde{a}_{21} & \cdots & \tilde{a}_{n1} \\ \tilde{a}_{12} & \tilde{a}_{22} & \cdots & \tilde{a}_{n2} \\ \vdots & \vdots & \ddots & \vdots \\ \tilde{a}_{1n} & \tilde{a}_{2n} & \cdots & \tilde{a}_{nn} \end{bmatrix} \tag{5.26}$$

を行列 A の**余因子行列**（adjugate matrix）と呼ぶ．

2 次正方行列の余因子行列 $\tilde{A}$ は，式 (5.16) で求めた余因子を用いて

$$\tilde{A} = \begin{bmatrix} \tilde{a}_{11} & \tilde{a}_{12} \\ \tilde{a}_{21} & \tilde{a}_{22} \end{bmatrix}^{\mathsf{T}} = \begin{bmatrix} \tilde{a}_{11} & \tilde{a}_{21} \\ \tilde{a}_{12} & \tilde{a}_{22} \end{bmatrix} = \begin{bmatrix} a_{22} & -a_{12} \\ -a_{21} & a_{11} \end{bmatrix} \tag{5.27}$$

となる．

3 次正方行列 $A = \begin{bmatrix} a_{11} & a_{12} & a_{13} \\ a_{21} & a_{22} & a_{23} \\ a_{31} & a_{32} & a_{33} \end{bmatrix}$ の余因子はつぎとなる．

$$\tilde{a}_{11} = (-1)^{1+1} \begin{vmatrix} a_{22} & a_{23} \\ a_{32} & a_{33} \end{vmatrix} = a_{22}a_{33} - a_{23}a_{32} \tag{5.28}$$

$$\tilde{a}_{12} = (-1)^{1+2} \begin{vmatrix} a_{21} & a_{23} \\ a_{31} & a_{33} \end{vmatrix} = -a_{21}a_{33} + a_{23}a_{31} \tag{5.29}$$

$$\tilde{a}_{13} = (-1)^{1+3} \begin{vmatrix} a_{21} & a_{22} \\ a_{31} & a_{32} \end{vmatrix} = a_{21}a_{32} - a_{22}a_{31} \tag{5.30}$$

$$\tilde{a}_{21} = (-1)^{2+1} \begin{vmatrix} a_{12} & a_{13} \\ a_{32} & a_{33} \end{vmatrix} = -a_{12}a_{33} + a_{13}a_{32} \tag{5.31}$$

$$\tilde{a}_{22} = (-1)^{2+2} \begin{vmatrix} a_{11} & a_{13} \\ a_{31} & a_{33} \end{vmatrix} = a_{11}a_{33} - a_{13}a_{31} \tag{5.32}$$

$$\tilde{a}_{23} = (-1)^{2+3} \begin{vmatrix} a_{11} & a_{12} \\ a_{31} & a_{32} \end{vmatrix} = -a_{11}a_{32} + a_{12}a_{31} \tag{5.33}$$

$$\tilde{a}_{31} = (-1)^{3+1} \begin{vmatrix} a_{12} & a_{13} \\ a_{22} & a_{23} \end{vmatrix} = a_{12}a_{23} - a_{13}a_{22} \tag{5.34}$$

$$\tilde{a}_{32} = (-1)^{3+2} \begin{vmatrix} a_{11} & a_{13} \\ a_{21} & a_{23} \end{vmatrix} = -a_{11}a_{23} + a_{13}a_{21} \tag{5.35}$$

$$\tilde{a}_{33} = (-1)^{3+3} \begin{vmatrix} a_{11} & a_{12} \\ a_{21} & a_{22} \end{vmatrix} = a_{11}a_{22} - a_{12}a_{21} \tag{5.36}$$

これを用いて，3 次正方行列の余因子行列は

$$\tilde{A} = \begin{bmatrix} \tilde{a}_{11} & \tilde{a}_{12} & \tilde{a}_{13} \\ \tilde{a}_{21} & \tilde{a}_{22} & \tilde{a}_{23} \\ \tilde{a}_{31} & \tilde{a}_{32} & \tilde{a}_{33} \end{bmatrix}^{\mathsf{T}} = \begin{bmatrix} \tilde{a}_{11} & \tilde{a}_{21} & \tilde{a}_{31} \\ \tilde{a}_{12} & \tilde{a}_{22} & \tilde{a}_{32} \\ \tilde{a}_{13} & \tilde{a}_{23} & \tilde{a}_{33} \end{bmatrix} \tag{5.37}$$

で与えられる．

例 5.10 例 5.6 の行列 A について余因子行列を求めよう．この行列の余因子は

$$\begin{aligned} &\tilde{a}_{11} = 2, && \tilde{a}_{12} = -4, && \tilde{a}_{13} = -2, \\ &\tilde{a}_{21} = -2, && \tilde{a}_{22} = -1, && \tilde{a}_{23} = 7, \\ &\tilde{a}_{31} = -4, && \tilde{a}_{32} = 3, && \tilde{a}_{33} = -1 \end{aligned}$$

である．よって余因子行列 $\tilde{A}$ は

$$\tilde{A} = \begin{bmatrix} 2 & -4 & -2 \\ -2 & -1 & 7 \\ -4 & 3 & -1 \end{bmatrix}^{\mathsf{T}} = \begin{bmatrix} 2 & -2 & -4 \\ -4 & -1 & 3 \\ -2 & 7 & -1 \end{bmatrix}$$

となる．余因子 $\tilde{a}_{ij}$ は余因子行列の j 行 i 列成分になる，すなわち転置行列の成分となっていることに注意しよう． ❖

5.4.2 n 次正方行列の逆行列

2 次正方行列の余因子行列 $\tilde{A}$ は式 (5.27) となるが，これは式 (5.8) で定義した逆行列 A^{-1} から行列式の逆数を除いた行列部分にほかならない．すなわち，2 次正方行列の逆行列 A^{-1} は

$$A^{-1} = \frac{1}{|A|}\tilde{A} \tag{5.38}$$

によって与えられることがわかる．

2 次正方行列の逆行列は式 (5.38) で与えられるが，この関係式は n 次正方行列に対しても一般的に成り立つ．すなわち，n 次正方行列の逆行列はつぎで与えられる．

n 次正方行列の逆行列

n 次正方行列 A の逆行列 A^{-1} は，行列式 $|A|$ と余因子行列 $\tilde{A}$ を用いて

$$A^{-1} = \frac{1}{|A|}\tilde{A} \tag{5.39}$$

で与えられる．A^{-1} はつぎの関係を満たす．

$$AA^{-1} = A^{-1}A = E \tag{5.40}$$

このことから行列が正則でない，すなわち $|A| = 0$ **のときに逆行列が存在しないという性質は，n 次正方行列に対しても成り立つ**ことがわかる．よって，行列式は逆行列が存在するかを判別するうえで重要である．また講義 06，07 では，逆行列および行列式と連立 1 次方程式の解の間に密接な関係がある

ことを説明する．

例 5.11 例 5.6 の行列 A について，逆行列を求めよう．例 5.6，5.10 で求めた行列式と余因子行列を用いて

$$A^{-1} = \frac{1}{|A|}\tilde{A} = -\frac{1}{10}\begin{bmatrix} 2 & -2 & -4 \\ -4 & -1 & 3 \\ -2 & 7 & -1 \end{bmatrix}$$

を得る．AA^{-1} を計算すると

$$AA^{-1} = -\frac{1}{10}\begin{bmatrix} 2 & 3 & 1 \\ 1 & 1 & -1 \\ 3 & 1 & 1 \end{bmatrix}\begin{bmatrix} 2 & -2 & -4 \\ -4 & -1 & 3 \\ -2 & 7 & -1 \end{bmatrix} = \begin{bmatrix} 1 & 0 & 0 \\ 0 & 1 & 0 \\ 0 & 0 & 1 \end{bmatrix} = E$$

となる．同様にして $A^{-1}A = E$ となることも確認でき，A^{-1} が A の逆行列となっていることがわかる． ❖

例 5.3，5.4 で示した逆行列の一意性および行列の積の逆行列に関する性質は，n 次正方行列の場合にも一般的に成り立つ．

逆行列の性質

- n 次正方行列 A が正則であるとき，その逆行列 A^{-1} はただ 1 つに決まる．
- n 次正方行列 A, B の積 AB が正則であるとき，その逆行列 $(AB)^{-1}$ はつぎで与えられる．

$$(AB)^{-1} = B^{-1}A^{-1} \tag{5.41}$$

講義 05 のまとめ

- 正方行列の行列式の値が 0 でないとき，その行列は正則であり逆行列が存在する.
- 正則な行列に対して，行列式と余因子行列を用いることで逆行列を求めることができる.
- 余因子展開を用いることで，行列式の計算をより低次の行列式の計算に置き換えることができる.

05

演習問題

5.1 つぎの行列の行列式の値を求めよ.

(1) $\begin{bmatrix} 5 & 3 \\ -3 & 4 \end{bmatrix}$　(2) $\begin{bmatrix} 2 & 3 & -1 \\ 1 & 0 & 2 \\ 3 & -1 & 1 \end{bmatrix}$　(3) $\begin{bmatrix} 3 & 2 & 1 \\ 2 & 4 & 2 \\ 1 & 2 & 5 \end{bmatrix}$

5.2 つぎの行列の逆行列を求めよ.

(1) $\begin{bmatrix} 2 & 5 \\ -4 & -1 \end{bmatrix}$　(2) $\begin{bmatrix} 1 & 4 & -3 \\ 2 & 2 & 1 \\ -1 & -3 & 2 \end{bmatrix}$　(3) $\begin{bmatrix} -2 & 1 & 3 \\ 1 & 2 & 2 \\ 3 & 2 & 1 \end{bmatrix}$

5.3 行列 $\begin{bmatrix} 1 & 2 & 0 & 2 \\ 3 & 2 & 3 & 4 \\ 4 & 3 & 4 & 2 \\ 5 & 4 & 5 & 4 \end{bmatrix}$ の行列式の値を，余因子展開を用いて求めよ.

5.4 行列 $A = \begin{bmatrix} 2 & -1 & k \\ 1 & 3 & 2 \\ -1 & k & -2 \end{bmatrix}$ について，つぎの問いに答えよ.

(1) 行列 A の行列式を k の関数として表せ.

(2) 行列 A が正則とならない条件を求めよ.

5.5 行列 $A = \begin{bmatrix} a & b \\ 0 & c \end{bmatrix}$ に対して，$A = A^{-1}$ となることはあるか. あるならばその条件を，ないのであればその理由を示せ.

講義06

連立1次方程式(1)

本講では連立1次方程式の行列による記述方法と，その解法について説明する．連立1次方程式は，方程式の中で最も基本となるものの1つであり，さまざまな工学問題において現れる重要な方程式の形である．連立1次方程式は，さらに非同次連立1次方程式と同次連立1次方程式に分類できるが，本講ではまず非同次連立1次方程式について考えよう．連立1次方程式の性質は，講義05で説明した行列式や逆行列と密接な関係があるため，これらの関係をしっかりと理解することが大切である．連立1次方程式において，未知数の数と方程式の数が必ずしも一致するとは限らないが，本書では未知数の数と方程式の数が等しい場合に限定して説明する．

講義06のポイント

- 連立1次方程式の行列表記を理解しよう．
- 連立1次方程式と逆行列，行列式の関係を理解しよう．
- 連立1次方程式の解法を身につけよう．

6.1 工学問題における連立1次方程式

工学問題における連立1次方程式の重要性を理解するために，構造解析の簡単な例を考えよう．図6.1に，簡単な2次元トラス構造の例を示す．トラスACとトラスBCからなる構造の点Cに外力fが加わったとき，それぞれのトラスに生じる内力T_{AC}とT_{BC}を求めてみよう．

力がつり合って構造が静止状態にあるとすれば，点Cにおける水平方向の力のつり合いは右向きを正として

$$-T_{\mathrm{AC}}\cos 45^\circ - T_{\mathrm{BC}}\cos 30^\circ = 0 \tag{6.1}$$

と書くことができる．同様に点Cにおける垂直方向の力のつり合いは，上向きを正として外力$-f$が作用していることに注意すれば

$$T_{\mathrm{AC}}\sin 45^\circ - T_{\mathrm{BC}}\sin 30^\circ - f = 0 \tag{6.2}$$

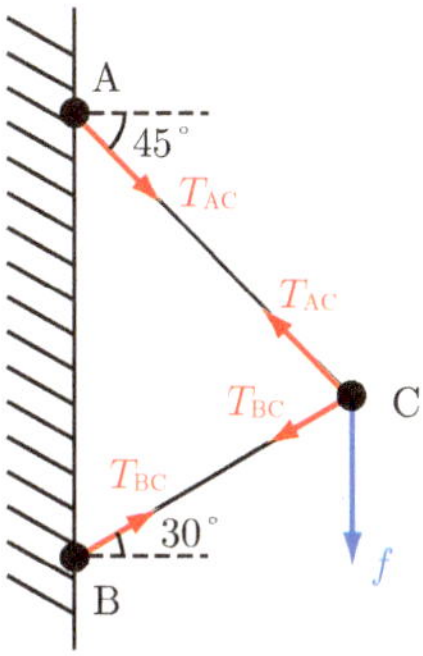

図 6.1 トラス構造の例

となる．式 (6.1)，(6.2) よりこのトラス構造のつり合い状態は，

$$\begin{cases} \dfrac{1}{\sqrt{2}}T_{\mathrm{AC}} + \dfrac{\sqrt{3}}{2}T_{\mathrm{BC}} = 0 \\ \dfrac{1}{\sqrt{2}}T_{\mathrm{AC}} - \dfrac{1}{2}T_{\mathrm{BC}} = f \end{cases} \tag{6.3}$$

という T_{AC} と T_{BC} を未知数とした 2 元連立 1 次方程式で表される．これは非常に簡単な例であるが，トラスおよびトラスを連結する節点の数が増えるにつれ未知数の数も多くなり，解くべき方程式はより複雑な連立 1 次方程式となる．このような構造解析に限らず，工学問題の多くにおいて連立 1 次方程式は重要な役割を果たしている．現実の工学問題では，未知数の数が数個の小規模な問題から未知数の数が数万個やそれ以上の大規模な問題まで，さまざまな規模の連立 1 次方程式が現れるが，連立 1 次方程式の基本的な性質や解法は，問題の規模によらず同じである．本講と講義 07 で説明する連立 1 次方程式の性質と解法を，しっかり身につけておく必要がある．

❖ 6.2 連立 1 次方程式と行列

つぎの x_1，x_2 に関する 2 元連立 1 次方程式を考えよう．

$$\begin{cases} a_{11}x_1 + a_{12}x_2 = b_1 \\ a_{21}x_1 + a_{22}x_2 = b_2 \end{cases} \tag{6.4}$$

式 (6.4) は行列とベクトルを用いれば

$$\begin{bmatrix} a_{11} & a_{12} \\ a_{21} & a_{22} \end{bmatrix} \begin{bmatrix} x_1 \\ x_2 \end{bmatrix} = \begin{bmatrix} b_1 \\ b_2 \end{bmatrix} \tag{6.5}$$

さらに行列 $A = \begin{bmatrix} a_{11} & a_{12} \\ a_{21} & a_{22} \end{bmatrix}$ とベクトル $\boldsymbol{x} = \begin{bmatrix} x_1 \\ x_2 \end{bmatrix}$, $\boldsymbol{b} = \begin{bmatrix} b_1 \\ b_2 \end{bmatrix}$ を用いて

$$A\boldsymbol{x} = \boldsymbol{b} \tag{6.6}$$

と書くことができる．A は未知数 x_1, x_2 の係数を並べた行列となっており，これを**係数行列**（coefficient matrix）と呼ぶ．一般に n 元連立 1 次方程式は

$$\underbrace{\begin{bmatrix} a_{11} & a_{12} & \cdots & a_{1n} \\ a_{21} & a_{22} & \cdots & a_{2n} \\ \vdots & \vdots & \ddots & \vdots \\ a_{n1} & a_{n2} & \cdots & a_{nn} \end{bmatrix}}_{A} \underbrace{\begin{bmatrix} x_1 \\ x_2 \\ \vdots \\ x_n \end{bmatrix}}_{\boldsymbol{x}} = \underbrace{\begin{bmatrix} b_1 \\ b_2 \\ \vdots \\ b_n \end{bmatrix}}_{\boldsymbol{b}} \tag{6.7}$$

という形式で，行列とベクトルを使って表すことができる．係数行列 A の各行は，それぞれが 1 つの方程式に対応しており，方程式の数が係数行列の行数となっていることに注意しよう．また，係数行列の列数はベクトル $\boldsymbol{x}$ の成分数，すなわち未知数の数となっている．本書では，原則として未知数の数と方程式の数が等しい場合に限るので，係数行列は必ず正方行列となる．

式 (6.7) の右辺のベクトル $\boldsymbol{b}$ は，各方程式の定数項を並べたベクトルである．$\boldsymbol{b}$ を右辺ベクトル，$\boldsymbol{x}$ を未知数ベクトルと呼ぶことにしよう．右辺ベクトル $\boldsymbol{b}$ が零ベクトルとなる，すなわちすべての方程式の定数項が 0 となる連立 1 次方程式を**同次連立 1 次方程式**（homogeneous simultaneous linear equations）という．一方，右辺ベクトル $\boldsymbol{b}$ が零ベクトルでない，すなわち定数項が 0 でない方程式を 1 つでも含む連立 1 次方程式を**非同次連立 1 次方程式**（nonhomogeneous simultaneous linear equations）という．本講では，非同次連立 1 次方程式の性質と解法について説明する．

確認問題 6.1　つぎの非同次連立 1 次方程式を，行列とベクトルを使って表せ．

(1) $\begin{cases} x_1 + x_2 + 2x_3 = 10 \\ 2x_1 - x_2 + x_3 = -4 \\ x_1 - 2x_2 + x_3 = -2 \end{cases}$ (2) $\begin{cases} 2x_1 + 3x_2 = 1 \\ 3x_1 + 4x_3 = 0 \\ -x_2 - x_3 = 0 \end{cases}$ ❖

❖ 6.3 逆行列を用いた連立 1 次方程式の解法

連立 1 次方程式が $A\boldsymbol{x} = \boldsymbol{b}$ と書けるということは，係数行列 A が正則であれば

$$\boldsymbol{x} = A^{-1}\boldsymbol{b} \tag{6.8}$$

として未知数ベクトル $\boldsymbol{x}$ が求められるということである．すなわち，係数行列が A である連立 1 次方程式を解くということは，係数行列の逆行列を求めるということにほかならない．

例 6.1 つぎの連立 1 次方程式を解こう．

$$\begin{cases} 2x_1 + 3x_2 + x_3 = 1 \\ x_1 + x_2 - x_3 = -2 \\ 3x_1 + x_2 + x_3 = 4 \end{cases}$$

これを行列・ベクトル表示すれば

$$\begin{bmatrix} 2 & 3 & 1 \\ 1 & 1 & -1 \\ 3 & 1 & 1 \end{bmatrix} \begin{bmatrix} x_1 \\ x_2 \\ x_3 \end{bmatrix} = \begin{bmatrix} 1 \\ -2 \\ 4 \end{bmatrix}$$

となる．係数行列 $\begin{bmatrix} 2 & 3 & 1 \\ 1 & 1 & -1 \\ 3 & 1 & 1 \end{bmatrix}$ は，例 5.6 で扱った行列と同じである．例 5.6, 5.10, 5.11 で求めたとおり，この行列の逆行列は $-\dfrac{1}{10}\begin{bmatrix} 2 & -2 & -4 \\ -4 & -1 & 3 \\ -2 & 7 & -1 \end{bmatrix}$ であるので，これを使って，

$$\begin{bmatrix} x_1 \\ x_2 \\ x_3 \end{bmatrix} = -\frac{1}{10}\begin{bmatrix} 2 & -2 & -4 \\ -4 & -1 & 3 \\ -2 & 7 & -1 \end{bmatrix} \begin{bmatrix} 1 \\ -2 \\ 4 \end{bmatrix} = \begin{bmatrix} 1 \\ -1 \\ 2 \end{bmatrix}$$

すなわち $x_1 = 1, x_2 = -1, x_3 = 2$ を得る． ❖

講義05で示したように逆行列には一意性があり，ある係数行列に対する逆行列が存在する場合，逆行列は一意に決まる．すなわち，連立1次方程式の解は一意に定まることになる[1]．では，係数行列に逆行列が存在しない場合はどうなるのだろうか．詳細は講義07で説明するが，係数行列の逆行列が存在しない場合，その連立1次方程式の解は**不定解**（解が無数に存在する）か**解なし**（解が1つも存在しない．**不能解**ともいう）のいずれかとなり，解が一意に定まらない．ある正方行列に逆行列が存在するか（正則行列であるか）は，行列式の値が0であるかどうかを調べればよいことを思い出そう．このことは，係数行列の行列式の値が0でないか否かで，その連立1次方程式の解が一意に定まるかを判別できることを意味している．

❖6.4 クラメールの公式

行列の次数が大きくなると，一般に逆行列を求める操作は非常に面倒になる．そこで直接逆行列を求めるのではなく，行列式の値を求めるのみで連立1次方程式を解く方法を説明する．

$|A| \neq 0$ である係数行列 A があるとき，その第 i 列の成分を右辺ベクトル $\boldsymbol{b}$ と入れ替えた行列 A_i をつぎで定義する．

$$A_i = \begin{bmatrix} a_{11} & \cdots & a_{1(i-1)} & b_1 & a_{1(i+1)} & \cdots & a_{1n} \\ a_{21} & \cdots & a_{2(i-1)} & b_2 & a_{2(i+1)} & \cdots & a_{2n} \\ \vdots & & \vdots & \vdots & \vdots & & \vdots \\ a_{n1} & \cdots & a_{n(i-1)} & b_n & a_{n(i+1)} & \cdots & a_{nn} \end{bmatrix} \tag{6.9}$$

このとき，連立1次方程式 $A\boldsymbol{x} = \boldsymbol{b}$ の解 x_i がつぎで与えられる．

$$x_i = \frac{|A_i|}{|A|} \tag{6.10}$$

これを**クラメールの公式**（Cramer's rule）という．i に1から n までを順次用いれば，n 元連立1次方程式の n 個の解が求められる．

---

1) 連立1次方程式の解の組がただ1つしか存在せず，そのただ1つの解を求められることを，**解が一意に定まる**という．

例 6.2 例 6.1 で示した連立 1 次方程式を，クラメールの公式を用いて解こう．係数行列 A と式 (6.9) より得られる行列 A_1, A_2, A_3 の行列式の値は，それぞれつぎで求められる．

$$|A| = \begin{vmatrix} 2 & 3 & 1 \\ 1 & 1 & -1 \\ 3 & 1 & 1 \end{vmatrix} = -10, \quad |A_1| = \begin{vmatrix} 1 & 3 & 1 \\ -2 & 1 & -1 \\ 4 & 1 & 1 \end{vmatrix} = -10$$

$$|A_2| = \begin{vmatrix} 2 & 1 & 1 \\ 1 & -2 & -1 \\ 3 & 4 & 1 \end{vmatrix} = 10, \quad |A_3| = \begin{vmatrix} 2 & 3 & 1 \\ 1 & 1 & -2 \\ 3 & 1 & 4 \end{vmatrix} = -20$$

クラメールの公式より，式 (6.10) において $i = 1, 2, 3$ とすれば

$$x_1 = \frac{|A_1|}{|A|} = \frac{-10}{-10} = 1$$

$$x_2 = \frac{|A_2|}{|A|} = \frac{10}{-10} = -1$$

$$x_3 = \frac{|A_3|}{|A|} = \frac{-20}{-10} = 2$$

となり，例 6.1 と同じ解 $x_1 = 1, x_2 = -1, x_3 = 2$ が得られる． ❖

なぜクラメールの公式で連立 1 次方程式の解が求まるのか考えよう．式 (6.9) の行列 A_i の行列式を第 i 列に対する余因子展開を用いて求めると，

$$|A_i| = \begin{vmatrix} a_{11} & \cdots & a_{1(i-1)} & b_1 & a_{1(i+1)} & \cdots & a_{1n} \\ a_{21} & \cdots & a_{2(i-1)} & b_2 & a_{2(i+1)} & \cdots & a_{2n} \\ \vdots & & \vdots & \vdots & \vdots & & \vdots \\ a_{n1} & \cdots & a_{n(i-1)} & b_n & a_{n(i+1)} & \cdots & a_{nn} \end{vmatrix} = \sum_{k=1}^{n} b_k \tilde{a}_{ki} \tag{6.11}$$

となる．講義 05 で示したように，行列 A の逆行列は行列式 $|A|$ と余因子行列 $\tilde{A}$ を用いて $A^{-1} = \dfrac{1}{|A|}\tilde{A}$ と書ける．これを用いれば $\boldsymbol{x} = A^{-1}\boldsymbol{b} = \dfrac{1}{|A|}\tilde{A}\boldsymbol{b}$ であるので，成分で表してまとめると

$$
\begin{bmatrix} x_1 \\ \vdots \\ x_i \\ \vdots \\ x_n \end{bmatrix} = \frac{1}{|A|} \begin{bmatrix} \tilde{a}_{11} & \tilde{a}_{21} & \cdots & \tilde{a}_{n1} \\ \vdots & \vdots & \cdots & \vdots \\ \tilde{a}_{1i} & \tilde{a}_{2i} & \cdots & \tilde{a}_{ni} \\ \vdots & \vdots & \ddots & \vdots \\ \tilde{a}_{1n} & \tilde{a}_{2n} & \cdots & \tilde{a}_{nn} \end{bmatrix} \begin{bmatrix} b_1 \\ \vdots \\ b_i \\ \vdots \\ b_n \end{bmatrix} \tag{6.12}
$$

となる．よって，第 i 行はつぎとなる．

$$
x_i = \frac{1}{|A|}(b_1\tilde{a}_{1i} + b_2\tilde{a}_{2i} + \cdots + b_n\tilde{a}_{ni}) = \frac{1}{|A|}\sum_{k=1}^{n} b_k\tilde{a}_{ki} \tag{6.13}
$$

$\sum_{k=1}^{n} b_k\tilde{a}_{ki}$ は式 (6.11) で求めた $|A_i|$ と同じであることから，$x_i = \frac{|A_i|}{|A|}$ となることが確認できる．このように，クラメールの公式は余因子展開と同様の操作を用いて連立 1 次方程式の解を得る方法であることがわかる．

6.5 ガウスの消去法

6.5.1 行基本変形と連立 1 次方程式

クラメールの公式を用いた場合，未知数の数，すなわち方程式の数が増えると係数行列の次元が大きくなり，行列式の計算に多大な労力が必要となる．そこで，逆行列，行列式のどちらも直接求めることなく，単純な操作の組み合わせで連立 1 次方程式の未知数を消去しながら解く方法を説明する．本節で示す解法は，何万，何億という膨大な未知数を持つ連立 1 次方程式をコンピュータで解く際に基礎となる方法として知られており，実用上重要な解法である．例 6.1 の連立 1 次方程式を考えよう．

$$
\begin{cases} 2x_1 + 3x_2 + x_3 = 1 \\ x_1 + x_2 - x_3 = -2 \\ 3x_1 + x_2 + x_3 = 4 \end{cases} \tag{6.14}
$$

連立 1 次方程式の式の順序を入れ替えても解は変わらないので，式 (6.14) の第 1 式と第 2 式を入れ替えるとつぎになる．

$$
\begin{cases}
x_1 + \ x_2 - x_3 = -2 \\
2x_1 + 3x_2 + x_3 = \ 1 \\
3x_1 + \ x_2 + x_3 = \ 4
\end{cases}
\tag{6.15}
$$

式 (6.15) の第 2 式に第 1 式の -2 倍を，第 3 式に第 1 式の -3 倍をそれぞれ加えると

$$
\begin{cases}
x_1 + \ x_2 - \ x_3 = -2 \\
\qquad x_2 + 3x_3 = \ 5 \\
\quad - 2x_2 + 4x_3 = 10
\end{cases}
\tag{6.16}
$$

となり，第 2 式，第 3 式から x_1 に関する項が消去できる．さらに式 (6.16) の第 3 式に第 2 式の 2 倍を加えると

$$
\begin{cases}
x_1 + x_2 - x_3 = -2 \\
\qquad x_2 + 3x_3 = \ 5 \\
\qquad\quad 10x_3 = 20
\end{cases}
\tag{6.17}
$$

が得られ，第 3 式から x_2 に関する項も消去される．式 (6.17) の第 3 式の両辺に $\dfrac{1}{10}$ を掛けることで，$x_3 = 2$ であることがわかる．$x_3 = 2$ を式 (6.17) の第 2 式に代入すれば $x_2 + 6 = 5$ となり $x_2 = -1$ である．これらを式 (6.17) の第 1 式に代入して，$x_1 - 1 - 2 = -2$ より $x_1 = 1$ となる．よって，連立 1 次方程式 (6.14) の解として $x_1 = 1, x_2 = -1, x_3 = 2$ が得られる．

以上の連立 1 次方程式の解法をまとめると，つぎの変形を繰り返すことで解を求めていることがわかる[2])．

連立 1 次方程式の基本変形

(1) 1 つの式に 0 ではない数を掛ける．

(2) 1 つの式に 0 ではない数を掛けたものを他の式に加える．

(3) 2 つの式を入れ替える．

2) これは，加減法による連立 1 次方程式の求解にほかならない．

この変形は未知数の数，すなわち方程式の数が増えた場合でも変わらない．式 (6.14)〜(6.17) の一連の操作では，未知数の係数と右辺の定数が変化していくだけである．未知数の係数を並べた行列が係数行列，右辺の定数を並べたベクトルが右辺ベクトルであった．そこで，連立 1 次方程式の係数行列 A と右辺ベクトル $\boldsymbol{b}$ を並べたつぎの行列を定義しよう．

$$\begin{bmatrix} A & \boldsymbol{b} \end{bmatrix} = \begin{bmatrix} a_{11} & a_{12} & \cdots & a_{1n} & b_1 \\ a_{21} & a_{22} & \cdots & a_{2n} & b_2 \\ \vdots & \vdots & \ddots & \vdots & \vdots \\ a_{n1} & a_{n2} & \cdots & a_{nn} & b_n \end{bmatrix} \tag{6.18}$$

これを**拡大係数行列**（augmented matrix）と呼ぶ．拡大係数行列の 1 つの行が 1 つの式に対応することに注意しよう．係数行列に 1 列を加えるのであるから，n 元連立 1 次方程式の場合，拡大係数行列は n 行 $(n+1)$ 列の行列となる．ここで行列の行基本変形をつぎのように定義すると，連立 1 次方程式の基本変形とは拡大係数行列を行基本変形することにほかならない．

行列の行基本変形

ある行列に対してつぎの操作をすることを，**行基本変形**という．

(1)　ある行のすべての成分に 0 ではない数を掛ける．
(2)　ある行に 0 ではない数を掛けたものを他の行に加える．
(3)　2 つの行を入れ替える．

ある n 元連立 1 次方程式のうちの 2 つ，第 i 式と第 j 式がつぎで与えられているとしよう．

$$\text{第 } i \text{ 式：} a_{i1}x_1 + a_{i2}x_2 + \cdots + a_{in}x_n = b_i \tag{6.19}$$

$$\text{第 } j \text{ 式：} a_{j1}x_1 + a_{j2}x_2 + \cdots + a_{jn}x_n = b_j \tag{6.20}$$

式 (6.19) の両辺に 0 ではないスカラー α を掛けると

$$\alpha a_{i1}x_1 + \alpha a_{i2}x_2 + \cdots + \alpha a_{in}x_n = \alpha b_i \tag{6.21}$$

これは行基本変形の (1) に対応する操作である．また，式 (6.19) に 0 ではないスカラー β を掛けて式 (6.20) に加えると

$$
\begin{aligned}
&\beta(a_{i1}x_1 + a_{i2}x_1 + \cdots + a_{in}x_n) + (a_{j1}x_1 + a_{j2}x_1 + \cdots + a_{jn}x_n) \\
&= (\beta a_{i1} + a_{j1})x_1 + (\beta a_{i2} + a_{j2})x_2 + \cdots + (\beta a_{in} + a_{jn})a_{in}x_n \\
&= \beta b_i + b_j \qquad (6.22)
\end{aligned}
$$

となるが，これは行基本変形 (2) に対応する．いずれの場合も，基本変形後の方程式はもとの方程式と同じ解を持つ．行基本変形 (3) は 2 つの式の順序を入れ替えるだけの操作である．以上より，拡大係数行列に行基本変形を行っても，連立 1 次方程式の解は変わらないという性質が確認できる．

6.5.2 ガウスの消去法

行列の行基本変形の性質を利用した連立 1 次方程式の求解法を考えよう．拡大係数行列に行基本変形を行い $\begin{bmatrix} A' & \boldsymbol{b}' \end{bmatrix}$ という行列が得られた，すなわち係数行列 A が A' に，右辺ベクトル $\boldsymbol{b}$ が $\boldsymbol{b}'$ に変形されたとしよう．このとき，$A'\boldsymbol{x} = \boldsymbol{b}'$ が成り立つ．拡大係数行列に適切な行基本変形を行い，係数行列に対応する部分が単位行列 E に変形できたとしよう．このときの右辺ベクトルを $\boldsymbol{b}''$ とすれば，$E\boldsymbol{x} = \boldsymbol{b}''$ となる．$E\boldsymbol{x} = \boldsymbol{x}$ であるので，

$$
\boldsymbol{x} = \boldsymbol{b}'' \qquad (6.23)
$$

が成り立ち，ベクトル $\boldsymbol{b}''$ が連立 1 次方程式の解 $\boldsymbol{x}$ になっている．

係数行列部分を単位行列にする手順は複数考えられるが，どのように変形しても同じ解が得られる．一般には，係数行列部分をまず上三角行列，つぎに対角行列へと順に変形し，最終的に単位行列へと変形する方法がよく用いられる．すなわち，n 元連立 1 次方程式の係数行列部分を単位行列にするためには，つぎの操作を行えばよい．

(1) 2 行目とそれより下の各行に 1 行目の適切なスカラー倍を加えることで，それぞれの 1 列目の成分を 0 にする．

(2) 3 行目とそれより下の各行に 2 行目の適切なスカラー倍を加えることで，それぞれの 2 列目の成分を 0 にする．

(3) (1)，(2) と同様の操作によって，係数行列部分の対角成分より下の成分

を順に 0 とすることで，係数行列部分を上三角行列に変形する．

(4) $(n-1)$ 行目とそれより上の各行に n 行目の適切なスカラー倍を加えることで，それぞれの n 列目の成分を 0 にする．

(5) (4) と同様の操作によって，係数行列部分の対角成分より上の成分を順に 0 とすることで，係数行列部分を対角行列に変形する．

(6) 各行を適切なスカラー倍することで，対角成分をすべて 1 にする．

この操作を図 6.2 に示す．このように，拡大係数行列に行基本変形を行い係数行列部分を単位行列とすることができれば，そのときの右辺ベクトルは連立 1 次方程式の解となっている．この求解方法を**ガウスの消去法**（Gaussian elimination）もしくは**掃き出し法**という．ガウスの消去法で連立 1 次方程式を解くとき，係数行列部分を上三角行列にする操作（(1)〜(3)）を**前進消去**（forward elimination），係数行列部分を対角行列にする操作（(4)〜(5)）を**後退代入**（back substitution）という．

例 6.3 例 6.1 の連立 1 次方程式を，ガウスの消去法を用いて解こう．

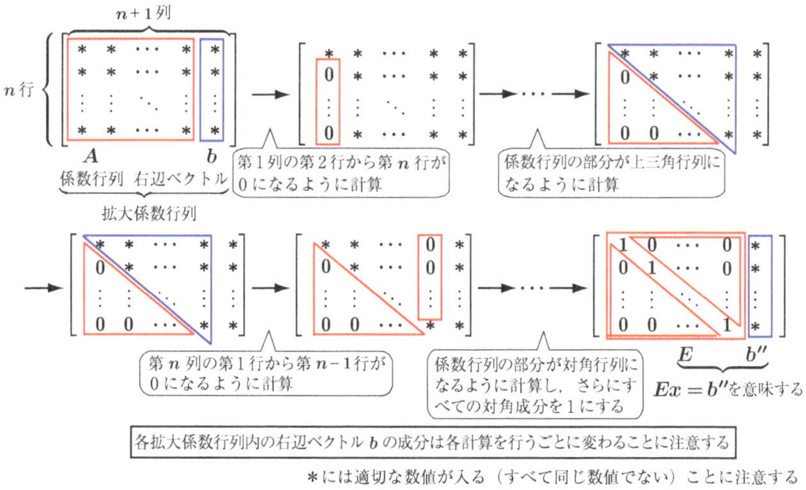

図 6.2 ガウスの消去法における行基本変形

拡大係数行列は $\begin{bmatrix} 2 & 3 & 1 & 1 \\ 1 & 1 & -1 & -2 \\ 3 & 1 & 1 & 4 \end{bmatrix}$ となる．まず係数行列部分を上三角行列に変形しよう．はじめに第 1 行と第 2 行を入れ替える．

$$\begin{bmatrix} 2 & 3 & 1 & 1 \\ 1 & 1 & -1 & -2 \\ 3 & 1 & 1 & 4 \end{bmatrix} \xrightarrow{\text{第 1 行と第 2 行を入れ替える}} \begin{bmatrix} 1 & 1 & -1 & -2 \\ 2 & 3 & 1 & 1 \\ 3 & 1 & 1 & 4 \end{bmatrix}$$

こうすることで，第 1 列の対角成分より下（2 行目以下）を 0 にする操作が簡単になる．

$$\begin{bmatrix} 1 & 1 & -1 & -2 \\ 2 & 3 & 1 & 1 \\ 3 & 1 & 1 & 4 \end{bmatrix} \xrightarrow[\text{第 3 行に第 1 行の} -3 \text{ 倍を加える}]{\text{第 2 行に第 1 行の} -2 \text{ 倍を加える}} \begin{bmatrix} 1 & 1 & -1 & -2 \\ 0 & 1 & 3 & 5 \\ 0 & -2 & 4 & 10 \end{bmatrix}$$

さらに第 2 列の対角成分より下（3 行目）を 0 にする．

$$\begin{bmatrix} 1 & 1 & -1 & -2 \\ 0 & 1 & 3 & 5 \\ 0 & -2 & 4 & 10 \end{bmatrix} \xrightarrow{\text{第 3 行に第 2 行の 2 倍を加える}} \begin{bmatrix} 1 & 1 & -1 & -2 \\ 0 & 1 & 3 & 5 \\ 0 & 0 & 10 & 20 \end{bmatrix}$$

これで係数行列部分が上三角行列に変形された．同様にして，係数行列部分の対角成分より上の成分を 0 にして対角行列にしてみよう．

$$\begin{bmatrix} 1 & 1 & -1 & -2 \\ 0 & 1 & 3 & 5 \\ 0 & 0 & 10 & 20 \end{bmatrix} \xrightarrow{\text{第 3 行を } \frac{1}{10} \text{ 倍}} \begin{bmatrix} 1 & 1 & -1 & -2 \\ 0 & 1 & 3 & 5 \\ 0 & 0 & 1 & 2 \end{bmatrix}$$

$$\xrightarrow[\text{第 2 行に第 3 行の} -3 \text{ 倍を加える}]{\text{第 1 行に第 3 行を加える}} \begin{bmatrix} 1 & 1 & 0 & 0 \\ 0 & 1 & 0 & -1 \\ 0 & 0 & 1 & 2 \end{bmatrix}$$

$$\xrightarrow{\text{第 1 行に第 2 行の} -1 \text{ 倍を加える}} \begin{bmatrix} 1 & 0 & 0 & 1 \\ 0 & 1 & 0 & -1 \\ 0 & 0 & 1 & 2 \end{bmatrix}$$

これで係数行列部分を対角行列に変形できた．この例では，この時点で係数行列部分が単位行列になっている[3)]．よって，この第 4 列が解を並べたベクトルとなっており，

3) 一般にはこの段階ですべての対角成分が 1 とは限らない．対角成分が 1 でない行については，その行に対角成分の逆数を掛ける行基本変形を行うことで対角成分を 1 にすればよい．

$$\begin{bmatrix} x_1 \\ x_2 \\ x_3 \end{bmatrix} = \begin{bmatrix} 1 \\ -1 \\ 2 \end{bmatrix}$$ を意味している．すなわち，例 6.1 と同じ $x_1 = 1, x_2 = -1, x_3 = 2$ が得られていることが確認できる．行基本変形によって連立 1 次方程式がどのように変形され，そのときの拡大係数行列はどのような形となるのかを図 6.3 に示す．前半部分の操作は，式 (6.14)〜(6.17) で行った式変形と対応するものである．ガウスの消去法の流れをしっかり理解しよう．

ガウスの消去法は，拡大係数行列に対して加算と乗算という単純な演算を繰り返し行うことで解を得る手法である．このような単純な演算の繰り返しは，コンピュータが特に得意とする．下の枠内に，ガウスの消去法を Fortran 90 によって記述したプログラムの一部（前進消去に対応する部分）を示す[4]．講義 01 で説明したとおり，多くの工学問題において連立 1 次方程式は重要な役割を果たしているため，ガウスの消去法はさまざまな工学分野においてコンピュータを活用する際に，現在でも広く利用されている手法である．

ガウスの消去法のプログラム例（Fortran 90 による前進消去の一部）

```
DO I = 1, N-1
  DO J = I+1, N
    IF (DABS(WAMAT(I,I)) < ZRTOL) THEN
      IERROR = 1
      STOP
    END IF
    A = WAMAT(J,I)/WAMAT(I,I)
    DO K = I+1, N
      WAMAT(J,K) = WAMAT(J,K)-A*WAMAT(I,K)
    END DO
    WBVEC(J) = WBVEC(J)-A*AWBVEC(I)
  END DO
END DO
```

4) Fortran は C 言語や Java と比べると古いプログラミング言語であるが，科学技術計算においては現在も広く利用されている．

加減法による計算　　ガウスの消去法による計算

$$\begin{cases} 2x_1 + 3x_2 + x_3 = 1 \\ x_1 + x_2 - x_3 = -2 \\ 3x_1 + x_2 + x_3 = 4 \end{cases} \qquad \begin{bmatrix} 2 & 3 & 1 & 1 \\ 1 & 1 & -1 & -2 \\ 3 & 1 & 1 & 4 \end{bmatrix}$$

第 1 行と第 2 行を入れ替える

↓

$$\begin{cases} x_1 + x_2 - x_3 = -2 \\ 2x_1 + 3x_2 + x_3 = 1 \\ 3x_1 + x_2 + x_3 = 4 \end{cases} \qquad \begin{bmatrix} 1 & 1 & -1 & -2 \\ 2 & 3 & 1 & 1 \\ 3 & 1 & 1 & 4 \end{bmatrix}$$

第 2 行に第 1 行の −2 倍を加える
第 3 行に第 1 行の −3 倍を加える

↓

$$\begin{cases} x_1 + x_2 - x_3 = -2 \\ x_2 + 3x_3 = 5 \\ -2x_2 + 4x_3 = 10 \end{cases} \qquad \begin{bmatrix} 1 & 1 & -1 & -2 \\ 0 & 1 & 3 & 5 \\ 0 & -2 & 4 & 10 \end{bmatrix}$$

第 3 行に第 2 行の 2 倍を加える

↓

$$\begin{cases} x_1 + x_2 - x_3 = -2 \\ x_2 + 3x_3 = 5 \\ 10x_3 = 20 \end{cases} \qquad \begin{bmatrix} 1 & 1 & -1 & -2 \\ 0 & 1 & 3 & 5 \\ 0 & 0 & 10 & 20 \end{bmatrix}$$

第 3 行を $\dfrac{1}{10}$ 倍

↓

$$\begin{cases} x_1 + x_2 - x_3 = -2 \\ x_2 + 3x_3 = 5 \\ x_3 = 2 \end{cases} \qquad \begin{bmatrix} 1 & 1 & -1 & -2 \\ 0 & 1 & 3 & 5 \\ 0 & 0 & 1 & 2 \end{bmatrix}$$

第 1 行に第 3 行を加える
第 2 行に第 3 行の −3 倍を加える

↓

$$\begin{cases} x_1 + x_2 = 0 \\ x_2 = -1 \\ x_3 = 2 \end{cases} \qquad \begin{bmatrix} 1 & 1 & 0 & 0 \\ 0 & 1 & 0 & -1 \\ 0 & 0 & 1 & 2 \end{bmatrix}$$

第 1 行に第 2 行の −1 倍を加える

↓

$$\begin{cases} x_1 = 1 \\ x_2 = -1 \\ x_3 = 2 \end{cases} \qquad \begin{bmatrix} 1 & 0 & 0 & 1 \\ 0 & 1 & 0 & -1 \\ 0 & 0 & 1 & 2 \end{bmatrix}$$

図 6.3　ガウスの消去法による連立 1 次方程式の求解

6.5.3 ガウスの消去法と行列式

6.2 節で説明したとおり，行列式は連立 1 次方程式の解が一意に定まるかを判別するのに重要である．ガウスの消去法の行基本変形において，係数行列部分に上三角行列が現れることに着目しよう．上三角行列の行列式は，余因子展開を繰り返し行うことでつぎのように求められる．

$$\begin{vmatrix} a_{11} & a_{12} & \cdots & a_{1n} \\ 0 & a_{22} & \cdots & a_{2n} \\ \vdots & \vdots & \ddots & \vdots \\ 0 & 0 & \cdots & a_{nn} \end{vmatrix} = a_{nn} \begin{vmatrix} a_{11} & a_{12} & \cdots & a_{1(n-1)} \\ 0 & a_{22} & \cdots & a_{2(n-1)} \\ \vdots & \vdots & \ddots & \vdots \\ 0 & 0 & \cdots & a_{(n-1)(n-1)} \end{vmatrix}$$
$$= \cdots = a_{11}a_{22}\cdots a_{nn} \tag{6.24}$$

すなわち，上三角行列の行列式はすべての対角成分の積として求められる．

確認問題 6.2　上三角行列の行列式が式 (6.24) で求められることを確認せよ． ❖

5.3 節で示した行列式の性質より，行列に行基本変形を加えると行列式の値はつぎのように変化する．

(1)　ある行のすべての成分に 0 ではない数 α を掛けると，行列式の値は α 倍される．
(2)　ある行に 0 ではない数を掛けたものを他の行に加えても，行列式の値は変わらない．
(3)　2 つの行を入れ替えると，行列式の値は -1 倍される．

この性質と式 (6.24) を利用して，ガウスの消去法の行基本変形の過程で係数行列の行列式の値を計算できる．

例 6.4　例 6.1 の連立 1 次方程式の係数行列 A について，上三角行列に変形して行列式の値を求めよう．例 6.3 と同様の手順で，係数行列を上三角行列に変形するとつぎとなる．

$$\begin{bmatrix} 2 & 3 & 1 \\ 1 & 1 & -1 \\ 3 & 1 & 1 \end{bmatrix} \xrightarrow{\text{第 1 行と第 2 行を入れ替える}} \begin{bmatrix} 1 & 1 & -1 \\ 2 & 3 & 1 \\ 3 & 1 & 1 \end{bmatrix}$$

行の入れ替えにより，行列式の値は -1 倍される．

$$\begin{bmatrix} 1 & 1 & -1 \\ 2 & 3 & 1 \\ 3 & 1 & 1 \end{bmatrix} \xrightarrow[\text{第 3 行に第 1 行の} -3 \text{ 倍を加える}]{\text{第 2 行に第 1 行の} -2 \text{ 倍を加える}} \begin{bmatrix} 1 & 1 & -1 \\ 0 & 1 & 3 \\ 0 & -2 & 4 \end{bmatrix}$$

$$\xrightarrow{\text{第 3 行に第 2 行の 2 倍を加える}} \begin{bmatrix} 1 & 1 & -1 \\ 0 & 1 & 3 \\ 0 & 0 & 10 \end{bmatrix}$$

この操作では行列式の値は変わらない．よって，係数行列 A の行列式の値は上三角行列 $\begin{bmatrix} 1 & 1 & -1 \\ 0 & 1 & 3 \\ 0 & 0 & 10 \end{bmatrix}$ の行列式の値の -1 倍となるので，

$$|A| = -\begin{vmatrix} 1 & 1 & -1 \\ 0 & 1 & 3 \\ 0 & 0 & 10 \end{vmatrix} = -(1 \times 1 \times 10) = -10$$

である．これは例 6.2 で求めた $|A| = -10$ と一致する． ❖

講義 06 のまとめ

- 連立 1 次方程式は行列とベクトルを用いて表記することができる.
- 係数行列の逆行列を求めることで，連立 1 次方程式の解を求めることができる.
- 係数行列の逆行列を直接求める以外に，クラメールの公式やガウスの消去法で連立 1 次方程式の解を求める方法がある.

演習問題

6.1　つぎの非同次連立1次方程式を行列とベクトルを使って表し，係数行列の逆行列を求めたうえで解け．

(1) $\begin{cases} 3x_1 - 2x_2 = 7 \\ -x_1 + 5x_2 = 2 \end{cases}$　(2) $\begin{cases} 2x_1 - x_2 + 4x_3 = 3 \\ 3x_1 + 2x_2 - 2x_3 = -14 \\ x_1 - 3x_2 - x_3 = 6 \end{cases}$

(3) $\begin{cases} 4x_1 + 3x_2 + 2x_3 = 4 \\ -x_1 + x_3 = -1 \\ 2x_1 + x_2 - 3x_3 = 1 \end{cases}$

6.2　演習問題6.1の非同次連立1次方程式を，クラメールの公式を用いて解け．

6.3　演習問題6.1の非同次連立1次方程式を，ガウスの消去法を用いて解け．

講義 07

連立 1 次方程式(2)

本講では，まず同次連立 1 次方程式とその解の性質を説明する．つぎに，係数行列と連立 1 次方程式の解の性質の関連性，応用上重要となる 1 次独立と 1 次従属，行列のランクについても説明する．連立 1 次方程式の解の性質は，係数行列と密接な関係を持っており，係数行列を調べることで方程式がどのような解を持つのかを知ることができる．これまでに学んできた内容と合わせて，連立 1 次方程式に対する理解を深めよう．

講義 07 のポイント

- 同次連立 1 次方程式の性質を理解しよう．
- 係数行列と連立 1 次方程式の解の性質について理解しよう．
- 1 次独立と 1 次従属の意味を理解しよう．
- 行列のランクの意味と求め方を身につけよう．

7.1 同次連立 1 次方程式

例 7.1 例 6.1 と同じ係数行列を持つ，つぎの同次連立 1 次方程式について考えよう．

$$\begin{cases} 2x_1 + 3x_2 + x_3 = 0 \\ x_1 + x_2 - x_3 = 0 \\ 3x_1 + x_2 + x_3 = 0 \end{cases} \tag{7.1}$$

これを行列・ベクトル表示すれば

$$\begin{bmatrix} 2 & 3 & 1 \\ 1 & 1 & -1 \\ 3 & 1 & 1 \end{bmatrix} \begin{bmatrix} x_1 \\ x_2 \\ x_3 \end{bmatrix} = \begin{bmatrix} 0 \\ 0 \\ 0 \end{bmatrix}$$

である．この連立 1 次方程式をガウスの消去法で解こう．

$$\begin{bmatrix} 2 & 3 & 1 & 0 \\ 1 & 1 & -1 & 0 \\ 3 & 1 & 1 & 0 \end{bmatrix} \xrightarrow{\text{第 1 行と第 2 行を入れ替える}} \begin{bmatrix} 1 & 1 & -1 & 0 \\ 2 & 3 & 1 & 0 \\ 3 & 1 & 1 & 0 \end{bmatrix}$$

$$\xrightarrow[\text{第 3 行に第 1 行の}-3\text{ 倍を加える}]{\text{第 2 行に第 1 行の}-2\text{ 倍を加える}} \begin{bmatrix} 1 & 1 & -1 & 0 \\ 0 & 1 & 3 & 0 \\ 0 & -2 & 4 & 0 \end{bmatrix}$$

$$\xrightarrow{\text{第 3 行に第 2 行の 2 倍を加える}} \begin{bmatrix} 1 & 1 & -1 & 0 \\ 0 & 1 & 3 & 0 \\ 0 & 0 & 10 & 0 \end{bmatrix}$$

$$\xrightarrow{\text{第 3 行を }\frac{1}{10}\text{ 倍}} \begin{bmatrix} 1 & 1 & -1 & 0 \\ 0 & 1 & 3 & 0 \\ 0 & 0 & 1 & 0 \end{bmatrix}$$

$$\xrightarrow[\text{第 2 行に第 3 行の}-3\text{ 倍を加える}]{\text{第 1 行に第 3 行を加える}} \begin{bmatrix} 1 & 1 & 0 & 0 \\ 0 & 1 & 0 & 0 \\ 0 & 0 & 1 & 0 \end{bmatrix}$$

$$\xrightarrow{\text{第 1 行に第 2 行の}-1\text{ 倍を加える}} \begin{bmatrix} 1 & 0 & 0 & 0 \\ 0 & 1 & 0 & 0 \\ 0 & 0 & 1 & 0 \end{bmatrix} \tag{7.2}$$

式 (7.2) は $x_1 = 0, x_2 = 0, x_3 = 0$ を意味する． ❖

例 7.1 で $x_1 = 0, x_2 = 0, x_3 = 0$，すなわち未知数ベクトル $\boldsymbol{x}$ として零ベクトルが得られたが，これは偶然ではない．$|A| \neq 0$ である場合は，n 次同次連立 1 次方程式 $A\boldsymbol{x} = \boldsymbol{0}$ において

$$\boldsymbol{x} = A^{-1}\boldsymbol{0} = \boldsymbol{0} \tag{7.3}$$

となる．よって，**係数行列 A が正則であれば同次連立 1 次方程式の解であるベクトル $\boldsymbol{x}$ が零ベクトルとなる，**すなわちすべての未知数 $x_i \, (i = 1, 2, \cdots, n)$ が 0 となることが理解できる．これを**自明解**（trivial solution）と呼ぶ．$|A| \neq 0$ **となる同次連立 1 次方程式は，自明解のみが解となる**ことに注意しよう．

また例 7.1 の行基本変形の過程において，拡大係数行列の右辺ベクトル $\boldsymbol{b}$ に対応する部分の成分は常に 0 である．零ベクトルにいかなる行基本変形を加えても零ベクトルのままであるので，**同次連立 1 次方程式をガウスの消去法で解く際には，**拡大係数行列から右辺ベクトル $\boldsymbol{b}$ を取り除いた行列，すなわち**係数行列のみの行基本変形を行えばよい**ことがわかる．

例 7.2 もう1つの例として，つぎの同次連立1次方程式について考えよう．

$$\begin{cases} x_1 + 2x_2 - x_3 = 0 \\ 2x_1 - x_2 + 3x_3 = 0 \\ 4x_1 + 3x_2 + x_3 = 0 \end{cases} \tag{7.4}$$

これを行列・ベクトル表示すれば

$$\begin{bmatrix} 1 & 2 & -1 \\ 2 & -1 & 3 \\ 4 & 3 & 1 \end{bmatrix} \begin{bmatrix} x_1 \\ x_2 \\ x_3 \end{bmatrix} = \begin{bmatrix} 0 \\ 0 \\ 0 \end{bmatrix}$$

である．この連立1次方程式をガウスの消去法で解こう．同次連立1次方程式なので係数行列のみの行基本変形を行えばつぎとなる．

$$\begin{bmatrix} 1 & 2 & -1 \\ 2 & -1 & 3 \\ 4 & 3 & 1 \end{bmatrix} \xrightarrow[\text{第 3 行に第 1 行の}-4\text{ 倍を加える}]{\text{第 2 行に第 1 行の}-2\text{ 倍を加える}} \begin{bmatrix} 1 & 2 & -1 \\ 0 & -5 & 5 \\ 0 & -5 & 5 \end{bmatrix}$$

$$\xrightarrow{\text{第 3 行に第 2 行の}-1\text{ 倍を加える}} \begin{bmatrix} 1 & 2 & -1 \\ 0 & -5 & 5 \\ 0 & 0 & 0 \end{bmatrix}$$

$$\xrightarrow{\text{第 2 行を}-\frac{1}{5}\text{倍}} \begin{bmatrix} 1 & 2 & -1 \\ 0 & 1 & -1 \\ 0 & 0 & 0 \end{bmatrix}$$

$$\xrightarrow{\text{第 1 行に第 2 行の}-1\text{ 倍を加える}} \begin{bmatrix} 1 & 1 & 0 \\ 0 & 1 & -1 \\ 0 & 0 & 0 \end{bmatrix} \tag{7.5}$$

式 (7.5) は $x_1 + x_2 = 0$, $x_2 - x_3 = 0$ を意味する．これを書き換えれば $x_1 = -x_2$, $x_2 = x_3$ であるので，$x_1 = -x_2 = -x_3$ とまとめて表記することもできる[1)]． ❖

この結果は何を意味しているのだろうか．得られた $x_1+x_2=0, x_2-x_3=0$

1) 行基本変形の方法によっては，異なる係数行列が得られる場合もある．例えば，異なる手順の行基本変形によって $\begin{bmatrix} 1 & 0 & 1 \\ 0 & 1 & -1 \\ 0 & 0 & 0 \end{bmatrix}$ が得られる．これは $x_1 + x_3 = 0$, $x_2 - x_3 = 0$ を意味しているが，式変形すれば $x_1 = -x_2 = -x_3$ であり本質的に式 (7.5) と同じ結果である．

を満たす x_1, x_2, x_3 の組合せが無数にあることがわかる．例えば，$x_1 = 1$ とすれば $x_2 = -1$, $x_3 = -1$ であり，$x_1 = 2$ とすれば $x_2 = -2$, $x_3 = -2$ である．よって，**与えられた連立 1 次方程式の解が一意に定まらない．** このように，**ある連立 1 次方程式の解が一意に定まらず無数に存在する**とき，この連立 1 次方程式の解を**不定解**と呼ぶ．不定解が得られる場合でも，**自明解は必ず同次連立 1 次方程式の解となっている**ことに注意しよう．例 7.2 の場合，自明解 $x_1 = x_2 = x_3 = 0$ も $x_1 = -x_2 = -x_3$ を満たし，同次連立 1 次方程式 (7.4) の解となることがわかる．また自明解でない解を**非自明解** (nontrivial solution) という．

確認問題 7.1 つぎの同次連立 1 次方程式がどのような解を持つか求めよ．

$$(1)\ \begin{cases} 4x_1 + 3x_2 + 2x_3 = 0 \\ -x_1 + x_3 = 0 \\ 2x_1 + x_2 - 3x_3 = 0 \end{cases} \qquad (2)\ \begin{cases} 2x_1 + 3x_2 + 3x_3 = 0 \\ x_1 + 2x_2 + 3x_3 = 0 \\ x_1 + 2x_2 + 2x_3 = 0 \end{cases}$$

7.2 連立 1 次方程式の解の性質

7.2.1 連立 1 次方程式の解の分類

連立 1 次方程式の解が一意に定まるかどうかは，どうすれば判別できるのか考えよう．すでに学んだように，連立 1 次方程式 $A\boldsymbol{x} = \boldsymbol{b}$ の係数行列が正則，すなわち $|A| \neq 0$ であり逆行列 A^{-1} が存在するのであれば，

$$\boldsymbol{x} = A^{-1}\boldsymbol{b} \tag{7.6}$$

となり連立 1 次方程式の解が求められるのであるから，逆行列の一意性より，逆行列が存在すればその解も一意に定まることになる．すなわち，係数行列が正則であれば右辺ベクトルによらず連立 1 次方程式の解は一意に定まる．特に同次連立 1 次方程式であれば，その解は必ず自明解のみとなる．一方，係数行列が正則ではない場合には，連立 1 次方程式の解は一意に定まらない．例 7.1, 7.2 の係数行列の行列式は，それぞれ $\begin{vmatrix} 2 & 3 & 1 \\ 1 & 1 & -1 \\ 3 & 1 & 1 \end{vmatrix} = -10 \neq 0$,

$\begin{vmatrix} 1 & 2 & -1 \\ 2 & -1 & 3 \\ 4 & 3 & 1 \end{vmatrix} = 0$ となっており，前者は正則な行列，後者は正則ではない行列となっていることが確認できる．

それでは，係数行列が正則でない場合の解の性質について，もう少し考えよう．

例 7.3 つぎの同次と非同次の連立 1 次方程式について考えよう．

$$(1) \begin{cases} -2x_1 + x_2 + x_3 = 0 \\ x_1 - 2x_2 + x_3 = 0 \\ x_1 + x_2 - 2x_3 = 0 \end{cases}$$

$$(2) \begin{cases} -2x_1 + x_2 + x_3 = 1 \\ x_1 - 2x_2 + x_3 = 1 \\ x_1 + x_2 - 2x_3 = -2 \end{cases}$$

$$(3) \begin{cases} -2x_1 + x_2 + x_3 = 1 \\ x_1 - 2x_2 + x_3 = 1 \\ x_1 + x_2 - 2x_3 = 1 \end{cases}$$

いずれの連立 1 次方程式も係数行列 $\begin{bmatrix} -2 & 1 & 1 \\ 1 & -2 & 1 \\ 1 & 1 & -2 \end{bmatrix}$ は同じであり，右辺のみが異なることに注意しよう．また，$\begin{vmatrix} -2 & 1 & 1 \\ 1 & -2 & 1 \\ 1 & 1 & -2 \end{vmatrix} = 0$ であり，これらの連立 1 次方程式の解は一意に定まらないことがわかる．

これらの連立 1 次方程式に対して，行基本変形を加えるとつぎの結果を得る（途中過程は省略するので各自で確認しよう）．

$$(1) \begin{bmatrix} -2 & 1 & 1 & 0 \\ 1 & -2 & 1 & 0 \\ 1 & 1 & -2 & 0 \end{bmatrix} \to \begin{bmatrix} 1 & -1 & 0 & 0 \\ 0 & 1 & -1 & 0 \\ 0 & 0 & 0 & 0 \end{bmatrix}$$

$$(2)\quad \begin{bmatrix} -2 & 1 & 1 & 1 \\ 1 & -2 & 1 & 1 \\ 1 & 1 & -2 & -2 \end{bmatrix} \to \begin{bmatrix} 1 & -1 & 0 & 0 \\ 0 & 1 & -1 & -1 \\ 0 & 0 & 0 & 0 \end{bmatrix}$$

$$(3)\quad \begin{bmatrix} -2 & 1 & 1 & 1 \\ 1 & -2 & 1 & 1 \\ 1 & 1 & -2 & 1 \end{bmatrix} \to \begin{bmatrix} 1 & -1 & 0 & 0 \\ 0 & 1 & -1 & -1 \\ 0 & 0 & 0 & 6 \end{bmatrix}$$

(1) は $x_1 - x_2 = 0$，$x_2 - x_3 = 0$ となっており，これは不定解である．(2) では $x_1 - x_2 = 0$，$x_2 - x_3 = -1$ となっているが，これも不定解である．これに対して，(3) では $x_1 - x_2 = 0$，$x_2 - x_3 = -1$ となっており (2) と同じ結果が得られているように見えるが，第 3 行は $0 = 6$ を意味し，この等式が成立しない[2)]．この結果は，いかなる x_1，x_2，x_3 の組合せも (3) の連立 1 次方程式を満たすことがない，すなわち解が存在しないことを意味している． ❖

この例からわかるように，同次・非同次連立 1 次方程式の解が一意に定まらない場合にはつぎの 2 種類がある．

- 解が無数に存在する（**不定解**）．
- 解が 1 つも存在しない（**解なし**もしくは**不能解**）．

先に述べたように，同次連立 1 次方程式は係数行列によらず必ず自明解を解として持つため，解なしとなることはなく，係数行列が正則でなければ必ず不定解を持つ．一方，非同次連立 1 次方程式は，不定解，解なしのいずれの可能性もある．

7.2.2 連立 1 次方程式の幾何学的な意味

連立 1 次方程式の幾何学的な意味について説明する．つぎの 2 元連立 1 次方程式を考えよう．

$$\begin{cases} a_{11}x + a_{12}y = b_1 \\ a_{21}x + a_{22}y = b_2 \end{cases} \tag{7.7}$$

それぞれを y について解けば

2) 行基本変形の方法によっては第 3 行が異なる方程式となることもあるが，どのような行基本変形を行っても，$0 = \alpha$（ただし $\alpha \neq 0$）という形の成立しない等式が現れる．

$$y = -\frac{a_{11}}{a_{12}}x + \frac{b_1}{a_{12}} \tag{7.8}$$

$$y = -\frac{a_{21}}{a_{22}}x + \frac{b_2}{a_{22}} \tag{7.9}$$

となる．各方程式は 2 次元平面において直線を表しており，2 直線の交点が連立 1 次方程式の解となる．また同次連立 1 次方程式は $b_1 = b_2 = 0$ の場合であり，このとき直線の y 切片は 0 となることから，2 直線はいずれも必ず原点を通る．これが自明解である．

この連立 1 次方程式の解が一意に定まらないのは，係数行列が正則ではない，すなわち

$$\begin{vmatrix} a_{11} & a_{12} \\ a_{21} & a_{22} \end{vmatrix} = a_{11}a_{22} - a_{12}a_{21} = 0 \tag{7.10}$$

となるときであった．これを変形すれば

$$\frac{a_{11}}{a_{12}} = \frac{a_{21}}{a_{22}} \tag{7.11}$$

である．式 (7.8)，(7.9) の直線の方程式と比べれば，係数行列が正則でないときは 2 直線の傾きは同じ，すなわち 2 直線は平行となることがわかる．2 直線の傾きが同じ場合，両直線の y 切片が等しければ両者は完全に同一の直線となり，直線上のすべての点が連立 1 次方程式の解となる．これが不定解である．同次連立 1 次方程式は常に y 切片が 0 であることから 2 直線は必ず同一であり，解は不定解となる．平行な 2 直線の y 切片が異なれば，2 直線はいかなる点でも交わることがなく，このとき連立 1 次方程式は解を持たない．以上の関係を図 7.1 に示す．

連立 1 次方程式の解の性質について，つぎにまとめる．

$$\begin{cases} a_{11}x + a_{12}y = b_1 \\ a_{21}x + a_{22}y = b_2 \end{cases} \Rightarrow \ y = -\frac{a_{11}}{a_{12}}x + \frac{b_1}{a_{12}}, \ y = -\frac{a_{21}}{a_{22}}x + \frac{b_2}{a_{22}} \text{ の 2 つの直線}$$

① $\begin{vmatrix} a_{11} & a_{12} \\ a_{21} & a_{22} \end{vmatrix} \neq 0$ のとき
⇒ 2 つの直線は異なる

② $\begin{vmatrix} a_{11} & a_{12} \\ a_{21} & a_{22} \end{vmatrix} = 0$ のとき
⇒ 2 つの直線の傾きは一致
$\dfrac{b_1}{a_{12}} = \dfrac{b_2}{a_{22}}$ のとき

③ $\begin{vmatrix} a_{11} & a_{12} \\ a_{21} & a_{22} \end{vmatrix} = 0$ のとき
⇒ 2 つの直線の傾きは一致
$\dfrac{b_1}{a_{12}} \neq \dfrac{b_2}{a_{22}}$ のとき

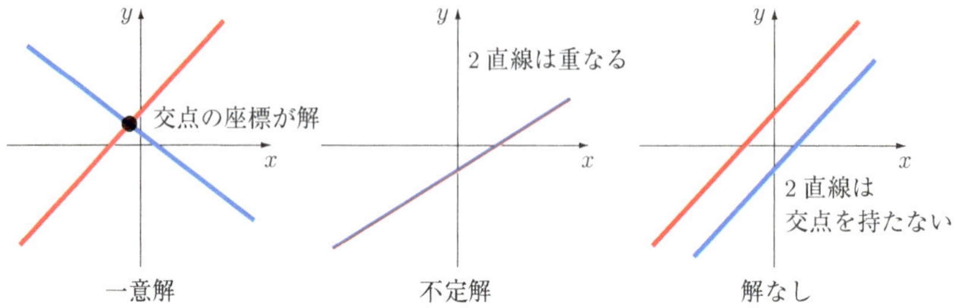

図 7.1 連立 1 次方程式の幾何学的な意味

連立 1 次方程式の解の性質

連立 1 次方程式の解の性質は，係数行列によって判別できる．

(1) 係数行列が正則である連立 1 次方程式の解は一意に定まる．

- 非同次連立 1 次方程式であれば，0 でない解を 1 つ以上含む解の組が得られる．
- 同次連立 1 次方程式であれば，解は自明解のみとなる．

(2) 係数行列が正則でない連立 1 次方程式の解は一意に定まらない．

- 非同次連立 1 次方程式であれば，解は不定解か解なしのいずれかとなる．
- 同次連立 1 次方程式であれば，解は不定解（自明解を含む）となる．

❖ 7.3 1 次独立と 1 次従属

係数行列が A である同次連立 1 次方程式について，もう少し考えよう．係数行列の第 i 列をそれぞれベクトル $\boldsymbol{a}_i$ とすると，つぎとなる．

$$\begin{bmatrix} a_{11} & a_{12} & \cdots & a_{1n} \\ a_{21} & a_{22} & \cdots & a_{2n} \\ \vdots & \vdots & \ddots & \vdots \\ a_{n1} & a_{n2} & \cdots & a_{nn} \end{bmatrix} \begin{bmatrix} x_1 \\ x_2 \\ \vdots \\ x_n \end{bmatrix} = \begin{bmatrix} a_{11}x_1 + a_{12}x_2 + \cdots + a_{1n}x_n \\ a_{21}x_1 + a_{22}x_2 + \cdots + a_{2n}x_n \\ \vdots \\ a_{n1}x_1 + a_{n2}x_2 + \cdots + a_{nn}x_n \end{bmatrix}$$

$$= \begin{bmatrix} a_{11} \\ a_{21} \\ \vdots \\ a_{n1} \end{bmatrix} x_1 + \begin{bmatrix} a_{12} \\ a_{22} \\ \vdots \\ a_{n2} \end{bmatrix} x_2 + \cdots + \begin{bmatrix} a_{1n} \\ a_{2n} \\ \vdots \\ a_{nn} \end{bmatrix} x_n$$

$$= \boldsymbol{a}_1 x_1 + \boldsymbol{a}_2 x_2 + \cdots + \boldsymbol{a}_n x_n = \boldsymbol{0} \tag{7.12}$$

この同次連立 1 次方程式が自明解のみを持つのであれば，上式を満たすのは $x_1 = x_2 = \cdots = x_n = 0$ だけである．このとき，ベクトル $\boldsymbol{a}_1, \boldsymbol{a}_2, \cdots, \boldsymbol{a}_n$ は**1 次独立**（linear independent）であるという．一方，同次連立 1 次方程式が不定解を持つのであれば，$x_1 = x_2 = \cdots = x_n = 0$ 以外に $\boldsymbol{a}_1 x_1 + \boldsymbol{a}_2 x_2 + \cdots + \boldsymbol{a}_n x_n = 0$ を満たす定数 $x_1, x_2, \cdots, x_n$ が存在する．このとき，ベクトル $\boldsymbol{a}_1, \boldsymbol{a}_2, \cdots, \boldsymbol{a}_n$ は**1 次従属**（linear dependent）であるという．これらを**ベクトルの 1 次関係**と呼び，ベクトルの 1 次関係は 1 次独立と 1 次従属のいずれかに区別できる．

あるベクトルの組の 1 次関係はどのようにして判別できるだろうか．もともとの出発点に立ち返れば，各ベクトルを並べた係数行列を持つ同次連立 1 次方程式に着目しているのであり，自明解しか解がないということは解が一意に定まるということである．よって，ベクトルの 1 次関係はつぎとなる[3)]．

3) ここではベクトルの次元とベクトルの数が同じ，すなわちベクトルを並べた行列が正方行列の場合に限っているが，ベクトルの次元とベクトルの数が異なっている場合にも，7.4 節で説明する行列のランクによってベクトルの 1 次関係が判定できる．ベクトルの数が，ベクトルを並べた行列のランクより少ないか等しければ 1 次独立，多ければ 1 次従属となる．

ベクトルの 1 次関係

- ベクトルを並べた行列が正則であれば，ベクトルの組は 1 次独立である．
- ベクトルを並べた行列が正則でなければ，ベクトルの組は 1 次従属である．

例 7.4　つぎのベクトルの 1 次関係を調べよう．

$$(1)\ \begin{bmatrix}2\\1\\3\end{bmatrix},\ \begin{bmatrix}3\\1\\1\end{bmatrix},\ \begin{bmatrix}1\\-1\\1\end{bmatrix} \qquad (2)\ \begin{bmatrix}1\\7\\9\end{bmatrix},\ \begin{bmatrix}2\\-1\\3\end{bmatrix},\ \begin{bmatrix}-1\\3\\1\end{bmatrix}$$

(1) のベクトルを並べた行列の行列式の値は

$$\begin{vmatrix}2 & 3 & 1\\1 & 1 & -1\\3 & 1 & 1\end{vmatrix} = 2-9+1-(-2)-3-3=-10\neq 0$$

となるので行列は正則であり，この 3 つのベクトルは 1 次独立である．

(2) のベクトルを並べた行列の行列式の値は

$$\begin{vmatrix}1 & 2 & -1\\7 & -1 & 3\\9 & 3 & 1\end{vmatrix} = -1+54-21-9-14-9=0$$

となるので行列は正則ではなく，この 3 つのベクトルは 1 次従属である．　❖

1 次独立，1 次従属の意味について考えよう．ベクトル $\boldsymbol{a}_1, \boldsymbol{a}_2, \cdots, \boldsymbol{a}_n$ が 1 次従属であるということは

$$\boldsymbol{a}_1 x_1 + \boldsymbol{a}_2 x_2 + \cdots + \boldsymbol{a}_n x_n = \boldsymbol{0} \tag{7.13}$$

を満たす $x_1, x_2, \cdots, x_n$ の組として，少なくとも 1 つの x_i が 0 でない組が存在するということであった．講義 02 で説明したように，1 つ以上のベクト

ルをスカラー倍（0ではない）して総和を取ることを，ベクトルの**1次結合**と呼ぶのであった．$x_i \neq 0$であるとき上式を変形すれば，

$$\boldsymbol{a}_i = -\frac{1}{x_i}\sum_{k \neq i} \boldsymbol{a}_k x_k \tag{7.14}$$

となる．ここで$x'_k = -\dfrac{x_k}{x_i}$とおけば，

$$\boldsymbol{a}_i = \sum_{k \neq i} \boldsymbol{a}_k x'_k \tag{7.15}$$

が得られる．すなわち，あるベクトル$\boldsymbol{a}_i$は他の$(n-1)$個のベクトルの1次結合で表されるということである．

一方，ベクトル$\boldsymbol{a}_1, \boldsymbol{a}_2, \cdots, \boldsymbol{a}_n$が1次独立であるということは，ベクトル$\boldsymbol{a}_i$を残りの$(n-1)$個のベクトルの1次結合で表すことができないことを意味している．

07

例 7.5　例7.4(2)の3つのベクトルについて

$$\boldsymbol{a}_1 = \begin{bmatrix} 1 \\ 7 \\ 9 \end{bmatrix}, \ \boldsymbol{a}_2 = \begin{bmatrix} 2 \\ -1 \\ 3 \end{bmatrix}, \ \boldsymbol{a}_3 = \begin{bmatrix} -1 \\ 3 \\ 1 \end{bmatrix}$$

とおき，$\boldsymbol{a}_1$を他の2つのベクトルの1次結合で表してみよう．例7.4で示したように，この3つのベクトルは1次従属であるので，式(7.15)より$\boldsymbol{a}_1 = \boldsymbol{a}_2 x_2 + \boldsymbol{a}_3 x_3$と書けるはずである[4)]．すなわち

$$\begin{bmatrix} 1 \\ 7 \\ 9 \end{bmatrix} = \begin{bmatrix} 2 \\ -1 \\ 3 \end{bmatrix} x_2 + \begin{bmatrix} -1 \\ 3 \\ 1 \end{bmatrix} x_3$$

となる．1行目と2行目はつぎの連立1次方程式

$$\begin{cases} 2x_2 - x_3 = 1 \\ -x_2 + 3x_3 = 7 \end{cases}$$

であり，これを解くと$x_2 = 2, x_3 = 3$を得る．また，この解は3行目の方程式

4) 式(7.15)ではベクトル$\boldsymbol{a}_k$の係数をx'_kとしているが，ここでは単にx_kと書くことにしよう．

$3x_2 + x_3 = 9$ も満たす．よって

$$\begin{bmatrix} 1 \\ 7 \\ 9 \end{bmatrix} = 2 \begin{bmatrix} 2 \\ -1 \\ 3 \end{bmatrix} + 3 \begin{bmatrix} -1 \\ 3 \\ 1 \end{bmatrix} \quad \Longrightarrow \quad \boldsymbol{a}_1 = 2\boldsymbol{a}_2 + 3\boldsymbol{a}_3$$

と表されることがわかる． ❖

確認問題 7.2 例 7.5 のベクトル $\boldsymbol{a}_2$，$\boldsymbol{a}_3$ について，それぞれ他の 2 つのベクトルの 1 次結合で表せ． ❖

❖ 7.4 行列のランク

7.4.1 上階段行列と行列のランク

連立 1 次方程式の解が不定解となる場合をもう少し詳しく調べるため，行列のランクについて説明する．

例 7.6 例 7.1 の係数行列を上三角行列に変形してみよう．

$$\begin{bmatrix} 2 & 3 & 1 \\ 1 & 1 & -1 \\ 3 & 1 & 1 \end{bmatrix} \xrightarrow[\text{第 3 行を 2 倍}]{\text{第 2 行を 2 倍}} \begin{bmatrix} 2 & 3 & 1 \\ 2 & 2 & -2 \\ 6 & 2 & 2 \end{bmatrix}$$

$$\xrightarrow[\text{第 3 行に第 1 行の}-3\text{ 倍を加える}]{\text{第 2 行に第 1 行の}-1\text{ 倍を加える}} \begin{bmatrix} 2 & 3 & 1 \\ 0 & -1 & -3 \\ 0 & -7 & -1 \end{bmatrix}$$

$$\xrightarrow{\text{第 3 行に第 2 行の}-7\text{ 倍を加える}} \begin{bmatrix} 2 & 3 & 1 \\ 0 & -1 & -3 \\ 0 & 0 & 20 \end{bmatrix}$$

同様にして例 7.2 の係数行列を上三角行列に変形しようとすると

$$\begin{bmatrix} 1 & 2 & -1 \\ 2 & -1 & 3 \\ 4 & 3 & 1 \end{bmatrix} \xrightarrow[\text{第 3 行に第 1 行の}-4\text{ 倍を加える}]{\text{第 2 行に第 1 行の}-2\text{ 倍を加える}} \begin{bmatrix} 1 & 2 & -1 \\ 0 & -5 & 5 \\ 0 & -5 & 5 \end{bmatrix}$$

$$\xrightarrow{\text{第 3 行に第 2 行の}-1\text{ 倍を加える}} \begin{bmatrix} 1 & 2 & -1 \\ 0 & -5 & 5 \\ 0 & 0 & 0 \end{bmatrix}$$

となり，すべての成分が 0 となる行が現れるため，上三角行列に変形できない．行基本変形の方法によっては，異なる成分を持つ行列が得られることもあるが，その場合でもすべての成分が 0 となる行が必ず現れてしまう．このため，与えられた係数行列を上三角行列に変形することはできない． ❖

例 7.6 より，すべての正方行列が上三角行列に変形できるわけではないことがわかる．ここで，つぎの性質を満たす行列を**上階段行列**と呼ぶことにしよう．

- 各行の成分を左から順に調べ，0 ではない最初の成分が 1 である．この 0 ではない最初の成分を，その行の**ピボット**（pivot）または軸と呼ぶ．
- ある行のピボットは，それより上のすべての行のピボットよりも右に位置する．
- すべての成分が 0 の行があってもよい．

すなわち上階段行列は

$$\begin{bmatrix} ① & * & * & * & * & * & \cdots & * \\ 0 & 0 & ① & * & * & * & \cdots & * \\ 0 & 0 & 0 & ① & * & * & \cdots & * \\ 0 & 0 & 0 & 0 & 0 & ① & \cdots & * \\ & & & \vdots & & & & \end{bmatrix}$$

という形式の行列となる．ここで $*$ は任意の数（0 でもよい）であり，① は各行のピボットである．任意の行列は，行基本変形によって上階段行列に変形することが可能である．この上階段行列において 0 ではない成分を 1 つ以上含む行の数を，その行列の**ランク**（rank）または**階数**と呼ぶ．行列 A のランクは

$$\operatorname{rank} A$$

と表す．ここで，**ある行列に行基本変形を行ってもランクは変わらない**とい

う性質がある．なお，上階段行列は正方行列でなくてもよい．すなわち，行列のランクは正方行列でない行列に対しても求めることができる．

例 7.7 例 7.1 の係数行列のランクを求めよう．例 7.6 より，係数行列を上階段行列に変形すると

$$\begin{bmatrix} 2 & 3 & 1 \\ 1 & 1 & -1 \\ 3 & 1 & 1 \end{bmatrix} \to \begin{bmatrix} 2 & 3 & 1 \\ 0 & -1 & -3 \\ 0 & 0 & 20 \end{bmatrix} \xrightarrow{\text{各行のピボットが 1 になるようスカラー倍}} \begin{bmatrix} 1 & \frac{3}{2} & \frac{1}{2} \\ 0 & 1 & 3 \\ 0 & 0 & 1 \end{bmatrix}$$

よってすべての行が 0 ではない成分を含むため，係数行列のランクは 3 である．同様にして例 7.2 の係数行列を上階段行列に変形すると

$$\begin{bmatrix} 1 & 2 & -1 \\ 2 & -1 & 3 \\ 4 & 3 & 1 \end{bmatrix} \to \begin{bmatrix} 1 & 2 & -1 \\ 0 & -5 & 5 \\ 0 & 0 & 0 \end{bmatrix} \xrightarrow{\text{第 2 行を} -\frac{1}{5}\text{倍}} \begin{bmatrix} 1 & 2 & -1 \\ 0 & 1 & -1 \\ 0 & 0 & 0 \end{bmatrix}$$

第 3 行はすべての成分が 0 であるため，0 ではない成分を含む行は 2 行だけとなり，係数行列のランクは 2 である． ❖

例 7.8 rank $A < n$ である n 次正方行列 A の行列式を，第 n 行に対する余因子展開を用いて求めよう．行列 A を上階段行列に変形した行列を A' とすれば，rank $A < n$ であることから，rank $A' < n$ である．すなわち，行列 A' は成分がすべて 0 である行を少なくとも 1 つ含み，行列 A' の第 n 行の成分は必ずすべて 0 となる．このとき，A' の行列式 $|A'|$ はつぎとなる．

$$|A'| = \begin{vmatrix} 1 & * & * & * & \cdots & * \\ 0 & 0 & 1 & * & \cdots & * \\ 0 & 0 & 0 & 1 & \cdots & * \\ & & \vdots & & & \\ 0 & 0 & 0 & 0 & \cdots & 0 \end{vmatrix} = \sum_{k=1}^{n} a'_{nk}\tilde{a}'_{nk} = \sum_{k=1}^{n} 0 \cdot \tilde{a}'_{nk} = 0$$

ここで 5.3.5 項の行列式の性質を思い出せば，行基本変形によって行列式の値はス

カラー（0 ではない）を掛けたものとなる．よって，$|A| = \beta|A'|$ $(\beta \neq 0)$ という関係が得られ，$|A| = 0$ となる．すなわち，rank $A < n$ であるとき $|A| = 0$ となり行列 A は正則でないことがわかる． ❖

一般に，n 次正方行列 A に対して

- $|A| \neq 0$ と rank $A = n$ は等価である
- $|A| = 0$ と rank $A < n$ は等価である

となる．このことから，係数行列が正則であることと，係数行列のランクが n であることは同じ意味であり，どちらを用いても連立 1 次方程式の解が一意に定まるかの判定ができることがわかる．なお，$|A| \neq 0$ であればただちに rank $A = n$ であることがわかるが，$|A| = 0$ のとき rank A の具体的な値は，上階段行列に変形しないとわからないことに注意しよう．

7.4.2 行列のランクと連立 1 次方程式

行数が n である行列 $A(\neq \boldsymbol{O})$ のランクは $1 \leq$ rank $A \leq n$ となる．rank $A < n$ であるとき，上階段行列にはすべての成分が 0 である行が 1 行以上含まれる．連立 1 次方程式の係数行列を行基本変形したとき，すべての成分が 0 である行が含まれる場合を考えよう．この行は左辺が 0 という式を意味しており，未知数に対する方程式になっていない．言い換えれば，0 ではない項を含む行だけが方程式として意味を持つことになる．すなわち，**係数行列のランクとは，その連立 1 次方程式が含んでいる独立な方程式の数となる．** n 元連立 1 次方程式の n 個の未知数を一意に決定するためには，n 個の独立な方程式が必要となるため，係数行列 A に対して rank $A = n$ となる必要がある．

例 7.9　例 7.3 の連立 1 次方程式について，係数行列と拡大係数行列のランクをそれぞれ求めよう．(1)〜(3) の連立 1 次方程式の係数行列は同じであり，行基本変形により上階段行列に変形すれば

$$\begin{bmatrix} -2 & 1 & 1 \\ 1 & -2 & 1 \\ 1 & 1 & -2 \end{bmatrix} \to \begin{bmatrix} 1 & -1 & 0 \\ 0 & 1 & -1 \\ 0 & 0 & 0 \end{bmatrix}$$

となるので，係数行列のランクは2であり，この係数行列を持つ連立1次方程式の解は一意に定まらないことがわかる．つぎに拡大係数行列をそれぞれ上階段行列に変形すると

$$(1)\ \begin{bmatrix} -2 & 1 & 1 & 0 \\ 1 & -2 & 1 & 0 \\ 1 & 1 & -2 & 0 \end{bmatrix} \to \begin{bmatrix} 1 & -1 & 0 & 0 \\ 0 & 1 & -1 & 0 \\ 0 & 0 & 0 & 0 \end{bmatrix}$$

$$(2)\ \begin{bmatrix} -2 & 1 & 1 & 1 \\ 1 & -2 & 1 & 1 \\ 1 & 1 & -2 & -2 \end{bmatrix} \to \begin{bmatrix} 1 & -1 & 0 & 0 \\ 0 & 1 & -1 & -1 \\ 0 & 0 & 0 & 0 \end{bmatrix}$$

$$(3)\ \begin{bmatrix} -2 & 1 & 1 & 1 \\ 1 & -2 & 1 & 1 \\ 1 & 1 & -2 & 1 \end{bmatrix} \to \begin{bmatrix} 1 & -1 & 0 & 0 \\ 0 & 1 & -1 & -1 \\ 0 & 0 & 0 & 1 \end{bmatrix}$$

であり，(1)，(2) の拡大係数行列のランクは 2，(3) の拡大係数行列のランクは 3 となる．すなわち，(1)，(2) の連立1次方程式では係数行列と拡大係数行列のランクが同じであるのに対し，(3) の連立1次方程式では係数行列と拡大係数行列のランクが異なり，拡大係数行列のランクが係数行列のランクよりも大きいことがわかる．

例 7.3(1)，(2) の連立1次方程式は，いずれも不定解を持つ．n 元連立1次方程式の係数行列のランクが n より小さいとき，左辺が 0 となる行が存在する．拡大係数行列と係数行列のランクが等しければ左辺が 0 の式は右辺も 0 であり，これは $0 = 0$ という式を表している．このとき，連立1次方程式の解は不定解となる．一方，例 7.3(3) の連立1次方程式の解は解なしである．拡大係数行列のランクが係数行列のランクより大きいとき，左辺が 0 の式の右辺が 0 ではない，すなわち $0 = \alpha$ （$\alpha \neq 0$） という成立しない式を含むことになり，連立1次方程式の解は解なしとなる．以上をまとめると，つぎとなる．

係数行列・拡大係数行列のランクと連立 1 次方程式の解の性質

n 元連立 1 次方程式の解の性質は，係数行列と拡大係数行列のランクによって判別できる．

(1) 係数行列のランクが n である連立 1 次方程式の解は一意に定まる．

(2) 係数行列のランクが n よりも小さい連立 1 次方程式の解は一意に定まらない．

- 拡大係数行列のランクが係数行列のランクと等しいとき，解は不定解となる．
- 拡大係数行列のランクが係数行列のランクより大きいとき，解は解なしとなる．

なお同次連立 1 次方程式は，右辺がすべて 0 であることから拡大係数行列と係数行列のランクが必ず等しくなる．このため，同次連立 1 次方程式の解が解なしとなることはない．

07

講義 07 のまとめ

- 同次連立 1 次方程式は必ず自明解を持つ．
- 連立 1 次方程式の解の性質は係数行列によって判別できる．
- ベクトルの組の関係は 1 次独立と 1 次従属のいずれかである．
- 行列を上階段行列に変形することで行列のランクを定義できる．

演習問題

7.1 つぎの同次および非同次連立 1 次方程式がどのような解を持つか求めよ．

(1) $\begin{cases} x_1 + 2x_2 + 3x_3 = 0 \\ 3x_1 + 2x_2 + x_3 = 0 \\ x_1 - 2x_2 - 5x_3 = 0 \end{cases}$　(2) $\begin{cases} 2x_1 + 3x_2 + 3x_3 = 0 \\ x_1 + 2x_2 + 3x_3 = 0 \\ x_1 + 2x_2 + 2x_3 = 0 \end{cases}$

(3) $\begin{cases} x_1 - x_2 - 3x_3 = 3 \\ 2x_1 - 3x_2 - 3x_3 = 4 \\ 3x_1 - 5x_2 - 3x_3 = 5 \end{cases}$ (4) $\begin{cases} 2x_1 + 7x_2 - x_3 = 6 \\ x_1 + 4x_2 - x_3 = 5 \\ x_1 + 3x_2 = 2 \end{cases}$

7.2 つぎの行列のランクを求めよ．

(1) $\begin{bmatrix} 2 & -1 & 2 \\ 1 & 2 & 1 \\ 3 & 1 & 3 \end{bmatrix}$ (2) $\begin{bmatrix} 4 & 3 & 2 \\ -1 & 0 & 1 \\ 2 & 1 & -3 \end{bmatrix}$ (3) $\begin{bmatrix} -2 & 1 & 2 & 2 \\ 1 & -1 & 3 & 4 \\ 3 & -2 & 1 & 2 \\ 1 & 0 & -5 & -6 \end{bmatrix}$

7.3 つぎのベクトルの 1 次関係を調べよ．1 次従属の場合には，$\boldsymbol{a}_1$ を他のベクトルの 1 次結合で表せ．

(1) $\boldsymbol{a}_1 = \begin{bmatrix} 2 \\ 1 \end{bmatrix}, \boldsymbol{a}_2 = \begin{bmatrix} -1 \\ 3 \end{bmatrix}$ (2) $\boldsymbol{a}_1 = \begin{bmatrix} 1 \\ -1 \\ -1 \end{bmatrix}, \boldsymbol{a}_2 = \begin{bmatrix} 2 \\ 1 \\ 1 \end{bmatrix}, \boldsymbol{a}_3 = \begin{bmatrix} 1 \\ 2 \\ 2 \end{bmatrix}$

(3) $\boldsymbol{a}_1 = \begin{bmatrix} 1 \\ 2 \\ 1 \end{bmatrix}, \boldsymbol{a}_2 = \begin{bmatrix} -1 \\ 1 \\ 1 \end{bmatrix}, \boldsymbol{a}_3 = \begin{bmatrix} 2 \\ 1 \\ 1 \end{bmatrix}$

(4) $\boldsymbol{a}_1 = \begin{bmatrix} 3 \\ 2 \\ 1 \end{bmatrix}, \boldsymbol{a}_2 = \begin{bmatrix} 1 \\ 2 \\ 3 \end{bmatrix}, \boldsymbol{a}_3 = \begin{bmatrix} 5 \\ 6 \\ 7 \end{bmatrix}$

7.4 つぎの非同次連立 1 次方程式の解が一意に定まらない α の値を求めよ．また，このとき解が不定解もしくは解なしのいずれであるかを調べよ．

$$\begin{cases} 2x_1 - x_2 + \alpha x_3 = 5 \\ x_1 + 2x_2 - 3x_3 = 4 \\ 4x_1 - 2x_2 - 3x_3 = 5 \end{cases}$$

7.5 行列 $A = \begin{bmatrix} 2 & -1 & t \\ t & 2t & t \\ t & -1 & 2 \end{bmatrix}$ のランクが最大となる t の値を求めよ．

講義 08

線形変換と行列の関係

本講では，写像としての行列の性質について説明する．講義 03 で説明したとおり，ベクトルにある行列を左から掛けると一般に別のベクトルが得られる．すなわち，行列はベクトルに作用してベクトルの方向と大きさを変える性質を持つと解釈できる．このようにあるベクトルを異なるベクトルに対応づけることを写像と呼び，写像は線形代数学の重要なテーマの1つである．本講では特に線形変換と呼ばれる写像に注目し，その性質について説明する．

講義 08 のポイント

- 線形写像と行列の関係を理解しよう．
- 線形変換とその幾何学的な意味を理解しよう．
- 線形変換の合成を理解しよう．
- 逆変換の意味を理解しよう．

8.1 線形写像と線形変換

ベクトル $\boldsymbol{x}$ に左から行列 A を掛けて得られるベクトルを $\boldsymbol{y}$ とすると，$\boldsymbol{y} = A\boldsymbol{x}$ と書ける．つぎの例を考えよう．

例 8.1 4 つのベクトル

$$(1)\ \begin{bmatrix} 2 \\ 3 \\ 4 \end{bmatrix} \quad (2)\ \begin{bmatrix} 2 \\ 2 \\ 2 \end{bmatrix} \quad (3)\ \begin{bmatrix} 4 \\ 5 \\ 6 \end{bmatrix} \left(= \begin{bmatrix} 2 \\ 3 \\ 4 \end{bmatrix} + \begin{bmatrix} 2 \\ 2 \\ 2 \end{bmatrix} \right) \quad (4)\ \begin{bmatrix} 4 \\ 6 \\ 8 \end{bmatrix} \left(= 2 \begin{bmatrix} 2 \\ 3 \\ 4 \end{bmatrix} \right)$$

の左から行列 $A = \begin{bmatrix} 1 & 0 & 0 \\ 0 & 1 & 0 \end{bmatrix}$ を掛けて得られるベクトルを求めると，

$$(1)\ \begin{bmatrix} 1 & 0 & 0 \\ 0 & 1 & 0 \end{bmatrix} \begin{bmatrix} 2 \\ 3 \\ 4 \end{bmatrix} = \begin{bmatrix} 2 \\ 3 \end{bmatrix} \qquad (2)\ \begin{bmatrix} 1 & 0 & 0 \\ 0 & 1 & 0 \end{bmatrix} \begin{bmatrix} 2 \\ 2 \\ 2 \end{bmatrix} = \begin{bmatrix} 2 \\ 2 \end{bmatrix}$$

(3) $\begin{bmatrix} 1 & 0 & 0 \\ 0 & 1 & 0 \end{bmatrix} \begin{bmatrix} 4 \\ 5 \\ 6 \end{bmatrix} = \begin{bmatrix} 4 \\ 5 \end{bmatrix} = \begin{bmatrix} 2 \\ 3 \end{bmatrix} + \begin{bmatrix} 2 \\ 2 \end{bmatrix}$

(4) $\begin{bmatrix} 1 & 0 & 0 \\ 0 & 1 & 0 \end{bmatrix} \begin{bmatrix} 4 \\ 6 \\ 8 \end{bmatrix} = \begin{bmatrix} 4 \\ 6 \end{bmatrix} = 2 \begin{bmatrix} 2 \\ 3 \end{bmatrix}$

となる. ❖

Aがベクトル$\boldsymbol{x}$をベクトル$\boldsymbol{y}$に変換すると解釈すれば，$\boldsymbol{y}$は$\boldsymbol{x}$の関数とみなすことができ，関数$f(\boldsymbol{x})$の表記を使って$\boldsymbol{y} = A\boldsymbol{x}$は$\boldsymbol{y} = f(\boldsymbol{x})$と表される．あるベクトルを別の1つのベクトルに対応づけることを**写像**（mapping）と呼ぶ．すなわち，行列Aは写像の性質を持っている．写像fが行列Aによって表されることを，以降では**写像fは行列Aで定められる**と表記しよう．

行列$A \in \mathbb{R}^{m \times n}$とベクトル$\boldsymbol{x} \in \mathbb{R}^n$の積$\boldsymbol{y} = A\boldsymbol{x}$を考えると，$\boldsymbol{y} \in \mathbb{R}^m$であり，これを$\boldsymbol{x}$が$\boldsymbol{y}$に写されると表そう．このように，$n$次元ベクトルを$m$次元ベクトルに対応づける写像$f$があるとき，これを$f : \mathbb{R}^n \to \mathbb{R}^m$と書くことにする．ここで，つぎの性質を持つ写像を考えよう．

線形写像

写像$f : \mathbb{R}^n \to \mathbb{R}^m$がつぎの2つの条件を満たすとき，$f$は**線形写像**（linear mapping）であるという．

$$f(\boldsymbol{x}_1 + \boldsymbol{x}_2) = f(\boldsymbol{x}_1) + f(\boldsymbol{x}_2) \tag{8.1}$$

$$f(\alpha \boldsymbol{x}) = \alpha f(\boldsymbol{x}) \tag{8.2}$$

確認問題 8.1 例8.1で得られた結果は，線形写像の2つの条件である式(8.1)，(8.2)の性質を満たしていることを確認せよ． ❖

ある写像による写像前のベクトルと写像後のベクトルの次元が等しい

とき，すなわち $f : \mathbb{R}^n \to \mathbb{R}^n$ であるとき，これを $\mathbb{R}^n$ から $\mathbb{R}^n$ への**線形変換**（linear transformation）もしくは**1次変換**という．線形変換を定める行列は正方行列となる．

例 8.2 $n = 1$ のときの線形変換はどうなるか考えてみよう．このとき，$\boldsymbol{x}$，$\boldsymbol{y}$ は1次元のベクトル，すなわちスカラー x，y となり，行列 A もスカラー α に置き換えることができる．よって，

$$y = \alpha x$$

が得られる．これはいわゆる比例関係であり，1次元の線形変換は比例関数にほかならない． ❖

ベクトルは空間上（2次元ベクトルであれば平面上）のある点に対応することを思い出せば，線形変換は空間上（平面上）で点を移動させる操作であると考えることができる．$n = 2$ の場合についてつぎの例を考えよう．

例 8.3 4つのベクトル $\begin{bmatrix} 0 \\ 0 \end{bmatrix}, \begin{bmatrix} 1 \\ 0 \end{bmatrix}, \begin{bmatrix} 1 \\ 1 \end{bmatrix}, \begin{bmatrix} 0 \\ 1 \end{bmatrix}$ が，それぞれつぎの行列で定められる線形変換で写されるとき，変換後のベクトルを求めよう．

$$(1) \begin{bmatrix} 2 & 0 \\ 0 & 2 \end{bmatrix} \qquad (2) \begin{bmatrix} 3 & 2 \\ 1 & 2 \end{bmatrix}$$

まず (1) による線形変換を考えると，

$$\begin{bmatrix} 2 & 0 \\ 0 & 2 \end{bmatrix}\begin{bmatrix} 0 \\ 0 \end{bmatrix} = \begin{bmatrix} 0 \\ 0 \end{bmatrix}, \quad \begin{bmatrix} 2 & 0 \\ 0 & 2 \end{bmatrix}\begin{bmatrix} 1 \\ 0 \end{bmatrix} = \begin{bmatrix} 2 \\ 0 \end{bmatrix}$$
$$\begin{bmatrix} 2 & 0 \\ 0 & 2 \end{bmatrix}\begin{bmatrix} 1 \\ 1 \end{bmatrix} = \begin{bmatrix} 2 \\ 2 \end{bmatrix}, \quad \begin{bmatrix} 2 & 0 \\ 0 & 2 \end{bmatrix}\begin{bmatrix} 0 \\ 1 \end{bmatrix} = \begin{bmatrix} 0 \\ 2 \end{bmatrix}$$

となる．各ベクトルが線形変換により写される様子を図 8.1(左) に示す．もとの4つのベクトルは1辺の長さが1の正方形の頂点に対応しており，各点は線形変換によって1辺の長さが2の正方形の頂点に写されている．このことから，(1) の線形変換は原点を中心に図形を x 方向，y 方向へそれぞれ2倍に引き伸ばす変換であるといえる．

同様にして (2) について考えると，

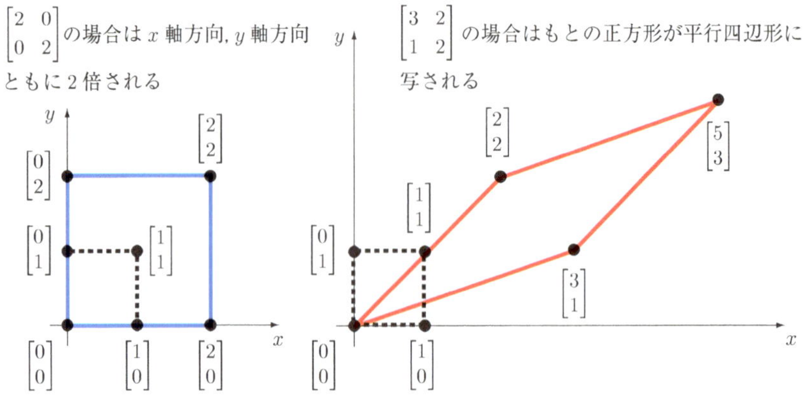
$\begin{bmatrix}2&0\\0&2\end{bmatrix}$の場合は x 軸方向, y 軸方向ともに2倍される
$\begin{bmatrix}3&2\\1&2\end{bmatrix}$の場合はもとの正方形が平行四辺形に写される
x
y

図 8.1 線形変換による図形の変形

$$\begin{bmatrix}3&2\\1&2\end{bmatrix}\begin{bmatrix}0\\0\end{bmatrix}=\begin{bmatrix}0\\0\end{bmatrix},\quad \begin{bmatrix}3&2\\1&2\end{bmatrix}\begin{bmatrix}1\\0\end{bmatrix}=\begin{bmatrix}3\\1\end{bmatrix}$$

$$\begin{bmatrix}3&2\\1&2\end{bmatrix}\begin{bmatrix}1\\1\end{bmatrix}=\begin{bmatrix}5\\3\end{bmatrix},\quad \begin{bmatrix}3&2\\1&2\end{bmatrix}\begin{bmatrix}0\\1\end{bmatrix}=\begin{bmatrix}2\\2\end{bmatrix}$$

となる．これを図 8.1(右) に示す．(2) の線形変換では，もとの正方形が平行四辺形に写されていることがわかる．一般に 2 次元空間における線形変換は，正方形を平行四辺形へと写す変換となる（正方形や長方形も平行四辺形の特別な場合であることに注意しよう）．❖

確認問題 8.2 行列 $\begin{bmatrix}3&2\\-1&-2\end{bmatrix}$ で定められる線形変換によって，例 8.3 と同じ 4 つのベクトルがどのようなベクトルに写されるかを求め，結果を図 8.2 に示せ．❖

線形変換によって得られる図形の面積を求めよう．線形変換によって，正方形は平行四辺形に写されるのであった．行列 $P=\begin{bmatrix}a&b\\c&d\end{bmatrix}$ $(a>b, d>c)$ で定められる線形変換によって，$\begin{bmatrix}0\\0\end{bmatrix},\begin{bmatrix}1\\0\end{bmatrix},\begin{bmatrix}1\\1\end{bmatrix},\begin{bmatrix}0\\1\end{bmatrix}$ はそれぞれ $\begin{bmatrix}0\\0\end{bmatrix},\begin{bmatrix}a\\c\end{bmatrix},$

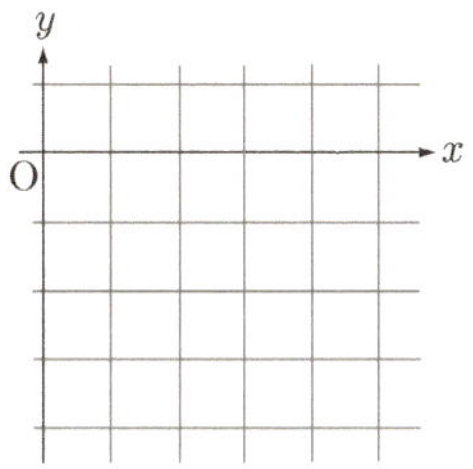

図 8.2

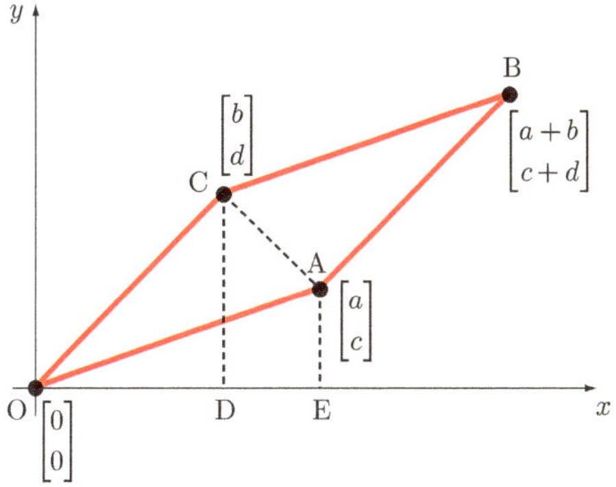

図 8.3 線形変換によって得られる図形の面積

$\begin{bmatrix} a+b \\ c+d \end{bmatrix}, \begin{bmatrix} b \\ d \end{bmatrix}$ に写される[1)]．$ad-bc \neq 0$ であるとき，この 4 点を頂点とする平行四辺形 OABC の面積 S は，図 8.3 に示す ΔOAC の面積の 2 倍である．ΔOAC の面積は ΔODC と台形 EACD の面積の和から ΔOEA の面積を引いたものであるから

$$
\begin{aligned}
S &= 2\Delta\mathrm{OAC} \\
&= 2\left\{\frac{1}{2}bd + \frac{1}{2}(c+d)(a-b) - \frac{1}{2}ac\right\} \\
&= bd + ac - bc + ad - bd - ac = ad - bc
\end{aligned}
\tag{8.3}
$$

1) 線形変換前の 4 つのベクトルは，原点から反時計回りに正方形の頂点を表す．線形変換後の 4 つのベクトルもまた，原点から反時計回りに平行四辺形の頂点と対応していることに注意しよう．

となり，これは行列 P の行列式と同じである．すなわち，変換前に面積 1 であった正方形は変換後に行列式の値を面積とする平行四辺形に写される．

例 8.4 例 8.3 と確認問題 8.2 の線形変換によって得られる図形の面積を求めよう．例 8.3 の 2 つの線形変換を定める行列の行列式の値はつぎとなる．

$$(1)\quad \begin{vmatrix} 2 & 0 \\ 0 & 2 \end{vmatrix} = 2 \times 2 - 0 = 4$$

$$(2)\quad \begin{vmatrix} 3 & 2 \\ 1 & 2 \end{vmatrix} = 3 \times 2 - 2 \times 1 = 4$$

(1)，(2) の線形変換は，いずれももとの図形を 4 倍に拡大することがわかる．特に (1) については，面積 1 の正方形が面積 4 の正方形に写されることからも理解できる．

つぎに確認問題 8.2 の線形変換について考えると，線形変換を定める行列の行列式の値はつぎとなる．

$$(3)\quad \begin{vmatrix} 3 & 2 \\ -1 & -2 \end{vmatrix} = 3 \times (-2) - 2 \times (-1) = -4$$

(1)，(2) では，線形変換後の 4 つのベクトルは線形変換前と同じく原点から反時計回りに平行四辺形の頂点と対応しているのに対し，(3) では線形変換後の 4 つのベクトルが時計回りに平行四辺形の頂点と対応する．行列式の値が負となっているのは，頂点の順序が入れ替わっている，すなわち図形が線形変換によって裏返っていることを意味している[2)]．この場合，変換後の面積は行列式の絶対値で考えればよく，確認問題 8.2 の線形変換ももとの図形を 4 倍に拡大する． ❖

以上より，**面積 1 の正方形を線形変換して得られる平行四辺形の面積は，線形変換を定める行列の行列式の絶対値と等しい**ことがわかる．このことは，線形変換を定める行列の行列式の絶対値が，変換前後の図形の面積比を表すことを意味している．

例 8.5 単位行列 E で定められる線形変換はどのような変換となるのか考えよう．講義 04 で説明したとおり，単位行列は同じ次数の任意のベクトル $\boldsymbol{x}$ に掛けたときに

2) このように，ある図形の面積に頂点の順序に応じて符号を付けたものを **符号付き面積** という．

$$E\boldsymbol{x} = \boldsymbol{x}$$

となる．すなわち，単位行列 E で定められる線形変換は任意のベクトルをそのベクトル自身に写す性質を持ち，図形の形を変えない変換を表している．単位行列 E で定められる線形変換を**恒等変換**（identity transformation）という． ❖

❖ 8.2 行列による回転

例 8.6 つぎの行列によって定められる線形変換について考えよう．

$$R_\theta = \begin{bmatrix} \cos\theta & -\sin\theta \\ \sin\theta & \cos\theta \end{bmatrix} \tag{8.4}$$

ここで θ はある角度を表す．例 8.3 と同様に，1 辺の長さが 1 の正方形の各頂点を表す 4 つのベクトルは，行列 R_θ によりつぎのベクトルに写される．

$$\begin{bmatrix} \cos\theta & -\sin\theta \\ \sin\theta & \cos\theta \end{bmatrix}\begin{bmatrix} 0 \\ 0 \end{bmatrix} = \begin{bmatrix} 0 \\ 0 \end{bmatrix}, \quad \begin{bmatrix} \cos\theta & -\sin\theta \\ \sin\theta & \cos\theta \end{bmatrix}\begin{bmatrix} 1 \\ 0 \end{bmatrix} = \begin{bmatrix} \cos\theta \\ \sin\theta \end{bmatrix}$$

$$\begin{bmatrix} \cos\theta & -\sin\theta \\ \sin\theta & \cos\theta \end{bmatrix}\begin{bmatrix} 1 \\ 1 \end{bmatrix} = \begin{bmatrix} \cos\theta - \sin\theta \\ \sin\theta + \cos\theta \end{bmatrix}$$

$$\begin{bmatrix} \cos\theta & -\sin\theta \\ \sin\theta & \cos\theta \end{bmatrix}\begin{bmatrix} 0 \\ 1 \end{bmatrix} = \begin{bmatrix} -\sin\theta \\ \cos\theta \end{bmatrix}$$

ここで，例えば $\theta = \dfrac{\pi}{6} = 30^\circ$ とすれば

$$\begin{bmatrix} \cos 30^\circ & -\sin 30^\circ \\ \sin 30^\circ & \cos 30^\circ \end{bmatrix}\begin{bmatrix} 0 \\ 0 \end{bmatrix} = \begin{bmatrix} 0 \\ 0 \end{bmatrix}$$

$$\begin{bmatrix} \cos 30^\circ & -\sin 30^\circ \\ \sin 30^\circ & \cos 30^\circ \end{bmatrix}\begin{bmatrix} 1 \\ 0 \end{bmatrix} = \begin{bmatrix} \cos 30^\circ \\ \sin 30^\circ \end{bmatrix} = \frac{1}{2}\begin{bmatrix} \sqrt{3} \\ 1 \end{bmatrix}$$

$$\begin{bmatrix} \cos 30^\circ & -\sin 30^\circ \\ \sin 30^\circ & \cos 30^\circ \end{bmatrix}\begin{bmatrix} 1 \\ 1 \end{bmatrix} = \begin{bmatrix} \cos 30^\circ - \sin 30^\circ \\ \sin 30^\circ + \cos 30^\circ \end{bmatrix} = \frac{1}{2}\begin{bmatrix} \sqrt{3} - 1 \\ 1 + \sqrt{3} \end{bmatrix}$$

$$\begin{bmatrix} \cos 30^\circ & -\sin 30^\circ \\ \sin 30^\circ & \cos 30^\circ \end{bmatrix}\begin{bmatrix} 0 \\ 1 \end{bmatrix} = \begin{bmatrix} -\sin 30^\circ \\ \cos 30^\circ \end{bmatrix} = \frac{1}{2}\begin{bmatrix} -1 \\ \sqrt{3} \end{bmatrix}$$

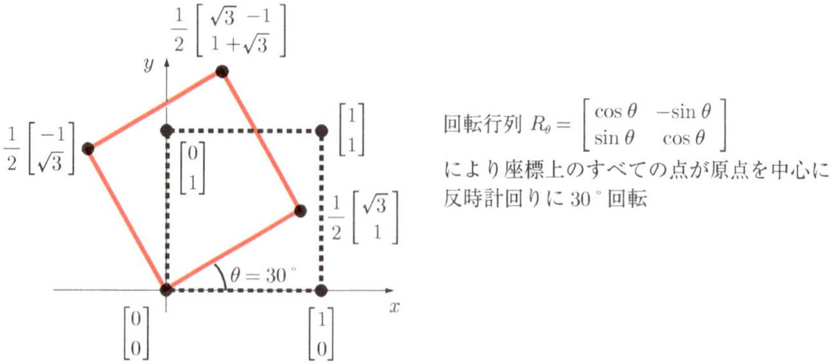

図 8.4 線形変換による図形の回転

これを図 8.4 に示す．この変換によって，もとのベクトルは反時計回りに 30° 回転している． ❖

このように，行列 $R_\theta = \begin{bmatrix}\cos\theta & -\sin\theta\\ \sin\theta & \cos\theta\end{bmatrix}$ は 2 次元平面上における原点周りの回転に対応する線形変換であり，この行列を**回転行列**と呼ぶことがある．回転行列の行列式は

$$\begin{vmatrix}\cos\theta & -\sin\theta\\ \sin\theta & \cos\theta\end{vmatrix} = \cos^2\theta + \sin^2\theta = 1 \tag{8.5}$$

となり，θ の値に関係なく常に 1 となるが，これは回転行列によって図形の面積は変化しないことを意味している．このことは，回転によって図形の大きさや形は変わらないことに対応している．

確認問題 8.3　反時計回りに 90°，時計回りに 45°（すなわち反時計回りに −45°）の回転を表す回転行列を，それぞれ求めよ． ❖

❖ 8.3 合成変換

ベクトル $\boldsymbol{x}$ が f_B，f_A の順に 2 回の線形変換をされる場合を考えよう．この変換を f_A，f_B の**合成変換**と呼び，$f_A \circ f_B$ で表す．変換後のベクトルは $\boldsymbol{y} = f_A(f_B(\boldsymbol{x}))$ である．f_A，f_B がそれぞれ行列 A, B で定められるとき，ベ

クトル $\boldsymbol{x}$ は f_B によって $B\boldsymbol{x}$ に写され，さらに f_A によって $A(B\boldsymbol{x}) = AB\boldsymbol{x}$ に写される．すなわち，行列 A，B の合成変換は行列の積 AB で定められる．なお，行列 AB で定められる合成変換 $f_A \circ f_B$ は，f_B，f_A の順でベクトルを変換することに注意しよう．

例 8.7 つぎの行列 A，B で定められる線形変換 f_A，f_B の合成変換 $f_A \circ f_B$，$f_B \circ f_A$ を求め，それぞれどのような変換となるか考えよう．

$$A = \begin{bmatrix} \cos 30^\circ & -\sin 30^\circ \\ \sin 30^\circ & \cos 30^\circ \end{bmatrix}, \quad B = \begin{bmatrix} 3 & 0 \\ 0 & 1 \end{bmatrix}$$

A は原点を中心に反時計回りに 30° 回転させる変換であり，B は x 軸方向へ 3 倍に引き伸ばす変換である．合成変換 $f_A \circ f_B$ を定める行列，すなわち AB はつぎとなる．

$$AB = \begin{bmatrix} \cos 30^\circ & -\sin 30^\circ \\ \sin 30^\circ & \cos 30^\circ \end{bmatrix} \begin{bmatrix} 3 & 0 \\ 0 & 1 \end{bmatrix} = \begin{bmatrix} 3\cos 30^\circ & -\sin 30^\circ \\ 3\sin 30^\circ & \cos 30^\circ \end{bmatrix}$$

$f_A \circ f_B$ は，まず x 軸方向に引き延ばし，つぎに原点周りに回転させる変換である．一方で**合成変換 $f_B \circ f_A$ を定める行列，すなわち BA は**

$$BA = \begin{bmatrix} 3 & 0 \\ 0 & 1 \end{bmatrix} \begin{bmatrix} \cos 30^\circ & -\sin 30^\circ \\ \sin 30^\circ & \cos 30^\circ \end{bmatrix} = \begin{bmatrix} 3\cos 30^\circ & -3\sin 30^\circ \\ \sin 30^\circ & \cos 30^\circ \end{bmatrix}$$

となり，$f_B \circ f_A$ ははじめに原点周りに回転し，つぎに x 軸方向に引き伸ばす変換である．

2 つの合成変換によって得られる図形を図 8.5 に示す．変換の順序によって得られる図形が異なっており，$f_A \circ f_B$ と $f_B \circ f_A$ は異なる線形変換であることがわかる． ❖

合成変換は一般に，変換の順序に応じて異なる行列によって定められる．このため，順序の異なる合成変換によって写されるベクトルも，一般には異なることに注意しよう．これは例 3.12 で説明したように，正方行列 A，B に対して一般にその積は $AB \neq BA$ となることに対応している．

08

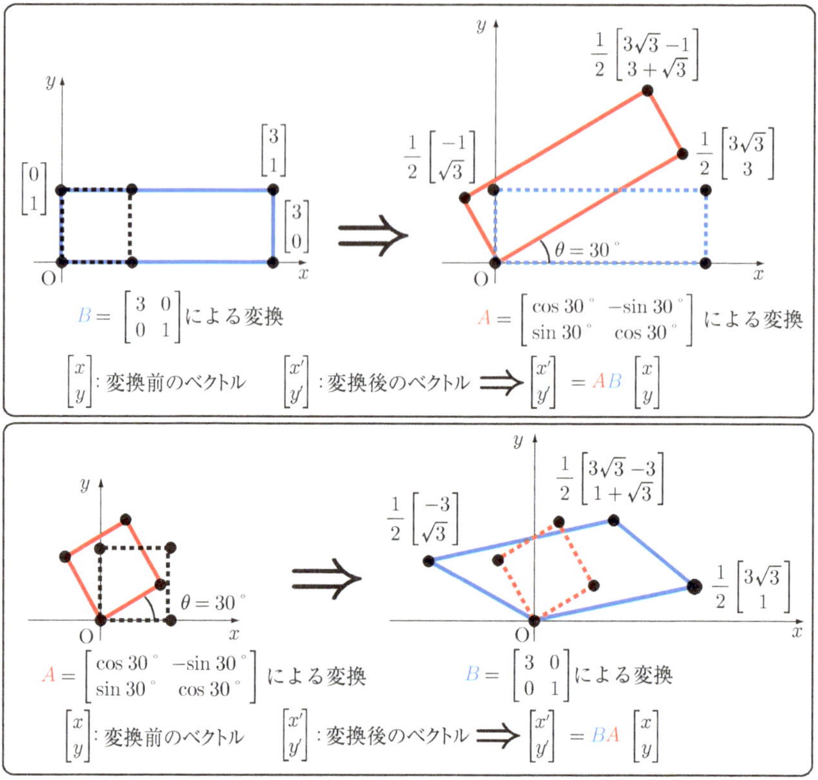

図 8.5　合成変換

8.4　逆変換

例 8.8　例 8.3(2) の行列 $A=\begin{bmatrix}3&2\\1&2\end{bmatrix}$ について，逆行列はどのような線形変換を定めるか考えよう．A の逆行列は

$$A^{-1}=\frac{1}{4}\begin{bmatrix}2&-2\\-1&3\end{bmatrix}$$

である．例 8.3 において得られた線形変換後のベクトル $\begin{bmatrix}0\\0\end{bmatrix}$, $\begin{bmatrix}3\\1\end{bmatrix}$, $\begin{bmatrix}5\\3\end{bmatrix}$, $\begin{bmatrix}2\\2\end{bmatrix}$ に，それぞれ A^{-1} を左から掛けるとつぎになる．

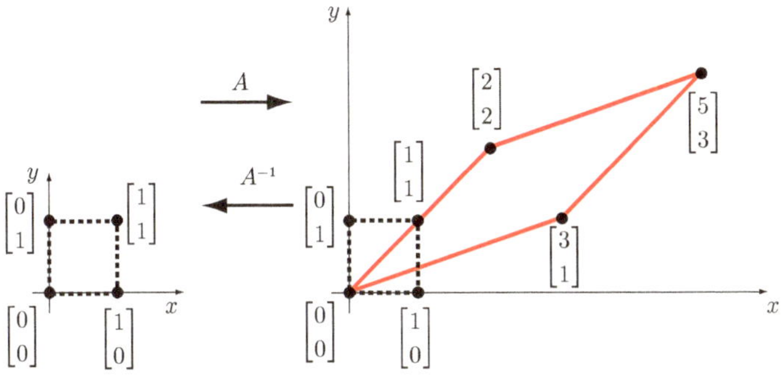

図 8.6 逆変換

$$\frac{1}{4}\begin{bmatrix}2 & -2\\-1 & 3\end{bmatrix}\begin{bmatrix}0\\0\end{bmatrix}=\begin{bmatrix}0\\0\end{bmatrix},\quad \frac{1}{4}\begin{bmatrix}2 & -2\\-1 & 3\end{bmatrix}\begin{bmatrix}3\\1\end{bmatrix}=\begin{bmatrix}1\\0\end{bmatrix}$$
$$\frac{1}{4}\begin{bmatrix}2 & -2\\-1 & 3\end{bmatrix}\begin{bmatrix}5\\3\end{bmatrix}=\begin{bmatrix}1\\1\end{bmatrix},\quad \frac{1}{4}\begin{bmatrix}2 & -2\\-1 & 3\end{bmatrix}\begin{bmatrix}2\\2\end{bmatrix}=\begin{bmatrix}0\\1\end{bmatrix}$$

逆行列を左から掛けることで，変換後のベクトルが変換前のベクトルに戻っていることが確認できる（図 8.6）． ❖

行列 A が正則であれば A^{-1} が存在する．線形変換 $\boldsymbol{y} = A\boldsymbol{x}$ が与えられているとき，逆行列の性質より

$$\boldsymbol{x} = A^{-1}\boldsymbol{y} \tag{8.6}$$

であるから，行列 A の逆行列は A によって線形変換されたベクトルを変換前のベクトルに写す線形変換を定める．このように，線形変換によって得られたベクトルを変換前のベクトルに写す変換を**逆変換**（inverse transformation）と呼び，逆変換を定める行列は A^{-1} で与えられる．行列 A の逆行列の行列式は $|A^{-1}| = \dfrac{1}{|A|}$ となるため，逆変換によって図形の面積がもとに戻ることがわかる．

例 8.9 行列 $A = \begin{bmatrix}1 & 2\\2 & 4\end{bmatrix}$ について考えよう．行列式は

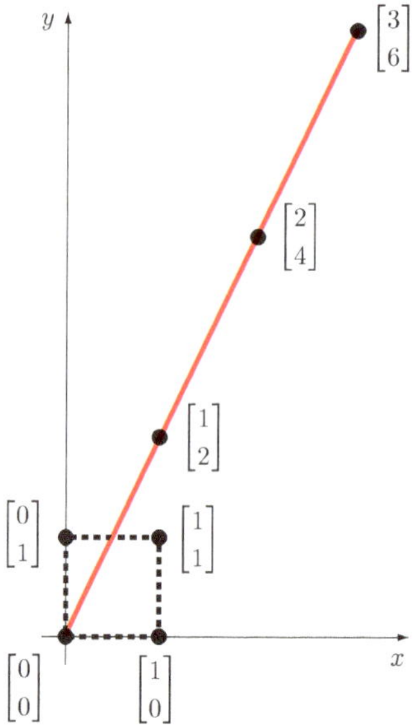

図 8.7 正則ではない行列による線形変換

$$|A| = 1 \times 4 - 2 \times 2 = 0$$

となり，行列 A は正則ではない．正則ではない行列はどのような線形変換を定めるのだろうか．この線形変換によって 1 辺の長さが 1 の正方形を変換すると

$$\begin{bmatrix} 1 & 2 \\ 2 & 4 \end{bmatrix} \begin{bmatrix} 0 \\ 0 \end{bmatrix} = \begin{bmatrix} 0 \\ 0 \end{bmatrix}, \quad \begin{bmatrix} 1 & 2 \\ 2 & 4 \end{bmatrix} \begin{bmatrix} 1 \\ 0 \end{bmatrix} = \begin{bmatrix} 1 \\ 2 \end{bmatrix}$$

$$\begin{bmatrix} 1 & 2 \\ 2 & 4 \end{bmatrix} \begin{bmatrix} 1 \\ 1 \end{bmatrix} = \begin{bmatrix} 3 \\ 6 \end{bmatrix}, \quad \begin{bmatrix} 1 & 2 \\ 2 & 4 \end{bmatrix} \begin{bmatrix} 0 \\ 1 \end{bmatrix} = \begin{bmatrix} 2 \\ 4 \end{bmatrix}$$

となる（図 8.7）．これまでの線形変換の例では，いずれも正方形が平行四辺形に写されたが，この例では変換後の図形が直線となっている．線形変換を定める行列の行列式の絶対値は変換前後の面積比を意味していたが，正則ではない行列は行列式が 0 となるため，変換後の図形は面積を持たない直線となる． ❖

この例では，行列 A が正則ではないため A の逆行列は存在しない．このような場合，逆変換はどうなるのであろうか．

例 8.10　2つのベクトル $\begin{bmatrix} 2 \\ 0 \end{bmatrix}$，$\begin{bmatrix} 0 \\ 1 \end{bmatrix}$ が例 8.9 の線形変換によってどのようなベクトルに写されるか調べてみよう．

$$\begin{bmatrix} 1 & 2 \\ 2 & 4 \end{bmatrix}\begin{bmatrix} 2 \\ 0 \end{bmatrix} = \begin{bmatrix} 2 \\ 4 \end{bmatrix}, \quad \begin{bmatrix} 1 & 2 \\ 2 & 4 \end{bmatrix}\begin{bmatrix} 0 \\ 1 \end{bmatrix} = \begin{bmatrix} 2 \\ 4 \end{bmatrix}$$

このように，同じ線形変換によって異なる2つのベクトルが同じベクトルに写されている．❖

線形変換を定める行列が正則であるとき，異なるベクトルを変換すると必ず異なるベクトルに写される．このため，変形前後のベクトルは必ず1対1に対応することになり，逆変換によって変換前のベクトルに戻すことができるのである．一方，正則ではない行列が定める線形変換では，例 8.10 のように異なるベクトルが同じベクトルに写される場合がある．このとき，変換後のベクトルから変換前のベクトルを1つに決めることはできない．すなわち，正則ではない行列によって定められる線形変換には逆変換が存在しない．

講義 08 のまとめ

- 線形写像は行列を用いて定めることができる．
- 線形変換は線形写像の特別な場合であり，正方行列を用いて定めることができる．
- 2次元平面における線形変換は平面図形の変形に対応づけられ，その性質は線形変換を定める行列によって決まる．
- 複数の線形変換の合成は行列の積で定めることができる．
- 線形変換を定める行列が正則であるとき，その逆行列は逆変換を定める行列に対応する．

演習問題

8.1 つぎの行列によって定められる線形変換によって，4 つのベクトル $\begin{bmatrix}0\\0\end{bmatrix}, \begin{bmatrix}1\\0\end{bmatrix}, \begin{bmatrix}1\\1\end{bmatrix}, \begin{bmatrix}0\\1\end{bmatrix}$ が変換されるとき，変換後のベクトルを求めよ．また，変換後のベクトルが示す 4 点が囲む図形の面積も求めよ．

(1) $\begin{bmatrix}3 & 0\\0 & 4\end{bmatrix}$ (2) $\begin{bmatrix}4 & 2\\3 & 4\end{bmatrix}$

(3) $\begin{bmatrix}-2 & 3\\-1 & 4\end{bmatrix}$ (4) $\begin{bmatrix}\cos 60^\circ & -\sin 60^\circ\\ \sin 60^\circ & \cos 60^\circ\end{bmatrix}$

8.2 演習問題 8.1 の各行列が定める線形変換について，逆変換を定める行列を求めよ．

8.3 行列 $A = \begin{bmatrix}3 & 0\\0 & 4\end{bmatrix}$，$B = \begin{bmatrix}\cos 60^\circ & -\sin 60^\circ\\ \sin 60^\circ & \cos 60^\circ\end{bmatrix}$ によって定められる線形変換 f_A，f_B について，つぎの問いに答えよ．

(1) 合成変換 $f_A \circ f_B$，$f_B \circ f_A$ を定める行列をそれぞれ求め，その幾何学的な意味を説明せよ．

(2) 合成変換 $f_A \circ f_A$，$f_B \circ f_B$ を定める行列をそれぞれ求め，その幾何学的な意味を説明せよ．

8.4 行列 $\begin{bmatrix}3 & t\\-1 & 3\end{bmatrix}$ が正則とならない t の値を求めよ．またその条件において，この行列が定める線形変換が任意のベクトルをどのようなベクトルに写すかを示せ．

8.5 つぎの問いに答えよ．

(1) 線形変換 f_A によってベクトル $\begin{bmatrix}2\\1\end{bmatrix}, \begin{bmatrix}3\\1\end{bmatrix}$ がそれぞれベクトル $\begin{bmatrix}3\\3\end{bmatrix}, \begin{bmatrix}6\\4\end{bmatrix}$ に写される．この線形変換 f_A を定める行列 A を求めよ．

(2) (1) で求めた行列 A は対角行列 A_d と回転行列 A_R を用いて $A = A_d A_R$ と表現することができる．A_d と A_R を求めよ．

(3) 線形変換 f_A によって，直線 $y = x$ はどのような図形に写されるか示せ．

講義 09

固有値と固有ベクトル

本講では，行列の固有値と固有ベクトルについて，その定義と性質を説明する．固有値と固有ベクトルは，線形代数学の中でも最も重要な概念の1つであり，行列の性質を理解するうえで欠くことのできないものである．固有値と固有ベクトルの工学問題への応用例は講義10で取り扱うので，ここでは固有値と固有ベクトルの定義と求め方をしっかり身につけよう．なお，行列の成分がすべて実数の場合であっても固有値が複素数となる場合もあるが，本書では固有値が実数となる場合に限定して説明する．

講義 09 のポイント

- 固有値と固有ベクトルの定義と性質を理解しよう．
- 固有値が実数の場合の，固有値と固有ベクトルの幾何学的な意味を理解しよう．
- 行列の対角化を理解しよう．

9.1 固有値と固有ベクトル

9.1.1 固有値と固有ベクトルの定義

行列 $A = \begin{bmatrix} 2 & 1 \\ 1 & 2 \end{bmatrix}$ で定められる線形変換によって4つのベクトル $\begin{bmatrix} 1 \\ 0 \end{bmatrix}$, $\begin{bmatrix} 0 \\ 1 \end{bmatrix}$, $\begin{bmatrix} 1 \\ 1 \end{bmatrix}$, $\begin{bmatrix} 1 \\ -1 \end{bmatrix}$ がどのようなベクトルに写されるか考えよう．

$$\begin{bmatrix} 2 & 1 \\ 1 & 2 \end{bmatrix}\begin{bmatrix} 1 \\ 0 \end{bmatrix} = \begin{bmatrix} 2 \\ 1 \end{bmatrix}, \quad \begin{bmatrix} 2 & 1 \\ 1 & 2 \end{bmatrix}\begin{bmatrix} 0 \\ 1 \end{bmatrix} = \begin{bmatrix} 1 \\ 2 \end{bmatrix} \tag{9.1}$$

$$\begin{bmatrix} 2 & 1 \\ 1 & 2 \end{bmatrix}\begin{bmatrix} 1 \\ 1 \end{bmatrix} = \begin{bmatrix} 3 \\ 3 \end{bmatrix} = 3\begin{bmatrix} 1 \\ 1 \end{bmatrix}, \quad \begin{bmatrix} 2 & 1 \\ 1 & 2 \end{bmatrix}\begin{bmatrix} 1 \\ -1 \end{bmatrix} = \begin{bmatrix} 1 \\ -1 \end{bmatrix} \tag{9.2}$$

図9.1に変換の様子を示す．$\begin{bmatrix} 1 \\ 0 \end{bmatrix}$ と $\begin{bmatrix} 0 \\ 1 \end{bmatrix}$ はそれぞれ $\begin{bmatrix} 2 \\ 1 \end{bmatrix}$ と $\begin{bmatrix} 1 \\ 2 \end{bmatrix}$ に写されて

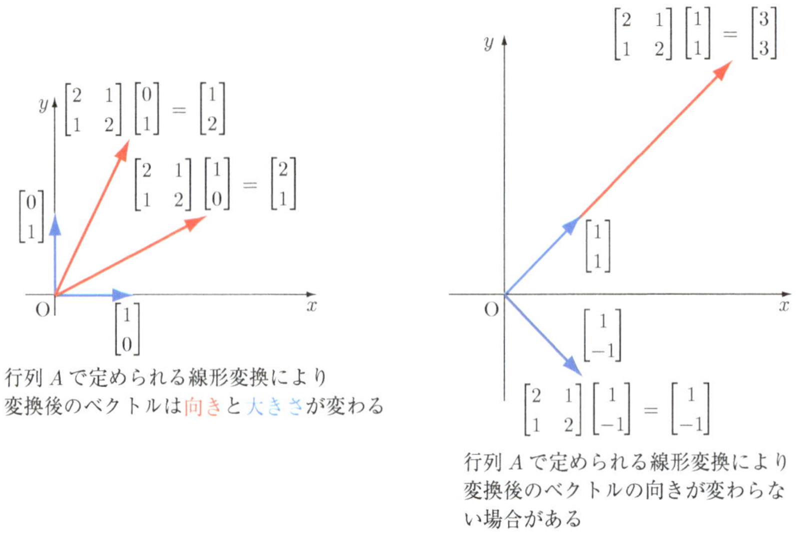

図 9.1 固有値と固有ベクトルの幾何学的な意味

おり，いずれも方向と大きさが変化している．一方，$\begin{bmatrix} 1 \\ 1 \end{bmatrix}$ は $3\begin{bmatrix} 1 \\ 1 \end{bmatrix}$ に写されており，**大きさが 3 倍されているだけで方向は変化していない．** $\begin{bmatrix} 1 \\ -1 \end{bmatrix}$ はもとのベクトルと同じベクトルへ写されており，**方向，大きさともに変化していない．**

線形変換によって一般にベクトルは方向と大きさが異なるベクトルに写されるが，この例の $\begin{bmatrix} 1 \\ 1 \end{bmatrix}$，$\begin{bmatrix} 1 \\ -1 \end{bmatrix}$ のように**線形変換によって方向が変わらない特別なベクトル**が存在することがわかる．すなわち，行列 A に対して

$$A\boldsymbol{x} = \lambda \boldsymbol{x} \tag{9.3}$$

となるようなベクトル $\boldsymbol{x}$ が存在する．この特別なスカラー λ と対応するベクトル $\boldsymbol{x}$ の性質について学ぶのが，本講の目的である．

n 次正方行列 A に対して，固有値と固有ベクトルがつぎで定義される．

固有値と固有ベクトル

n 次正方行列 A に対して

$$A\boldsymbol{x} = \lambda\boldsymbol{x} \tag{9.4}$$

を満たすスカラー λ とベクトル $\boldsymbol{x}(\neq \boldsymbol{0})$ が存在するとき，λ を行列 A の**固有値**（eigenvalue），$\boldsymbol{x}$ を λ に対する**固有ベクトル**（eigenvector）と呼ぶ．

n 次正方行列 A の固有値と固有ベクトルの求め方を考えよう．n 次単位行列 E を用いて $\boldsymbol{x} = E\boldsymbol{x}$ となることを利用すれば，$A\boldsymbol{x} = \lambda\boldsymbol{x}$ は

$$A\boldsymbol{x} = \lambda E\boldsymbol{x} \tag{9.5}$$

である．ここで λE は n 次正方行列であることに注意して変形すると，

$$(A - \lambda E)\boldsymbol{x} = \boldsymbol{0} \tag{9.6}$$

となる．これは，$\boldsymbol{x}$ を未知数ベクトルとした同次連立 1 次方程式となっている．講義 07 で説明したとおり，同次連立 1 次方程式は自明解 $\boldsymbol{x} = \boldsymbol{0}$ を必ず解として持つが，定義より固有ベクトル $\boldsymbol{x}$ は零ベクトルではないことから，式 (9.6) の同次連立 1 次方程式は不定解を持たなければならない．すなわち，係数行列 $A - \lambda E$ は正則でない必要がある．よってつぎが成り立つ．

$$|A - \lambda E| = 0 \tag{9.7}$$

式 (9.7) を行列 A の**固有方程式**（characteristic equation）もしくは**特性方程式**と呼び，この方程式の解が固有値 λ となる．

例 9.1　行列 $A = \begin{bmatrix} 4 & -2 \\ 1 & 1 \end{bmatrix}$ の固有値と固有ベクトルを求めよう．この行列の固有方程式は

$$|A - \lambda E| = \left| \begin{bmatrix} 4 & -2 \\ 1 & 1 \end{bmatrix} - \begin{bmatrix} \lambda & 0 \\ 0 & \lambda \end{bmatrix} \right| = \begin{vmatrix} 4-\lambda & -2 \\ 1 & 1-\lambda \end{vmatrix} = 0$$

$$(4-\lambda)(1-\lambda)-(-2)\times 1=0 \quad \Longrightarrow \quad \lambda^2-5\lambda+6=0$$

となる．このとき，固有方程式は λ の 2 次方程式となることが確認できる．固有方程式は $(\lambda-2)(\lambda-3)=0$ となるので，固有方程式の解として固有値 $\lambda=2,3$ を得る．よって $A\boldsymbol{x}=2\boldsymbol{x}$ または $A\boldsymbol{x}=3\boldsymbol{x}$ となる．以降では，2 つの固有値を $\lambda_1=2$，$\lambda_2=3$ としよう．

つぎに固有ベクトルを求めよう．$\lambda_1=2$ に対応する固有ベクトルを $\boldsymbol{x}_1=\begin{bmatrix} x_{11} \\ x_{21} \end{bmatrix}$ とし，$\lambda_1=2$ を $(A-\lambda E)\boldsymbol{x}=\boldsymbol{0}$ の λ に代入すれば

$$\left(\begin{bmatrix} 4 & -2 \\ 1 & 1 \end{bmatrix}-\begin{bmatrix} 2 & 0 \\ 0 & 2 \end{bmatrix}\right)\begin{bmatrix} x_{11} \\ x_{21} \end{bmatrix}=\begin{bmatrix} 2 & -2 \\ 1 & -1 \end{bmatrix}\begin{bmatrix} x_{11} \\ x_{21} \end{bmatrix}=\begin{bmatrix} 0 \\ 0 \end{bmatrix}$$

となり，これは固有ベクトルを未知数ベクトルとする同次連立 1 次方程式にほかならない．係数行列 $A-\lambda E$ が正則とならないように λ を選んだのだから，この同次連立 1 次方程式の解は不定解となり $x_{11}=x_{21}$ を得る．よって 0 でない実数 t_1 を用いて $x_{11}=t_1$ とすれば $x_{21}=t_1$ であるから，$\lambda_1=2$ に対する固有ベクトルは

$$\boldsymbol{x}_1=\begin{bmatrix} x_{11} \\ x_{21} \end{bmatrix}=t_1\begin{bmatrix} 1 \\ 1 \end{bmatrix} \tag{9.8}$$

となる．同様にして $\lambda_2=3$ に対する固有ベクトル $\boldsymbol{x}_2=\begin{bmatrix} x_{12} \\ x_{22} \end{bmatrix}$ を考えると，

$$\left(\begin{bmatrix} 4 & -2 \\ 1 & 1 \end{bmatrix}-\begin{bmatrix} 3 & 0 \\ 0 & 3 \end{bmatrix}\right)\begin{bmatrix} x_{12} \\ x_{22} \end{bmatrix}=\begin{bmatrix} 1 & -2 \\ 1 & -2 \end{bmatrix}\begin{bmatrix} x_{12} \\ x_{22} \end{bmatrix}=\begin{bmatrix} 0 \\ 0 \end{bmatrix}$$

となり，この同次連立 1 次方程式の解は $x_{12}=2x_{22}$ である．0 でない実数 t_2 を用いて $x_{12}=2t_2$ とすれば $x_{22}=t_2$ であるから，$\lambda_2=3$ に対する固有ベクトルは

$$\boldsymbol{x}_2=\begin{bmatrix} x_{12} \\ x_{22} \end{bmatrix}=t_2\begin{bmatrix} 2 \\ 1 \end{bmatrix} \tag{9.9}$$

となる．

係数行列 $A-\lambda E$ は正則でないことから，$(A-\lambda E)\boldsymbol{x}=\boldsymbol{0}$ の解は必ず不定解となる．よって，例 9.1 で得たとおり固有ベクトルは一意には定まらず，あるベクトルのスカラー倍という形式で表される．これは，**ある固有ベクト**

ルと平行なすべてのベクトルは固有ベクトルとなることを意味している．

確認問題 9.1　例 9.1 で求めた 2 つの固有ベクトル $t_1\begin{bmatrix}1\\1\end{bmatrix}$，$t_2\begin{bmatrix}2\\1\end{bmatrix}$ について t_1，t_2 をそれぞれ 1,2 としたとき，いずれも $A\boldsymbol{x}=\lambda\boldsymbol{x}$ の関係を満たすことを確認せよ．❖

9.1.2　固有値と固有ベクトルの性質

n 次正方行列に対する固有方程式は，固有値 λ の n 次代数方程式となる．n 次代数方程式は一般に n 個の解を持つため（重解を含む），n 次正方行列は n 個の固有値を有する．すべての係数が実数の代数方程式であっても解が複素数となることがあるため，**実行列（すべての成分が実数の行列）であっても，固有値が複素数になる場合があることに注意しよう**．ただし，本書では固有値が実数となる場合のみに限って説明する．

例 9.2　n 次正方行列 A が異なる固有値 λ_i，λ_j を持つとき，対応する固有ベクトル $\boldsymbol{x}_i$，$\boldsymbol{x}_j$ の 1 次関係を調べよう．講義 07 で説明したとおり，$\boldsymbol{x}_i$，$\boldsymbol{x}_j$ に対して

$$c_i\boldsymbol{x}_i + c_j\boldsymbol{x}_j = \boldsymbol{0} \tag{9.10}$$

を満たすスカラー c_i，c_j が $c_i=c_j=0$ しか存在しないとき，$\boldsymbol{x}_i$ と $\boldsymbol{x}_j$ は 1 次独立である．式 (9.10) の両辺に左から A を掛ければ

$$A(c_i\boldsymbol{x}_i + c_j\boldsymbol{x}_j) = A\boldsymbol{0} \quad\Longrightarrow\quad c_iA\boldsymbol{x}_i + c_jA\boldsymbol{x}_j = \boldsymbol{0} \tag{9.11}$$

となる．固有値と固有ベクトルの関係 $A\boldsymbol{x}_i=\lambda_i\boldsymbol{x}_i$, $A\boldsymbol{x}_j=\lambda_j\boldsymbol{x}_j$ を式 (9.11) に代入すれば

$$\lambda_ic_i\boldsymbol{x}_i + \lambda_jc_j\boldsymbol{x}_j = \boldsymbol{0} \tag{9.12}$$

を得る．また，式 (9.10) の両辺に λ_j を掛けるとつぎとなる．

$$\lambda_jc_i\boldsymbol{x}_i + \lambda_jc_j\boldsymbol{x}_j = \boldsymbol{0} \tag{9.13}$$

式 (9.12) から式 (9.13) を引くと

$$(\lambda_ic_i - \lambda_jc_i)\boldsymbol{x}_i + (\lambda_jc_j - \lambda_jc_j)\boldsymbol{x}_j = \boldsymbol{0}$$

$$(\lambda_i - \lambda_j)c_i \boldsymbol{x}_i = \mathbf{0} \tag{9.14}$$

である．固有ベクトル $\boldsymbol{x}_i$ は零ベクトルではなく，λ_i，λ_j は異なる固有値であることから $\lambda_i \neq \lambda_j$ となるため，式 (9.14) を満たすには $c_i = 0$ でなければならない．$c_i = 0$ を式 (9.10) に代入すれば

$$c_j \boldsymbol{x}_j = \mathbf{0} \tag{9.15}$$

となり，固有ベクトル $\boldsymbol{x}_j$ も零ベクトルではないことから，$c_j = 0$ となる．よって $c_i = c_j = 0$ となり，異なる固有値に対応する固有ベクトル $\boldsymbol{x}_i$，$\boldsymbol{x}_j$ は 1 次独立であることがわかる． ❖

n 次正方行列の固有値と固有ベクトルには，つぎの性質がある．

固有値と固有ベクトルの性質

- n 次正方行列は一般に（重複も含めて）n 個の固有値を有する．
- ある行列に対する異なる固有値に対応した固有ベクトルは 1 次独立である．
- 行列のトレース，行列式と固有値にはつぎの関係がある．

$$\mathrm{tr}\ A = \lambda_1 + \lambda_2 + \cdots + \lambda_n$$
$$|A| = \lambda_1 \lambda_2 \cdots \lambda_n$$

例 9.3　例 9.1 の行列 $A = \begin{bmatrix} 4 & -2 \\ 1 & 1 \end{bmatrix}$ について，トレース，行列式と固有値の関係を確認しよう．A の固有値は $\lambda_1 = 2$，$\lambda_2 = 3$ であった．行列 A のトレースと行列式を計算してみると，

$$\mathrm{tr}\ A = \mathrm{tr}\begin{bmatrix} 4 & -2 \\ 1 & 1 \end{bmatrix} = 4 + 1 = 5$$

$$|A| = \begin{vmatrix} 4 & -2 \\ 1 & 1 \end{vmatrix} = 4 \times 1 - (-2) \times 1 = 6$$

となり，$\mathrm{tr}\,A = \lambda_1 + \lambda_2 = 2 + 3 = 5$，$|A| = \lambda_1\lambda_2 = 2 \times 3 = 6$ となっていることが確認できる． ❖

❖ 9.2 固有値と固有ベクトルの幾何学的な意味

ある行列の固有値がすべて実数の場合について，固有値と固有ベクトルの持つ幾何学的意味について考えよう．講義 08 で説明したとおり，ベクトルに左から正方行列を掛けると異なるベクトルが得られるという性質があり，これが線形変換であった．ベクトルは方向と大きさという 2 つの情報を持っているが，線形変換によって一般にベクトルは方向と大きさの両方が変化することになる．固有値と固有ベクトルの定義である $A\boldsymbol{x} = \lambda\boldsymbol{x}$ という式は，**固有ベクトル $\boldsymbol{x}$ を線形変換すると大きさが λ 倍されるだけで方向は変わらないベクトルが得られる**ということを表している．すなわち，固有ベクトルとは線形変換によって方向が変わらないベクトルであり，固有値はそのときにベクトルの大きさが何倍されるかを表している[1)]．

例 9.4 例 9.1 の行列 $A = \begin{bmatrix} 4 & -2 \\ 1 & 1 \end{bmatrix}$ について，固有ベクトル $t_1\begin{bmatrix} 1 \\ 1 \end{bmatrix}$，$t_2\begin{bmatrix} 2 \\ 1 \end{bmatrix}$ およびベクトル $\begin{bmatrix} 1 \\ 0 \end{bmatrix}$，$\begin{bmatrix} 0 \\ 1 \end{bmatrix}$ が，それぞれどのようなベクトルに変換されるか確認しよう．$t_1 = t_2 = 1$ とした固有ベクトル $\begin{bmatrix} 1 \\ 1 \end{bmatrix}$，$\begin{bmatrix} 2 \\ 1 \end{bmatrix}$ をそれぞれ行列 A で変換すると

$$\begin{bmatrix} 4 & -2 \\ 1 & 1 \end{bmatrix}\begin{bmatrix} 1 \\ 1 \end{bmatrix} = \begin{bmatrix} 2 \\ 2 \end{bmatrix} = 2\begin{bmatrix} 1 \\ 1 \end{bmatrix} = \lambda_1\begin{bmatrix} 1 \\ 1 \end{bmatrix}$$

$$\begin{bmatrix} 4 & -2 \\ 1 & 1 \end{bmatrix}\begin{bmatrix} 2 \\ 1 \end{bmatrix} = \begin{bmatrix} 6 \\ 3 \end{bmatrix} = 3\begin{bmatrix} 2 \\ 1 \end{bmatrix} = \lambda_2\begin{bmatrix} 2 \\ 1 \end{bmatrix}$$

となる．固有ベクトルは方向を変えることなく，それぞれ大きさが対応する固有値倍されていることが確認できる．つぎに固有ベクトルではないベクトル $\begin{bmatrix} 1 \\ 0 \end{bmatrix}$，$\begin{bmatrix} 0 \\ 1 \end{bmatrix}$ を行列 A で変換すると

1) ベクトルに複素数を掛けると，一般に複素空間上でベクトルの方向は変化する．このため，固有値が複素数となる場合には，固有ベクトルは固有値倍されると大きさだけでなく方向も変化し，$\boldsymbol{x}$ と $\lambda\boldsymbol{x}$ の方向は一般に一致しない．

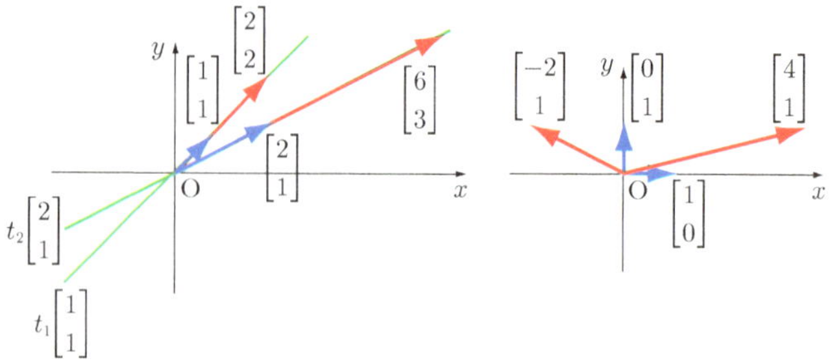

図 9.2　固有値と固有ベクトルの幾何学的な意味

$$\begin{bmatrix}4 & -2\\1 & 1\end{bmatrix}\begin{bmatrix}1\\0\end{bmatrix}=\begin{bmatrix}4\\1\end{bmatrix},\quad \begin{bmatrix}4 & -2\\1 & 1\end{bmatrix}\begin{bmatrix}0\\1\end{bmatrix}=\begin{bmatrix}-2\\1\end{bmatrix}$$

となり，ベクトルは方向，大きさともに変化している．以上のベクトルの線形変換の様子を図 9.2 に示す．

9.3　行列の対角化

9.3.1　行列の対角化

2 つの異なる固有値を持つ 2 次正方行列 A について考えよう．行列 $A=\begin{bmatrix}a & b\\c & d\end{bmatrix}$ の 2 つの固有値が λ_1，λ_2 であり，これらに対応する固有ベクトルが $\boldsymbol{x}_1=\begin{bmatrix}x_{11}\\x_{21}\end{bmatrix}$，$\boldsymbol{x}_2=\begin{bmatrix}x_{12}\\x_{22}\end{bmatrix}$ であるとする．このとき，固有値と固有ベクトルの定義より $A\boldsymbol{x}=\lambda\boldsymbol{x}$ であるから，

$$\begin{bmatrix}a & b\\c & d\end{bmatrix}\begin{bmatrix}x_{11}\\x_{21}\end{bmatrix}=\lambda_1\begin{bmatrix}x_{11}\\x_{21}\end{bmatrix},\quad \begin{bmatrix}a & b\\c & d\end{bmatrix}\begin{bmatrix}x_{12}\\x_{22}\end{bmatrix}=\lambda_2\begin{bmatrix}x_{12}\\x_{22}\end{bmatrix} \tag{9.16}$$

である．これをまとめて表記すれば，つぎとなる．

$$\begin{bmatrix}a & b\\c & d\end{bmatrix}\begin{bmatrix}x_{11} & x_{12}\\x_{21} & x_{22}\end{bmatrix}=\begin{bmatrix}\lambda_1 x_{11} & \lambda_2 x_{12}\\\lambda_1 x_{21} & \lambda_2 x_{22}\end{bmatrix}=\begin{bmatrix}x_{11} & x_{12}\\x_{21} & x_{22}\end{bmatrix}\begin{bmatrix}\lambda_1 & 0\\0 & \lambda_2\end{bmatrix} \tag{9.17}$$

式 (9.17) の両辺に左から $\begin{bmatrix}x_{11} & x_{12}\\x_{21} & x_{22}\end{bmatrix}^{-1}$ を掛ければ

$$\begin{bmatrix} x_{11} & x_{12} \\ x_{21} & x_{22} \end{bmatrix}^{-1} \begin{bmatrix} a & b \\ c & d \end{bmatrix} \begin{bmatrix} x_{11} & x_{12} \\ x_{21} & x_{22} \end{bmatrix} = \begin{bmatrix} \lambda_1 & 0 \\ 0 & \lambda_2 \end{bmatrix} = \Lambda \tag{9.18}$$

となり，2 つの固有値を対角成分に持つ対角行列 Λ が得られる．ここで $P = \begin{bmatrix} x_{11} & x_{12} \\ x_{21} & x_{22} \end{bmatrix}$ とおけば，$P^{-1}AP = \Lambda$ である．すなわち，行列 P とその逆行列を用いて行列 A から対角行列が得られることがわかる．これを**行列の対角化**(diagonalization)という．

例 9.5 例 9.1 の行列 $A = \begin{bmatrix} 4 & -2 \\ 1 & 1 \end{bmatrix}$ を対角化しよう．A は 2 つの異なる固有値 $\lambda_1 = 2, \lambda_2 = 3$ を持つ．λ_1, λ_2 にそれぞれ対応する固有ベクトルとして，$t_1 = t_2 = 1$ とおいて $\boldsymbol{x}_1 = \begin{bmatrix} 1 \\ 1 \end{bmatrix}$，$\boldsymbol{x}_2 = \begin{bmatrix} 2 \\ 1 \end{bmatrix}$ を選んでみよう．このとき行列 $P = \begin{bmatrix} \boldsymbol{x}_1 & \boldsymbol{x}_2 \end{bmatrix}$ を定義し，P とその逆行列 P^{-1} を求めれば

$$P = \begin{bmatrix} 1 & 2 \\ 1 & 1 \end{bmatrix}, \quad P^{-1} = -\begin{bmatrix} 1 & -2 \\ -1 & 1 \end{bmatrix} = \begin{bmatrix} -1 & 2 \\ 1 & -1 \end{bmatrix}$$

となる．P と P^{-1} を行列 A の右と左から掛ければ

$$P^{-1}AP = \begin{bmatrix} -1 & 2 \\ 1 & -1 \end{bmatrix} \begin{bmatrix} 4 & -2 \\ 1 & 1 \end{bmatrix} \begin{bmatrix} 1 & 2 \\ 1 & 1 \end{bmatrix} = \begin{bmatrix} 2 & 0 \\ 0 & 3 \end{bmatrix} = \begin{bmatrix} \lambda_1 & 0 \\ 0 & \lambda_2 \end{bmatrix}$$

となり，行列 A の固有値を対角成分に持つ対角行列が得られる．なお，行列 P を求める際に，2 つの固有ベクトルの順序を逆にして $P = \begin{bmatrix} \boldsymbol{x}_2 & \boldsymbol{x}_1 \end{bmatrix} = \begin{bmatrix} 2 & 1 \\ 1 & 1 \end{bmatrix}$ とした場合，

$$P^{-1}AP = \begin{bmatrix} 3 & 0 \\ 0 & 2 \end{bmatrix} = \begin{bmatrix} \lambda_2 & 0 \\ 0 & \lambda_1 \end{bmatrix}$$

となり，P を求める際に固有ベクトルを並べる順序によって，対角行列の成分の順序が変わる．具体的には，ある固有ベクトルを P の中で並べた列と同じ列に対応する固有値が現れる．また，ここでは固有ベクトル $\boldsymbol{x}_1 = t_1 \begin{bmatrix} 1 \\ 1 \end{bmatrix}$，$\boldsymbol{x}_2 = t_2 \begin{bmatrix} 2 \\ 1 \end{bmatrix}$ に対して $t_1 = t_2 = 1$ としたが，t_1，t_2 を 0 でない任意の実数としても同様の対角化が可能である． ❖

確認問題 9.2 例 9.1 の行列 A の固有ベクトル $\boldsymbol{x}_1 = t_1 \begin{bmatrix} 1 \\ 1 \end{bmatrix}$，$\boldsymbol{x}_2 = t_2 \begin{bmatrix} 2 \\ 1 \end{bmatrix}$ に対して $t_1 = t_2 = 2$ として，行列 A を対角化せよ． ❖

行列の対角化は，n 次正方行列についても成り立つ．n 次正方行列 A が n 個の異なる固有値 $\lambda_1, \lambda_2, \cdots, \lambda_n$ を持ち，これに対応する固有ベクトルが $\boldsymbol{x}_1, \boldsymbol{x}_2, \cdots, \boldsymbol{x}_n$ であるとする[2)]．このとき，つぎの n 次正方行列 P について考えよう．

$$P = \begin{bmatrix} \boldsymbol{x}_1 & \boldsymbol{x}_2 & \cdots & \boldsymbol{x}_n \end{bmatrix} \tag{9.19}$$

固有ベクトル同士は必ず 1 次独立であるから，行列 P は必ず正則行列となり，逆行列 P^{-1} が存在する．このとき，つぎが成立する．

$$\Lambda = P^{-1}AP = \begin{bmatrix} \lambda_1 & 0 & \cdots & 0 \\ 0 & \lambda_2 & \cdots & 0 \\ \vdots & \vdots & \ddots & \vdots \\ 0 & 0 & \cdots & \lambda_n \end{bmatrix} \tag{9.20}$$

すなわち，P^{-1} と P を A の左右からそれぞれ掛けることで，固有値を対角成分に持つ対角行列 Λ が得られる．よって，**n 次正方行列 A が n 個の異なる固有値を持てば，A は必ず対角化できる．**

それでは，固有値が重複する場合（固有方程式が重解を持つ場合）はどうだろうか．2 次正方行列の場合，固有値が重複（すなわち固有値が 1 つ）の場合には，行列がはじめから対角行列 $\begin{bmatrix} \lambda & 0 \\ 0 & \lambda \end{bmatrix}$ である場合を除いて，行列の対角化はできない[3)]．また，3 次以上の正方行列が固有値に重複を持つ場合には，対角化が可能な行列と不可能な行列が存在する[4)]．

2) $\boldsymbol{x}_i$ は n 次元ベクトルとなる．

3) この場合，固有値を λ として対角行列のかわりに $\begin{bmatrix} \lambda & 1 \\ 0 & \lambda \end{bmatrix}$ という形式を求めることが可能である（ジョルダン細胞）．

4) ある行列が対角化可能かは，重複する固有値 λ に対する行列 $(A - \lambda E)$ のランクと，その固有値がどれだけ重複しているか（重複度）の関係を調べれば判別できることが知られている．

9.3.2 対角化を利用した行列のベキ

$P^{-1}AP = \Lambda$ であることから，$A = P\Lambda P^{-1}$ となる．これを利用して A^n を計算しよう．$P^{-1}P = E$ であることを利用すると，つぎの関係がわかる．

$$A^n = \underbrace{AA\cdots A}_{n\text{ 個}} = \underbrace{(P\Lambda P^{-1})(P\Lambda P^{-1})\cdots(P\Lambda P^{-1})}_{n\text{ 個}}$$
$$= P\underbrace{\Lambda\Lambda\cdots\Lambda}_{n\text{ 個}}P^{-1} = P\Lambda^n P^{-1} \tag{9.21}$$

講義04で説明したとおり，対角行列 Λ のベキは容易に計算できるため，対角化を利用することで行列のベキ計算の手間を大幅に軽減することができる．

例 9.6 例 9.1 の行列 $A = \begin{bmatrix} 4 & -2 \\ 1 & 1 \end{bmatrix}$ に対して，対角化を利用して A^3 を計算しよう．例 9.5 で求めたとおり，行列 A に対して

$$P = \begin{bmatrix} 1 & 2 \\ 1 & 1 \end{bmatrix}, \quad P^{-1} = \begin{bmatrix} -1 & 2 \\ 1 & -1 \end{bmatrix}, \quad \Lambda = \begin{bmatrix} 2 & 0 \\ 0 & 3 \end{bmatrix}$$

である．これを用いて A^3 は

$$A^3 = P\Lambda^3 P^{-1} = \begin{bmatrix} 1 & 2 \\ 1 & 1 \end{bmatrix}\begin{bmatrix} 2 & 0 \\ 0 & 3 \end{bmatrix}^3\begin{bmatrix} -1 & 2 \\ 1 & -1 \end{bmatrix}$$
$$= \begin{bmatrix} 1 & 2 \\ 1 & 1 \end{bmatrix}\begin{bmatrix} 2^3 & 0 \\ 0 & 3^3 \end{bmatrix}\begin{bmatrix} -1 & 2 \\ 1 & -1 \end{bmatrix} = \begin{bmatrix} 46 & -38 \\ 19 & -11 \end{bmatrix}$$

と求められる．

9.4 ケイリー・ハミルトンの定理

n 次正方行列 A に対して，

$$\phi_A(\lambda) = |A - \lambda E| \tag{9.22}$$

を A の**固有多項式**（characteristic polynomial）もしくは**特性多項式**という．固有値を求める際の固有方程式 (9.7) は，$\phi_A(\lambda) = 0$ の場合である．式 (9.22) の右辺の計算からもわかるとおり，固有多項式は一般に λ の n 次多項式となる．固有多項式の λ を行列 A に置き換えたものを $\phi_A(A)$ と書くこ

とにしよう．このとき，

$$\phi_A(A) = \boldsymbol{O} \tag{9.23}$$

が成り立つことを**ケイリー・ハミルトンの定理**という．ここで $\boldsymbol{O}$ は零行列である．講義 04 で 2 次正方行列に対するケイリー・ハミルトンの定理について説明したが，式 (9.23) はこれを n 次正方行列に一般化したものである．

例 9.7 式 (9.23) から 2 次正方行列に対するケイリー・ハミルトンの定理を導こう．行列 $A = \begin{bmatrix} a & b \\ c & d \end{bmatrix}$ の固有値を λ とすると，固有多項式はつぎとなる．

$$\begin{aligned}\phi_A(\lambda) &= |A - \lambda E| = \begin{vmatrix} a-\lambda & b \\ c & d-\lambda \end{vmatrix} = (a-\lambda)(d-\lambda) - bc \\ &= \lambda^2 - (a+d)\lambda + (ad - bc)\end{aligned}$$

λ を A で置き換え，$\phi_A(A) = \boldsymbol{O}$ の形にすれば

$$\phi_A(A) = A^2 - (a+d)A + (ad-bc)E = \boldsymbol{O}$$

となり，講義 04 で説明した 2 次正方行列に対するケイリー・ハミルトンの定理が得られる．ここで定数項には単位行列 E を掛けることに注意しよう．また，$\mathrm{tr}\ A = a+d$, $|A| = ad - bc$ であることから

$$\phi_A(A) = A^2 - (\mathrm{tr}\ A)A + |A|E = \boldsymbol{O}$$

と表記することもできる． ❖

講義 04 で説明したとおり，ケイリー・ハミルトンの定理を用いることで，行列のベキをより低次のベキの和に置き換えることができる．

講義 09 のまとめ

- 行列 A の固有値と固有ベクトルとは，$Ax = \lambda x$ を満たすスカラー λ と零ベクトルでないベクトル x である．
- 固有値が実数の場合，対応する固有ベクトルは線形変換によって方向が変わらないベクトルであり，固有値はそのときにベクトルの大きさが何倍されるかを表している．
- 2 つの異なる固有値を持つ 2 次正方行列は，固有ベクトルを用いて，固有値を対角成分に持つ対角行列に対角化することができる．

演習問題

9.1 つぎの行列の固有値と固有ベクトルを求めよ．

(1) $\begin{bmatrix} 1 & 2 \\ 2 & -2 \end{bmatrix}$ (2) $\begin{bmatrix} 3 & 1 \\ 6 & 4 \end{bmatrix}$ (3) $\begin{bmatrix} 2 & 4 \\ 3 & 6 \end{bmatrix}$

9.2 演習問題 9.1 の各行列を対角化せよ．

9.3 演習問題 9.1(1) の行列について，対角化を利用して行列の 2 乗と 3 乗を求めよ．

9.4 行列 $A = \begin{bmatrix} 1 & \alpha \\ 4 & 1 \end{bmatrix}$ について，つぎの問いに答えよ．

(1) 固有値が実数となる α の範囲を求めよ．

(2) 固有値が重複となる α の値を示し，そのときの固有値を求めよ．

9.5 行列 $A = \begin{bmatrix} 3 & 1 \\ \alpha & 2 \end{bmatrix}$ について，固有値の 1 つが 0 となる α の値を示し，そのときの固有値と固有ベクトルを求めよ．

09

講義 10

工学問題における固有値と固有ベクトル

本講では，固有値と固有ベクトルの持つ意味を理解するために，連立微分方程式の行列による表現と解法の一例を示す．具体的な例として，2 自由度系の振動問題を取り上げ，固有値と固有ベクトルがどのような物理的意味を持つのかを説明する．固有値と固有ベクトルは，多くの工学問題において物理的に重要な意味を持つ．本講を通じて，固有値や固有ベクトルが具体的に役に立つ事例を知り，そのイメージが持てるようになろう．講義 09 と同様，本講では n 個の異なる実数の固有値を持つ n 次正方行列の場合に限って説明する．

講義 10 のポイント

- 連立微分方程式の持つ意味を理解し，連立微分方程式が行列で表現できることを理解しよう．
- 振動問題の例を通じて，連立微分方程式の解き方の一例を理解しよう．
- 振動問題の例を通じて，固有値と固有ベクトルの物理的イメージを理解しよう．

10.1　微分方程式

10.1.1　微分方程式とは

行列による連立微分方程式の表現を学ぶ前に，微分方程式の概要について説明する．

関数 $y(x) = 2x$ を x について微分すると $\dfrac{\mathrm{d}y(x)}{\mathrm{d}x} = 2$ となるが，右辺の 2 は関数 $y(x)$ の導関数であり，$y(x)$ の変化率（傾き）が 2 であることを表す．すなわち，関数 $y(x)$ の導関数を求めると「関数の変化の割合がわかる」ことを意味する．関数 $y(x)$ が与えられれば，その導関数を求めることは一般には可能である．

工学の世界では，ある物体の状態（位置，電圧，流量など）が時間 t とともにどのように変化するかを考えることが多い[1)]．すなわち時間にともなって変化する物理量を $y(t)$ で表すと，$y(t)$ は時間変数（または時間関数）として考えることができ，$y(t)$ の t に関する導関数を $\dfrac{\mathrm{d}y(t)}{\mathrm{d}t}$ と書く．

ここで，「導関数が変数の関数で表される」場合について考えよう．この関係を数式で表すとつぎのようになる（a は定数とする）．

$$\frac{\mathrm{d}y(t)}{\mathrm{d}t} = ay(t) \tag{10.1}$$

これは時間変数 $y(t)$ の t に関する導関数が $ay(t)$ に等しいことを意味する．式 (10.1) を**微分方程式**（differential equation）と呼び，変数の変化の割合の関係式を与えている．微分方程式を解けば「時間 t の変化にともなう時間変数 $y(t)$ の変化の様子」がわかる．言い換えると，微分方程式を解くことで，**時間変数 $y(t)$ が具体的にどのように変化するのかがわかる．**関数の導関数を計算すると関数の変化の割合がわかる，ということとの違いを理解してほしい．

式 (10.1) は変数分離形と呼ばれる一番単純な微分方程式であるが，さまざまな物理現象が式 (10.1) で表されることが知られている[2)]．式 (10.1) はつぎのように解くことができる．

$$\begin{aligned}
\frac{\mathrm{d}y(t)}{\mathrm{d}t} &= ay(t) \quad (y(t)\text{ を左辺へ，}\mathrm{d}t\text{ を右辺へ分離して}) \\
\frac{\mathrm{d}y(t)}{y(t)} &= a\mathrm{d}t \quad (\text{両辺を積分する．つぎの積分公式を使う}) \\
&\qquad \left(\int \frac{1}{y(t)}\mathrm{d}y(t) = \log|y(t)| + C\right) \\
\log|y(t)| &= at + C \quad (C:\text{積分定数}) \\
y(t) &= \pm\,\mathrm{e}^{at+C} = C_0\mathrm{e}^{at} \quad (C_0 = \pm\mathrm{e}^{C})
\end{aligned} \tag{10.2}$$

ここで $\log x$ は底が e の対数であり自然対数と呼ばれる[3)]．式 (10.2) より，時間 t の経過に応じて $y(t)$ の値が指数関数的に変化することがわかる．また，C_0 は $y(t)$ の初期値 $y(0)$ によって決まる値であり，e^{at} は指数関数で $\exp(at)$ などと書くこともある．式 (10.2) のように，初期値によって決定される任意

1) このとき時間 t は独立変数となる．
2) 人口の推移（マルサスの法則），物体が冷えていく様子（ニュートンの冷却法則，ただし右辺に定数が加わる），放射性物質の減衰などが式 (10.1) で表される．
3) 自然対数を $\ln x$ と表記することもある．

10

定数を含む解を式 (10.1) の**一般解**（general solution）という．

10.1.2 指数関数の性質

一般の**指数関数**（exponential function）といえば $y = a^x$ であり，a を底，x を**ベキ指数**（exponent）と呼んだ．微分方程式を考える場合，底として e を用いることが多い．底 e は自然対数の底（ネイピア数）と呼ばれ，$y = \mathrm{e}^x$ や $y(t) = \mathrm{e}^t$ と書くことが多い．指数関数の性質としては，つぎがよく知られている．

- $\mathrm{e}^0 = 1$
- $\dfrac{\mathrm{d}\mathrm{e}^t}{\mathrm{d}t} = \mathrm{e}^t$

この性質より，微分方程式

$$\frac{\mathrm{d}y(t)}{\mathrm{d}t} = y(t) \tag{10.3}$$

において $y(0) = 1$ とした解は $y(t) = \mathrm{e}^t$ である．ここで $\mathrm{e} > 1$ であるので，$y(t) = \mathrm{e}^t$ のグラフは図 10.1 となる．数学の世界では t を負の値まで考えるが，工学の世界では時間は非負のみを考えるのがほとんどなので $t \geq 0$ の状況を考えておけばよい．

つぎに，工学を学ぶうえで重要となる $y(t) = \mathrm{e}^{at}$ のグラフについて考えよう．式 (10.2) より，これは式 (10.1) に示した微分方程式の $y(0) = 1$（すなわち $C_0 = 1$）の解であることがわかる．指数関数の性質と図 10.1（$a = 1$ の場合）からわかるように，式 (10.1) の a が正の値の場合，時間が経てば

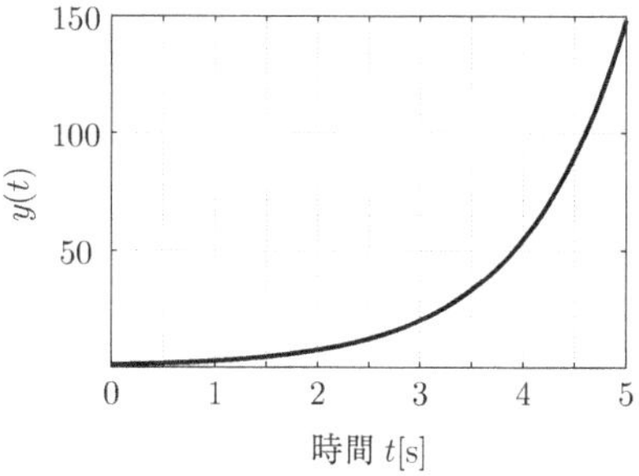

図 10.1 $y(t) = \mathrm{e}^t$ のグラフ

$(t \to \infty)$，$y(t)$ の値は無限大に発散する．また，式 (10.1) の a が負の値の場合，指数関数の性質からつぎが成り立つ．

$$\lim_{t \to \infty} y(t) = \lim_{t \to \infty} \mathrm{e}^{at} = 0 \tag{10.4}$$

すなわち式 (10.1) の a が負の値の場合，$y(t)$ の値は時間が経てば $(t \to \infty)$，$y(t)$ の値は 0 に収束する．

❖ 10.2　連立微分方程式の行列による表現

一般に，さまざまな工学問題は微分方程式で記述することができる．また現実の問題の多くは，2 つ以上の未知数（自由度）を同時に考える必要がある．すなわち多くの工学問題において，現象を記述する方程式は連立微分方程式となるため，その解法を理解することは重要である．

つぎの連立微分方程式について考えよう．

$$\begin{cases} \dfrac{\mathrm{d}y_1(x)}{\mathrm{d}x} = ay_1(x) + by_2(x) \\ \dfrac{\mathrm{d}y_2(x)}{\mathrm{d}x} = cy_1(x) + dy_2(x) \end{cases} \tag{10.5}$$

ここで $\boldsymbol{y}(x) = \begin{bmatrix} y_1(x) \\ y_2(x) \end{bmatrix}$ とおけば，$\boldsymbol{y}(x)$ の x による微分がつぎとなる[4)]．

$$\boldsymbol{y}'(x) = \frac{\mathrm{d}}{\mathrm{d}x}\boldsymbol{y}(x) = \frac{\mathrm{d}}{\mathrm{d}x}\begin{bmatrix} y_1(x) \\ y_2(x) \end{bmatrix} = \begin{bmatrix} y_1'(x) \\ y_2'(x) \end{bmatrix} \tag{10.6}$$

これを用いて，連立微分方程式 (10.5) は

$$\begin{bmatrix} y_1'(x) \\ y_2'(x) \end{bmatrix} = \begin{bmatrix} a & b \\ c & d \end{bmatrix} \begin{bmatrix} y_1(x) \\ y_2(x) \end{bmatrix} \tag{10.7}$$

と書ける．すなわち，$A = \begin{bmatrix} a & b \\ c & d \end{bmatrix}$ とすれば，

$$\boldsymbol{y}'(x) = A\boldsymbol{y}(x) \tag{10.8}$$

4) ベクトルの微分は成分をそれぞれ微分する．詳しくは講義 11 で説明する．

と表すことができる．式 (10.8) の形で記述できる連立微分方程式を，**線形連立微分方程式**という．

行列 A が 2 つの異なる実数の固有値 λ_1，λ_2 を持つとする．このとき，講義 09 で説明したとおり，λ_1，λ_2 に対応する固有ベクトルを用いて行列 P を定義することで，行列 A を対角化することができる．すなわち，

$$P^{-1}AP = \begin{bmatrix} \lambda_1 & 0 \\ 0 & \lambda_2 \end{bmatrix} \tag{10.9}$$

とすることができる．ここで，$\boldsymbol{u}(x) = P^{-1}\boldsymbol{y}(x)$ となるベクトル $\boldsymbol{u}(x)$ を定義しよう．すなわち，$\boldsymbol{y}(x) = P\boldsymbol{u}(x)$ である．このとき，式 (10.8) は

$$\boldsymbol{y}'(x) = AP\boldsymbol{u}(x) \tag{10.10}$$

と書くことができる．また，$\boldsymbol{y}(x) = P\boldsymbol{u}(x)$ の両辺を x で微分すれば，P は x の関数ではないことから $\boldsymbol{y}'(x) = P\boldsymbol{u}'(x)$ となるので，式 (10.10) は

$$P\boldsymbol{u}'(x) = AP\boldsymbol{u}(x) \tag{10.11}$$

となり，

$$\boldsymbol{u}'(x) = P^{-1}AP\boldsymbol{u}(x) \tag{10.12}$$

を得る．これを成分で考えれば，

$$\begin{bmatrix} u_1'(x) \\ u_2'(x) \end{bmatrix} = \begin{bmatrix} \lambda_1 & 0 \\ 0 & \lambda_2 \end{bmatrix} \begin{bmatrix} u_1(x) \\ u_2(x) \end{bmatrix} \tag{10.13}$$

であり，

$$u_1'(x) = \lambda_1 u_1(x) \tag{10.14}$$

$$u_2'(x) = \lambda_2 u_2(x) \tag{10.15}$$

となる．式 (10.14)，(10.15) は u_1 と u_2 が分離した（すなわち連立していない）微分方程式となっており，それぞれが式 (10.1) と同じ形をしているので，個別に解くことが可能である．この微分方程式の一般解は，式 (10.2) より C_1，C_2 を任意定数として

$$u_1(x) = C_1 e^{\lambda_1 x} \tag{10.16}$$

$$u_2(x) = C_2 e^{\lambda_2 x} \tag{10.17}$$

である．これを $\boldsymbol{y}(x) = P\boldsymbol{u}(x)$ に代入すれば，もとの連立微分方程式の一般解が

$$\begin{bmatrix} y_1(x) \\ y_2(x) \end{bmatrix} = P \begin{bmatrix} C_1 e^{\lambda_1 x} \\ C_2 e^{\lambda_2 x} \end{bmatrix} \tag{10.18}$$

と得られる．このように，連立微分方程式を行列・ベクトル表示して行列の対角化を利用することで，微分方程式の求解が容易になる場合がある．

例 10.1 つぎの連立微分方程式を解こう．

$$\begin{cases} \dfrac{dy_1(x)}{dx} = 4y_1(x) - 2y_2(x) \\ \dfrac{dy_2(x)}{dx} = y_1(x) + y_2(x) \end{cases} \tag{10.19}$$

これを行列・ベクトル表示すればつぎとなる．

$$\begin{bmatrix} y_1'(x) \\ y_2'(x) \end{bmatrix} = \begin{bmatrix} 4 & -2 \\ 1 & 1 \end{bmatrix} \begin{bmatrix} y_1(x) \\ y_2(x) \end{bmatrix}$$

$A = \begin{bmatrix} 4 & -2 \\ 1 & 1 \end{bmatrix}$ とすれば，例 9.1 で求めたとおり A の固有値は $\lambda_1 = 2$, $\lambda_2 = 3$ であり，それぞれの固有値に対応する固有ベクトルは，$t_1 = t_2 = 1$ とすれば $\boldsymbol{x}_1 = \begin{bmatrix} 1 \\ 1 \end{bmatrix}$, $\boldsymbol{x}_2 = \begin{bmatrix} 2 \\ 1 \end{bmatrix}$ となる．よって，行列 P とその逆行列 P^{-1} は

$$P = \begin{bmatrix} 1 & 2 \\ 1 & 1 \end{bmatrix}, \quad P^{-1} = \begin{bmatrix} -1 & 2 \\ 1 & -1 \end{bmatrix}$$

と求まる．ここで，$\boldsymbol{u}(x) = P^{-1}\boldsymbol{y}(x)$ とすれば $\boldsymbol{u}'(x) = P^{-1}AP\boldsymbol{u}(x)$ であり $P^{-1}AP = \begin{bmatrix} 2 & 0 \\ 0 & 3 \end{bmatrix}$ となるので，

$$\begin{bmatrix} u_1'(x) \\ u_2'(x) \end{bmatrix} = \begin{bmatrix} 2 & 0 \\ 0 & 3 \end{bmatrix} \begin{bmatrix} u_1(x) \\ u_2(x) \end{bmatrix}$$

が得られる．この 2 つの方程式を解けば，

$$u_1(x) = C_1 e^{2x} \tag{10.20}$$

$$u_2(x) = C_2 e^{3x} \tag{10.21}$$

を得る．ここで C_1，C_2 は任意定数である．よってもとの微分方程式の一般解は

$$\begin{bmatrix} y_1(x) \\ y_2(x) \end{bmatrix} = P \begin{bmatrix} C_1 e^{2x} \\ C_2 e^{3x} \end{bmatrix} = \begin{bmatrix} 1 & 2 \\ 1 & 1 \end{bmatrix} \begin{bmatrix} C_1 e^{2x} \\ C_2 e^{3x} \end{bmatrix}$$

$$y_1(x) = C_1 e^{2x} + 2C_2 e^{3x} \tag{10.22}$$

$$y_2(x) = C_1 e^{2x} + C_2 e^{3x} \tag{10.23}$$

となる．式 (10.22), (10.23) より，連立微分方程式 (10.19) の解は式 (10.20), (10.21) で求められる $u_1(x)$ と $u_2(x)$ の定数倍の和，すなわち $u_1(x)$ と $u_2(x)$ の 1 次結合によって表されていることに注意しよう．

ここで例えば，初期条件として $y_1(0) = 7$，$y_2(0) = 5$ とすれば，任意定数が $C_1 = 3$，$C_2 = 2$ と定まるので

$$y_1(x) = 3e^{2x} + 4e^{3x} \tag{10.24}$$

$$y_2(x) = 3e^{2x} + 2e^{3x} \tag{10.25}$$

が得られる．このように，初期条件を与えることで任意定数を決定することができる．式 (10.24), (10.25) のように，任意定数を決定して得られる解を**特殊解**（particular solution）という．

確認問題 10.1 つぎの連立微分方程式の一般解を求めよ．

$$\begin{cases} \dfrac{dy_1(x)}{dx} = y_1(x) + 2y_2(x) \\ \dfrac{dy_2(x)}{dx} = 2y_1(x) - 2y_2(x) \end{cases}$$

10.3 振動問題における微分方程式の例

図 10.2 に示す 2 物体の振動問題を例に，固有値と固有ベクトルの意味を考

えよう．2つの物体を質点とみなし，垂直方向の運動のみを考える1次元問題とすれば，2質点系の問題，すなわち2自由度の問題となる．この問題は，ビルの制震など振動に関わる問題の基礎となる．各物体の上向きを正としたときの変位を，静止状態におけるつり合い位置を基準として$x_1(t)$，$x_2(t)$とし，ばね定数はいずれもk，質点の質量はいずれもmとする．このとき，質点1，2のそれぞれに対して運動方程式を求めることで，つぎの連立微分方程式を得る．

$$\begin{cases} m\dfrac{\mathrm{d}^2x_1(t)}{\mathrm{d}t^2} = k(x_2(t) - x_1(t)) - kx_1(t) \\ m\dfrac{\mathrm{d}^2x_2(t)}{\mathrm{d}t^2} = -k(x_2(t) - x_1(t)) \end{cases} \tag{10.26}$$

ここで

$$\frac{\mathrm{d}}{\mathrm{d}t}\begin{bmatrix} x_1(t) \\ x_2(t) \end{bmatrix} = \begin{bmatrix} \dfrac{\mathrm{d}x_1(t)}{\mathrm{d}t} \\ \dfrac{\mathrm{d}x_2(t)}{\mathrm{d}t} \end{bmatrix} = \frac{\mathrm{d}}{\mathrm{d}t}\boldsymbol{x}(t) \tag{10.27}$$

$$\frac{\mathrm{d}^2}{\mathrm{d}t^2}\begin{bmatrix} x_1(t) \\ x_2(t) \end{bmatrix} = \begin{bmatrix} \dfrac{\mathrm{d}^2x_1(t)}{\mathrm{d}t^2} \\ \dfrac{\mathrm{d}^2x_2(t)}{\mathrm{d}t^2} \end{bmatrix} = \frac{\mathrm{d}^2}{\mathrm{d}t^2}\boldsymbol{x}(t) \tag{10.28}$$

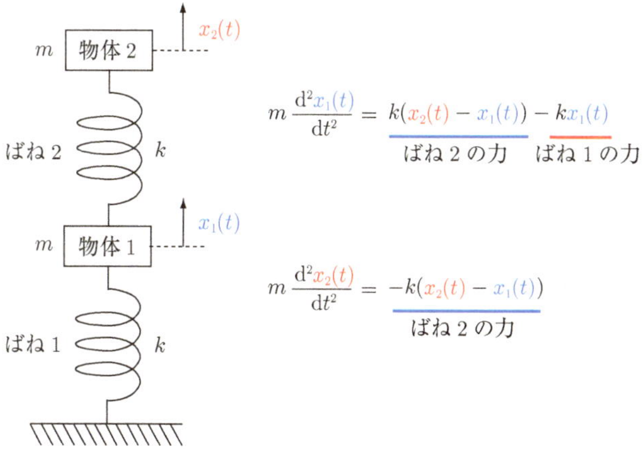

図 10.2　2自由度系の振動問題

と書けることから，もとの連立微分方程式 (10.26) はつぎの行列形式で表すことができる．

$$\frac{\mathrm{d}^2}{\mathrm{d}t^2}\boldsymbol{x}(t) = -\frac{k}{m}\begin{bmatrix} 2 & -1 \\ -1 & 1 \end{bmatrix}\boldsymbol{x}(t) = -\omega^2\begin{bmatrix} 2 & -1 \\ -1 & 1 \end{bmatrix}\boldsymbol{x}(t) \quad (10.29)$$

ただし，$\omega^2 = \dfrac{k}{m}$ とおいた．

いま，連立微分方程式 (10.26) の解としてつぎを仮定しよう．

$$x_1(t) = A_1 \sin \alpha t \quad (10.30)$$

$$x_2(t) = A_2 \sin \alpha t \quad (10.31)$$

ここで，A_1，A_2，α は未知定数であり，式 (10.30)，(10.31) は各質点の振幅を A_1，A_2，2 質点系全体の角振動数を α とする運動を表している．このとき

$$\boldsymbol{x}(t) = \begin{bmatrix} A_1 \\ A_2 \end{bmatrix} \sin \alpha t \quad (10.32)$$

と書くことができるので，

$$\frac{\mathrm{d}^2}{\mathrm{d}t^2}\boldsymbol{x}(t) = -\alpha^2\begin{bmatrix} A_1 \\ A_2 \end{bmatrix} \sin \alpha t = -\alpha^2\boldsymbol{x}(t) \quad (10.33)$$

となり，式 (10.32)，(10.33) を式 (10.29) に代入することで

$$\begin{bmatrix} 2\omega^2 & -\omega^2 \\ -\omega^2 & \omega^2 \end{bmatrix}\begin{bmatrix} A_1 \\ A_2 \end{bmatrix} = \alpha^2\begin{bmatrix} A_1 \\ A_2 \end{bmatrix} \quad (10.34)$$

を得る．また $\lambda = \alpha^2$ とすれば

$$\begin{bmatrix} 2\omega^2 & -\omega^2 \\ -\omega^2 & \omega^2 \end{bmatrix}\begin{bmatrix} A_1 \\ A_2 \end{bmatrix} = \lambda\begin{bmatrix} A_1 \\ A_2 \end{bmatrix} \quad (10.35)$$

となる．式 (10.35) より，λ と $\begin{bmatrix} A_1 \\ A_2 \end{bmatrix}$ は行列 $\begin{bmatrix} 2\omega^2 & -\omega^2 \\ -\omega^2 & \omega^2 \end{bmatrix}$ の固有値と対応する固有ベクトルとなっていることがわかる．すなわち，未知数 A_1，A_2，α を求める問題が，行列の固有値と固有ベクトルを求める問題に帰着されている．

行列 $\begin{bmatrix} 2\omega^2 & -\omega^2 \\ -\omega^2 & \omega^2 \end{bmatrix}$ の固有方程式は，固有値が λ であることに注意して

$$\begin{vmatrix} 2\omega^2 - \lambda & -\omega^2 \\ -\omega^2 & \omega^2 - \lambda \end{vmatrix} = \lambda^2 - 3\omega^2\lambda + \omega^4 = 0 \tag{10.36}$$

である．これを解いて

$$\lambda = \frac{3 \pm \sqrt{5}}{2}\omega^2 \tag{10.37}$$

を得る．各固有値に対応する固有ベクトルは，s_1，s_2 を 0 でない実数とすると

$$\lambda = \frac{3 - \sqrt{5}}{2}\omega^2 \text{のとき} \qquad \begin{bmatrix} A_1 \\ A_2 \end{bmatrix} = s_1 \begin{bmatrix} \dfrac{-1 + \sqrt{5}}{2} \\ 1 \end{bmatrix} \tag{10.38}$$

$$\lambda = \frac{3 + \sqrt{5}}{2}\omega^2 \text{のとき} \qquad \begin{bmatrix} A_1 \\ A_2 \end{bmatrix} = s_2 \begin{bmatrix} \dfrac{-1 - \sqrt{5}}{2} \\ 1 \end{bmatrix} \tag{10.39}$$

となる．質点の振動数 α は固有値 λ の平方根 $\sqrt{\lambda}$ であり[5)]，また λ は $\omega^2 = \dfrac{k}{m}$ に依存していることから，振動数は質点の質量やばね定数によって変化し，2 質点系の運動は固有値と密接な関係があることが理解できる．

確認問題 10.2 図 10.2 の 2 自由度系の振動問題において，ばね 1，ばね 2 のばね定数がそれぞれ $2k$，$3k$，物体 1，物体 2 の質量がそれぞれ $3m$，$2m$ のときの運動方程式を示せ． ❖

例 10.2 式 (10.26) の 2 自由度系の振動問題について，$m = 1$，$k = 1$ のときの具体的な運動を求めよう．

$$x_1(t) = A_1 \sin \alpha t \tag{10.40}$$

$$x_2(t) = A_2 \sin \alpha t \tag{10.41}$$

5) α として $-\sqrt{\lambda}$ を選ぶこともできるが，$-\sqrt{\lambda}$ を選んだ場合でも式 (10.30)，(10.31) が表す運動の振動数や振幅は同じであり，本質的に同じ運動となる．

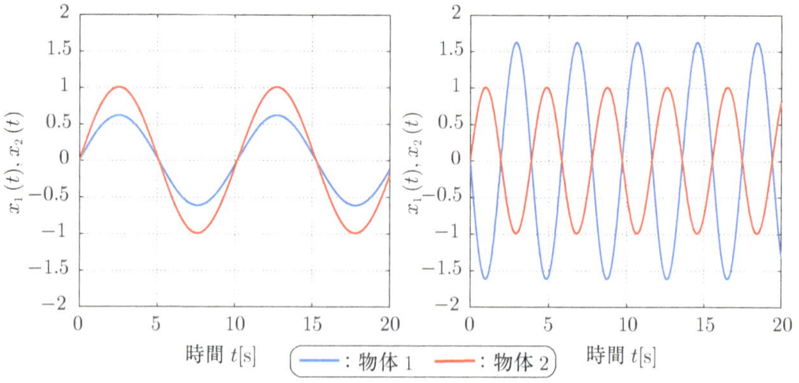

$\alpha^2 = \frac{3-\sqrt{5}}{2}\omega^2, A = \begin{bmatrix} \frac{-1+\sqrt{5}}{2} \\ 1 \end{bmatrix}$ の場合　　$\alpha^2 = \frac{3+\sqrt{5}}{2}\omega^2, A = \begin{bmatrix} \frac{-1-\sqrt{5}}{2} \\ 1 \end{bmatrix}$ の場合

図 10.3　2 自由度系の振動問題

の A_1, A_2, $\alpha = \sqrt{\lambda}$ が式 (10.37)～(10.39) より求められる．$\omega^2 = \frac{k}{m} = 1$ となるので，これを代入して $s_1 = 1$，$s_2 = 1$ としたときの $x_1(t)$，$x_2(t)$ を示したのが図 10.3 である．

異なる固有値が 2 つ存在することから，この問題には角振動数が異なる 2 つの解が存在する．それぞれで得られる角振動数 α を**固有角振動数**，$\frac{\alpha}{2\pi}$ を**固有振動数**と呼ぶ．また，これに対応する周期は固有振動数の逆数 $T = \frac{2\pi}{\alpha}$ で求められる．各質点の振幅を表す A_1，A_2 を**固有モード**と呼ぶ．

$\alpha^2 = \lambda = \frac{3-\sqrt{5}}{2}\omega^2$ のとき，$x_1(t)$，$x_2(t)$ は振動数が同じ単振動となっており，波の山と谷も揃っている．周期は $T \approx 10.16$ である．この解は 2 つの質点が常に同じ方向へ運動している振動を表している．2 つの質点の振幅は異なり，その比は常に $\left|\frac{A_1}{A_2}\right| = \left|\frac{-1+\sqrt{5}}{2}\right| \approx 0.62$ である．

一方 $\alpha^2 = \lambda = \frac{3+\sqrt{5}}{2}\omega^2$ のとき，$x_1(t)$，$x_2(t)$ は振動数は同じであるが，波の山と谷が入れ替わっている．周期は $T \approx 3.88$ である．この解は 2 つの質点が常に反対方向へ運動している振動を表している．2 つの質点の振幅も 1 つ目の解とは異なり，その比は常に $\left|\frac{A_1}{A_2}\right| = \left|\frac{-1-\sqrt{5}}{2}\right| \approx 1.62$ である[6)]．

6) 1 つ目の解のように，2 つの質点が常に同じ方向へ運動している振動を，同位相もしくは 1 次モードの運動と呼ぶ．一方，2 つ目の解のように 2 つの質点が常に反対方向へ運動している振動を，逆位相もしくは 2 次モードの運動と呼ぶ．

よって2自由度系の問題における解（実現可能な運動）には2つの可能性があり，どちらが実現するかは初期状態によって決定される（この例の段階では初期状態はまだ与えられていない）．s_1，s_2 もこの時点では一意に定まらないが，これも初期条件によって決定される量である．2つの運動のどちらが実現しても，各質点の振動数や振幅比は s_1，s_2 の値によらないことにも注意しよう．すなわち，固有値や固有ベクトルが求まれば，2質点系の本質的な運動（振動数と振幅比）は一意に決定される． ❖

講義10のまとめ

- 連立微分方程式を行列によって表現することができる．
- 振動問題における固有値と固有ベクトルは，それぞれ系の固有角振動数，固有モードに対応する．

演習問題

10.1 つぎの連立微分方程式の一般解を求めよ．

$$\begin{cases} \dfrac{\mathrm{d}y_1(x)}{\mathrm{d}x} = 5y_1(x) - 2y_2(x) \\[2ex] \dfrac{\mathrm{d}y_2(x)}{\mathrm{d}x} = 3y_1(x) - 2y_2(x) \end{cases}$$

10.2 $x = 0$ において $y_1(0) = -4, y_2(0) = 3$ であるとき，演習問題10.1の連立微分方程式の解を求めよ．

10

講義 11
ベクトルによる演算

本講ではベクトルによるさまざまな応用について説明する．講義 14 で説明する最小二乗法など，与えられた制約条件のもとで関数の値を最小（最大）にする変数を求める**最適化**と呼ばれる手法を学ぶ際に，本講の内容は重要となる．工学の専門科目を学ぶうえで欠かすことのできない基礎事項を身につけよう．

講義 11 のポイント

- ベクトルの微分，積分とベクトルによる偏微分を理解しよう．
- 内積による表現方法と正射影ベクトルを理解しよう．
- ベクトルの外積を理解しよう．

11.1 ベクトル，行列の微分，積分

工学においては成分が時間変数であるベクトルや行列を考えることが多い．さまざまな解析において，それらの時間微分を求める必要がある．成分が時間変数で与えられる，つぎの n 次元ベクトル $\boldsymbol{x}(t)$ と n 次正方行列 $A(t)$ を考えよう．

$$\boldsymbol{x}(t) = \begin{bmatrix} x_1(t) \\ \vdots \\ x_n(t) \end{bmatrix}, \quad A(t) = \begin{bmatrix} a_{11}(t) & a_{12}(t) & \cdots & a_{1n}(t) \\ \vdots & \vdots & \ddots & \vdots \\ a_{n1}(t) & a_{n2}(t) & \cdots & a_{nn}(t) \end{bmatrix} \tag{11.1}$$

ベクトル $\boldsymbol{x}(t)$ の時間に関する微分はつぎで定義される．

$$\frac{\mathrm{d}}{\mathrm{d}t}\boldsymbol{x}(t) = \begin{bmatrix} \dfrac{\mathrm{d}x_1(t)}{\mathrm{d}t} \\ \vdots \\ \dfrac{\mathrm{d}x_n(t)}{\mathrm{d}t} \end{bmatrix} \tag{11.2}$$

行列 $A(t)$ の微積分はつぎで定義される．

$$\frac{\mathrm{d}A(t)}{\mathrm{d}t} = \begin{bmatrix} \frac{\mathrm{d}a_{11}(t)}{\mathrm{d}t} & \frac{\mathrm{d}a_{12}(t)}{\mathrm{d}t} & \cdots & \frac{\mathrm{d}a_{1n}(t)}{\mathrm{d}t} \\ \vdots & \vdots & \ddots & \vdots \\ \frac{\mathrm{d}a_{n1}(t)}{\mathrm{d}t} & \frac{\mathrm{d}a_{n2}(t)}{\mathrm{d}t} & \cdots & \frac{\mathrm{d}a_{nn}(t)}{\mathrm{d}t} \end{bmatrix} \tag{11.3}$$

$$\int_{t_1}^{t_2} A(t)\mathrm{d}t = \begin{bmatrix} \int_{t_1}^{t_2} a_{11}(\tau)\mathrm{d}\tau & \int_{t_1}^{t_2} a_{12}(\tau)\mathrm{d}\tau & \cdots & \int_{t_1}^{t_2} a_{1n}(\tau)\mathrm{d}\tau \\ \vdots & \vdots & \ddots & \vdots \\ \int_{t_1}^{t_2} a_{n1}(\tau)\mathrm{d}\tau & \int_{t_1}^{t_2} a_{n2}(\tau)\mathrm{d}\tau & \cdots & \int_{t_1}^{t_2} a_{nn}(\tau)\mathrm{d}\tau \end{bmatrix} \tag{11.4}$$

このように微積分を与えれば，よく知られた積の微分や部分積分の公式が行列やベクトルの場合も成り立つ．

$$\frac{\mathrm{d}[A(t)B(t)]}{\mathrm{d}t} = \frac{\mathrm{d}A(t)}{\mathrm{d}t}B(t) + A(t)\frac{\mathrm{d}B(t)}{\mathrm{d}t} \tag{11.5}$$

$$\int_{t_1}^{t_2} \frac{\mathrm{d}A(\tau)}{\mathrm{d}\tau}B(\tau)\mathrm{d}\tau = [A(t)B(t)]_{t_1}^{t_2} - \int_{t_1}^{t_2} A(\tau)\frac{\mathrm{d}B(\tau)}{\mathrm{d}\tau}\mathrm{d}\tau \tag{11.6}$$

確認問題 11.1　つぎのベクトル $\boldsymbol{x}(t)$ と行列 $A(t)$ の時間微分を求めよ．

$$\boldsymbol{x}(t) = \begin{bmatrix} 2t^2 \\ \sin t \\ \cos t \end{bmatrix}, \quad A(t) = \begin{bmatrix} t^3 & \cos t \\ \sin t & 3t^2 \end{bmatrix}$$

❖

11.1.1　スカラー関数とベクトル関数のベクトル $\boldsymbol{x}$ による偏微分

ベクトル $\boldsymbol{x} \in \mathbb{R}^n$ に対して，あるスカラーを対応させる対応づけを $\mathbb{R}^n$ 上の**スカラー関数**（scalar function）という[1)]．例えば，$\boldsymbol{x} = \begin{bmatrix} x_1 \\ x_2 \\ \vdots \\ x_n \end{bmatrix}$ と $\boldsymbol{b} = \begin{bmatrix} b_1 \\ b_2 \\ \vdots \\ b_n \end{bmatrix}$ に対して，$\boldsymbol{x}$ と $\boldsymbol{b}$ との内積を $J(\boldsymbol{x})$ とすればつぎとなる．

$$J(\boldsymbol{x}) = (\boldsymbol{b}, \boldsymbol{x}) = \boldsymbol{b}^{\mathsf{T}}\boldsymbol{x} = b_1x_1 + b_2x_2 + \cdots + b_nx_n \tag{11.7}$$

1) 変数 x_i の 1 次の項のみからなるので 1 次形式と呼ばれる．

$\mathbb{R}^n$ 上のスカラー関数 $J(\boldsymbol{x})$ のベクトル $\boldsymbol{x}$ による偏微分をつぎで定義する．

$$\frac{\partial J(\boldsymbol{x})}{\partial \boldsymbol{x}} = \begin{bmatrix} \dfrac{\partial J(\boldsymbol{x})}{\partial x_1} \\ \vdots \\ \dfrac{\partial J(\boldsymbol{x})}{\partial x_n} \end{bmatrix} \tag{11.8}$$

このとき，式 (11.7) で与えられるスカラー関数 $J(\boldsymbol{x})$ のベクトル $\boldsymbol{x}$ に関する偏微分は式 (11.8) よりつぎとなる．

$$\frac{\partial J(\boldsymbol{x})}{\partial \boldsymbol{x}} = \begin{bmatrix} \dfrac{\partial(b_1x_1 + b_2x_2 + \cdots + b_nx_n)}{\partial x_1} \\ \vdots \\ \dfrac{\partial(b_1x_1 + b_2x_2 + \cdots + b_nx_n)}{\partial x_n} \end{bmatrix} = \begin{bmatrix} b_1 \\ \vdots \\ b_n \end{bmatrix} = \boldsymbol{b} \tag{11.9}$$

また，式 (11.8) は記号 **∇（ナブラ）** を使ってつぎで表すことも多い．

$$\frac{\partial J(\boldsymbol{x})}{\partial \boldsymbol{x}} = \nabla J(\boldsymbol{x}) \tag{11.10}$$

例 11.1 $J(\boldsymbol{x}) = -2x_1 + x_2 + 3x_3 - 9$ のベクトル $\boldsymbol{x}$ による偏微分を求めよう．

$$J(\boldsymbol{x}) = -2x_1 + x_2 + 3x_3 - 9 = \begin{bmatrix} -2 & 1 & 3 \end{bmatrix} \begin{bmatrix} x_1 \\ x_2 \\ x_3 \end{bmatrix} - 9 = \boldsymbol{b}^\mathsf{T}\boldsymbol{x} - 9$$

であるので，

$$\frac{\partial J(\boldsymbol{x})}{\partial \boldsymbol{x}} = \nabla J(\boldsymbol{x}) = \begin{bmatrix} -2 \\ 1 \\ 3 \end{bmatrix}$$

となる[2)]．ここで $x_1 = x$, $x_2 = y$, $x_3 = z$ とおくと，与式は $-2x + y + 3z - 9 = 0$ とすることができ，これは空間上の平面の方程式にほかならない．この場合，$\nabla J(\boldsymbol{x})$ は平面の法線ベクトルとなる．同様に考えることで，空間上の放物線，楕円体，曲面

2) 与式の右辺最終項 -9 は定数項なので $\boldsymbol{x}$ による偏微分に関係しない．

の接平面などを求めることが可能となり，これらの考え方は最適化の基礎となる[3)]．

❖

つぎに 2 次対称行列 $A = \begin{bmatrix} a_{11} & a_{12} \\ a_{12} & a_{22} \end{bmatrix}$ と，成分を変数とする 2 次元ベクトル $\boldsymbol{x} = \begin{bmatrix} x_1 \\ x_2 \end{bmatrix}$ について，つぎの $J(\boldsymbol{x})$ を考えよう．

$$\begin{aligned} J(\boldsymbol{x}) = \boldsymbol{x}^\top A\boldsymbol{x} &= \begin{bmatrix} x_1 & x_2 \end{bmatrix} \begin{bmatrix} a_{11} & a_{12} \\ a_{12} & a_{22} \end{bmatrix} \begin{bmatrix} x_1 \\ x_2 \end{bmatrix} \\ &= a_{11}x_1^2 + 2a_{12}x_1x_2 + a_{22}x_2^2 \end{aligned} \tag{11.11}$$

式 (11.11) の形式を**2 次形式**と呼び，$J(\boldsymbol{x})$ もスカラー値である[4)]．ここでは式 (11.11) で表されるスカラー関数 $J(\boldsymbol{x})$ のベクトル $\boldsymbol{x}$ に関する偏微分を考えよう．式 (11.8) に従って式 (11.11) のスカラー関数 $J(\boldsymbol{x})$ をベクトル $\boldsymbol{x}$ で偏微分するとつぎとなる．

$$\frac{\partial J(\boldsymbol{x})}{\partial \boldsymbol{x}} = \begin{bmatrix} \dfrac{\partial J(\boldsymbol{x})}{\partial x_1} \\ \dfrac{\partial J(\boldsymbol{x})}{\partial x_2} \end{bmatrix} = \begin{bmatrix} 2a_{11}x_1 + 2a_{12}x_2 \\ 2a_{12}x_1 + 2a_{22}x_2 \end{bmatrix} = 2A\boldsymbol{x} \tag{11.12}$$

この関係を n 次対称行列 A と，成分を変数とする n 次元ベクトル $\boldsymbol{x}$ に拡張するとつぎが成り立つ．

$$J(\boldsymbol{x}) = \boldsymbol{x}^\top A\boldsymbol{x} \Longrightarrow \frac{\partial J(\boldsymbol{x})}{\partial \boldsymbol{x}} = 2A\boldsymbol{x} \tag{11.13}$$

つぎにベクトル関数 $\boldsymbol{f}(\boldsymbol{x})$

$$\boldsymbol{f}(\boldsymbol{x}) = \begin{bmatrix} f_1(\boldsymbol{x}) \\ \vdots \\ f_n(\boldsymbol{x}) \end{bmatrix} = \begin{bmatrix} f_{11}x_1 + \cdots + f_{1n}x_n \\ \vdots \\ f_{n1}x_1 + \cdots + f_{nn}x_n \end{bmatrix} \tag{11.14}$$

のベクトル $\boldsymbol{x}$ による偏微分をつぎで定義する．

---

3) 参考図書 [6] を参照すること．
4) 2 次形式については講義 14 で詳しく説明する．

11

$$\frac{\partial f(\boldsymbol{x})}{\partial \boldsymbol{x}} = \begin{bmatrix} \dfrac{\partial f_1(\boldsymbol{x})}{\partial x_1} & \cdots & \dfrac{\partial f_n(\boldsymbol{x})}{\partial x_1} \\ \vdots & \ddots & \vdots \\ \dfrac{\partial f_1(\boldsymbol{x})}{\partial x_n} & \cdots & \dfrac{\partial f_n(\boldsymbol{x})}{\partial x_n} \end{bmatrix} = \begin{bmatrix} f_{11} & \cdots & f_{n1} \\ \vdots & \ddots & \vdots \\ f_{1n} & \cdots & f_{nn} \end{bmatrix} \tag{11.15}$$

このとき，n 次正方行列 A と成分を変数とする n 次元ベクトル $\boldsymbol{x}$ の積における $\boldsymbol{x}$ に関する偏微分を考えよう．すなわち

$$A = \begin{bmatrix} a_{11} & \cdots & a_{1n} \\ \vdots & \ddots & \vdots \\ a_{n1} & \cdots & a_{nn} \end{bmatrix}, \quad \boldsymbol{x} = \begin{bmatrix} x_1 \\ \vdots \\ x_n \end{bmatrix} \tag{11.16}$$

としたとき

$$A\boldsymbol{x} = \begin{bmatrix} a_{11}x_1 + \cdots + a_{1n}x_n \\ \vdots \\ a_{n1}x_1 + \cdots + a_{nn}x_n \end{bmatrix} \tag{11.17}$$

の $\boldsymbol{x}$ に関する偏微分は式 (11.15) よりつぎとなる．

$$\frac{\partial A\boldsymbol{x}}{\partial \boldsymbol{x}} = \begin{bmatrix} a_{11} & \cdots & a_{n1} \\ \vdots & \ddots & \vdots \\ a_{1n} & \cdots & a_{nn} \end{bmatrix} = A^\top \tag{11.18}$$

確認問題 11.2　つぎの関数の $\boldsymbol{x}$ に関する偏微分を求めよ．

$$J(\boldsymbol{x}) = \begin{bmatrix} x_1 & x_2 \end{bmatrix} \begin{bmatrix} 5 & 2 \\ 2 & 4 \end{bmatrix} \begin{bmatrix} x_1 \\ x_2 \end{bmatrix}, \quad f(\boldsymbol{x}) = \begin{bmatrix} 5 & 2 \\ 3 & 4 \end{bmatrix} \begin{bmatrix} x_1 \\ x_2 \end{bmatrix}$$

11.2　内積によるさまざまな表現

2.1.5 項で説明したとおり，$\boldsymbol{a} = \begin{bmatrix} a_1 \\ a_2 \\ \vdots \\ a_n \end{bmatrix}, \boldsymbol{b} = \begin{bmatrix} b_1 \\ b_2 \\ \vdots \\ b_n \end{bmatrix} \in \mathbb{R}^n$ に対して，内積

$(\boldsymbol{a},\boldsymbol{b})$ はつぎとなる．

$$(\boldsymbol{a},\boldsymbol{b}) = a_1b_1 + a_2b_2 + \cdots + a_nb_n = \sum_{i=1}^{n} a_ib_i \tag{11.19}$$

式 (11.19) は 3.2.2 項のベクトルの積の関係を使い，つぎで表すことができる．

$$(\boldsymbol{a},\boldsymbol{b}) = \begin{bmatrix} a_1 & a_2 & \cdots & a_n \end{bmatrix} \begin{bmatrix} b_1 \\ b_2 \\ \vdots \\ b_n \end{bmatrix} = \boldsymbol{a}^\top \boldsymbol{b} \tag{11.20}$$

また 2.1.4 項で説明したとおり，$\boldsymbol{a}$ のノルム（大きさ）はつぎで定義される．

$$\|\boldsymbol{a}\| = \sqrt{a_1^2 + a_2^2 + \cdots + a_n^2} \tag{11.21}$$

ここで式 (11.21) の右辺の平方根内は $\boldsymbol{a}^\top\boldsymbol{a}$ で表すことができるので，式 (11.21) はつぎで表すことができる．

$$\|\boldsymbol{a}\|^2 = \boldsymbol{a}^\top \boldsymbol{a} = (\boldsymbol{a},\boldsymbol{a}) \tag{11.22}$$

確認問題 11.3　2.1.5 項で説明した内積の基本性質 $(\boldsymbol{a}+\boldsymbol{b},\boldsymbol{c}) = (\boldsymbol{a},\boldsymbol{c}) + (\boldsymbol{b},\boldsymbol{c})$, $(\boldsymbol{a},\boldsymbol{b}+\boldsymbol{c}) = (\boldsymbol{a},\boldsymbol{b}) + (\boldsymbol{a},\boldsymbol{c})$ と式 (11.22) を用いて，$\|\boldsymbol{a}-\boldsymbol{b}\|^2$ を計算し，つぎが成り立つことを示せ．

$$(\boldsymbol{a},\boldsymbol{b}) = \frac{1}{2}\left(\|\boldsymbol{a}\|^2 + \|\boldsymbol{b}\|^2 - \|\boldsymbol{a}-\boldsymbol{b}\|^2\right)$$

❖

11

❖ 11.3　正射影ベクトル

本節ではコンピュータグラフィックスや画像圧縮，信号処理などの考え方の基礎を与える**正射影ベクトル**について説明する．

図 11.1(a) に示す，なす角が θ となる 2 つのベクトル $\boldsymbol{a}$ と $\boldsymbol{b}$ を考えよう．ベクトル $\boldsymbol{b}$ の終点からベクトル $\boldsymbol{a}$ に下ろした垂線とベクトル $\boldsymbol{a}$ が交わる点を Q とする．いま，ベクトル $\boldsymbol{b}$ の上方からベクトル $\boldsymbol{a}$ に垂直に降り注ぐ光があてられているとすると，ベクトル $\boldsymbol{b}$ の影がベクトル $\boldsymbol{a}$ にできるが，この影の

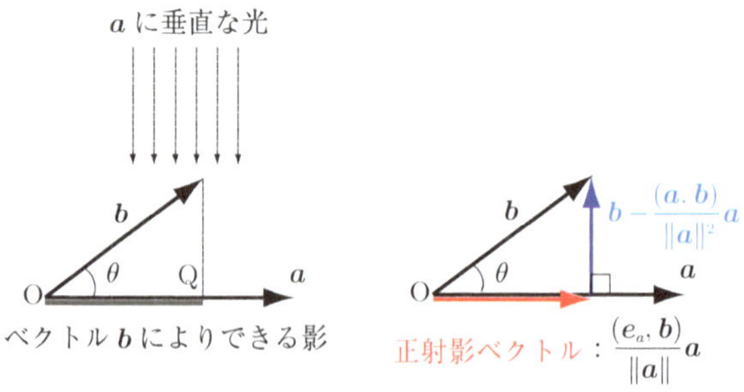

(a) 正射影の長さ　　(b) a に垂直なベクトル

図 11.1　正射影ベクトル

長さはベクトル $\overrightarrow{\mathrm{OQ}}$ の長さと同じであり，これを**正射影の長さ**と呼ぶ．ベクトル $\boldsymbol{b}$ の大きさを $\|\boldsymbol{b}\|$ とすると，正射影の長さはつぎで与えられる．

$$\|\boldsymbol{b}\|\cos\theta \tag{11.23}$$

ここでベクトル $\boldsymbol{a}$ に沿った単位ベクトル $\boldsymbol{e}_a$ は $\boldsymbol{e}_a = \dfrac{1}{\|\boldsymbol{a}\|}\boldsymbol{a}$ で表されるので，式 (11.23) はつぎで表される[5]．

$$\|\boldsymbol{b}\|\cos\theta = (\boldsymbol{e}_a, \boldsymbol{b}) \tag{11.24}$$

つぎにベクトル $\overrightarrow{\mathrm{OQ}}$，すなわち正射影ベクトルをベクトル $\boldsymbol{a}, \boldsymbol{b}$ を使って表そう．正射影の長さは式 (11.23) で与えられており，正射影ベクトルはベクトル $\boldsymbol{a}$ に沿っているので，正射影ベクトルはつぎで与えられる．

$$\|\boldsymbol{b}\|\cos\theta\,\boldsymbol{e}_a = \frac{\|\boldsymbol{b}\|\cos\theta}{\|\boldsymbol{a}\|}\boldsymbol{a} = \frac{(\boldsymbol{e}_a, \boldsymbol{b})}{\|\boldsymbol{a}\|}\boldsymbol{a} \tag{11.25}$$

正射影ベクトルの終点を始点とし，ベクトル $\boldsymbol{a}$ に垂直で終点がベクトル $\boldsymbol{b}$ の終点と一致するベクトルを求めよう．図 11.1(b) の関係より，求めるベクトルはつぎで与えられる．

$$\boldsymbol{b} - \frac{\|\boldsymbol{b}\|\cos\theta}{\|\boldsymbol{a}\|}\boldsymbol{a} = \boldsymbol{b} - \frac{\|\boldsymbol{a}\|\|\boldsymbol{b}\|\cos\theta}{\|\boldsymbol{a}\|^2}\boldsymbol{a} = \boldsymbol{b} - \frac{(\boldsymbol{a}, \boldsymbol{b})}{\|\boldsymbol{a}\|^2}\boldsymbol{a} \tag{11.26}$$

式 (11.24), (11.25), (11.26) はそれぞれベクトル $\boldsymbol{a}, \boldsymbol{b}, \boldsymbol{e}_a$ の内積とノルムの

5) 単位ベクトル $\boldsymbol{e}_a$ は $\|\boldsymbol{e}_a\| = 1$ となることに注意しよう．

計算によって与えられ，2つのベクトルのなす角 θ を使わなくても求められることに注意しよう．

確認問題 11.4 図 11.1(a) のベクトルが $\boldsymbol{a} = \begin{bmatrix} 2 \\ 0 \end{bmatrix}$, $\boldsymbol{b} = \begin{bmatrix} \sqrt{3} \\ 1 \end{bmatrix}$ であるとき，正射影ベクトルを求めよ．また，正射影ベクトルの終点を始点とし，ベクトル $\boldsymbol{a}$ に垂直で終点がベクトル $\boldsymbol{b}$ の終点と一致するベクトルを求めよ． ❖

❖11.4 ベクトルの外積

11.4.1 ベクトルの外積の定義と基本性質

力のモーメント，電磁気学，結晶学など幅広い応用を持つ**外積**（outer product）について説明する．3 次元空間内の xyz 座標空間上（直交座標系）における 2 つの零ベクトルでないベクトル $\boldsymbol{a}, \boldsymbol{b} \in \mathbb{R}^3$ について考えよう[6]．

ベクトル $\boldsymbol{a} = \begin{bmatrix} a_1 \\ a_2 \\ a_3 \end{bmatrix}$, $\boldsymbol{b} = \begin{bmatrix} b_1 \\ b_2 \\ b_3 \end{bmatrix}$ の**外積**（**ベクトル積**）をつぎで表す．

$$\boldsymbol{a} \times \boldsymbol{b} = \begin{bmatrix} a_2b_3 - a_3b_2 \\ a_3b_1 - a_1b_3 \\ a_1b_2 - a_2b_1 \end{bmatrix} \tag{11.27}$$

ここで × の記号はベクトル $\boldsymbol{a}$ と $\boldsymbol{b}$ の掛け算ではなく，外積という演算の意味で使われている．ベクトル同士の内積はスカラーとなるが，**外積はベクトルとなる**ことに注意しよう．

ここで，つぎの計算を考えよう．

$$\begin{aligned} \|\boldsymbol{a} \times \boldsymbol{b}\|^2 &= (\boldsymbol{a} \times \boldsymbol{b}, \boldsymbol{a} \times \boldsymbol{b}) \\ &= (a_2b_3 - a_3b_2)^2 + (a_3b_1 - a_1b_3)^2 + (a_1b_2 - a_2b_1)^2 \\ &= (a_1^2 + a_2^2 + a_3^2)(b_1^2 + b_2^2 + b_3^2) - (a_1b_1 + a_2b_2 + a_3b_3)^2 \\ &= \|\boldsymbol{a}\|^2\|\boldsymbol{b}\|^2 - (\boldsymbol{a}, \boldsymbol{b})^2 \end{aligned}$$

いま，$(\boldsymbol{a}, \boldsymbol{b}) = \|\boldsymbol{a}\|\|\boldsymbol{b}\| \cos\theta$ であるので，つぎが成り立つ[7]．

---
6) 外積は 2 次元ベクトルでは定義されない．
7) ベクトル $\boldsymbol{a}$ と $\boldsymbol{b}$ のなす角の小さい方を $\theta(0 \leq \theta \leq \pi)$ とする．

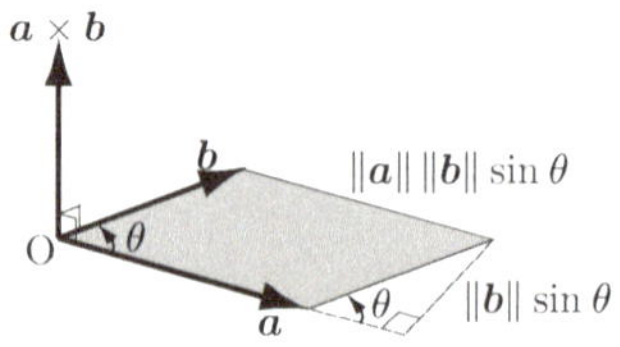

図 11.2 2 つのベクトル $\boldsymbol{a}, \boldsymbol{b}$ と外積の関係

$$
\begin{aligned}
\|\boldsymbol{a} \times \boldsymbol{b}\|^2 &= \|\boldsymbol{a}\|^2\|\boldsymbol{b}\|^2 - \|\boldsymbol{a}\|^2\|\boldsymbol{b}\|^2\cos^2\theta \\
&= \|\boldsymbol{a}\|^2\|\boldsymbol{b}\|^2(1-\cos^2\theta) = \|\boldsymbol{a}\|^2\|\boldsymbol{b}\|^2\sin^2\theta
\end{aligned}
$$

ここで $\sin\theta \geq 0$ なので，つぎが成り立つことがわかる．

$$
\|\boldsymbol{a} \times \boldsymbol{b}\| = \|\boldsymbol{a}\|\|\boldsymbol{b}\|\sin\theta
$$

したがって，$\boldsymbol{a} \times \boldsymbol{b}$ の大きさは図 11.2 の灰色部の面積（底辺を $\|\boldsymbol{a}\|$，高さを $\|\boldsymbol{b}\|\sin\theta$ とする平行四辺形の面積）と等しい．

また $\boldsymbol{a} \times \boldsymbol{b}$ は $\boldsymbol{a}$ と $\boldsymbol{b}$ にそれぞれ直交し，その向きは $\boldsymbol{a}$ から $\boldsymbol{b}$ に右ねじを回すときの進む向きに等しい．図 11.2 にこれらのベクトルの関係を示す．

確認問題 11.5 式 (11.27) に示した 2 つのベクトルの外積 $\boldsymbol{a} \times \boldsymbol{b}$ と，ベクトル $\boldsymbol{a}$，$\boldsymbol{b}$ がそれぞれ直交していることを示せ． ❖

ベクトルの外積はつぎの性質を持つ．

外積の基本性質

ベクトル $\boldsymbol{a}, \boldsymbol{b}, \boldsymbol{c} \in \mathbb{R}^3$ と実数 k について，つぎが成立する．

(1) $\boldsymbol{a} \times \boldsymbol{b} = -\boldsymbol{b} \times \boldsymbol{a}$

(2) $\boldsymbol{a} \times \boldsymbol{a} = 0$

(3) $(k\boldsymbol{a}) \times \boldsymbol{b} = \boldsymbol{a} \times (k\boldsymbol{b}) = k(\boldsymbol{a} \times \boldsymbol{b})$

(4) $\boldsymbol{a} \times (\boldsymbol{b} + \boldsymbol{c}) = \boldsymbol{a} \times \boldsymbol{b} + \boldsymbol{a} \times \boldsymbol{c}$，$(\boldsymbol{a} + \boldsymbol{b}) \times \boldsymbol{c} = \boldsymbol{a} \times \boldsymbol{c} + \boldsymbol{b} \times \boldsymbol{c}$

ベクトルの内積と異なり，外積では交換則が成り立たないことに注意する．

xyz 座標空間上の基本ベクトルを $\boldsymbol{e}_1$, $\boldsymbol{e}_2$, $\boldsymbol{e}_3$ とすると，これらは互いに直交しているのでつぎの関係が成り立つ．

$$\boldsymbol{e}_1 \times \boldsymbol{e}_1 = \boldsymbol{e}_2 \times \boldsymbol{e}_2 = \boldsymbol{e}_3 \times \boldsymbol{e}_3 = 0 \tag{11.28}$$

$$\boldsymbol{e}_1 \times \boldsymbol{e}_2 = \boldsymbol{e}_3, \quad \boldsymbol{e}_2 \times \boldsymbol{e}_3 = \boldsymbol{e}_1, \quad \boldsymbol{e}_3 \times \boldsymbol{e}_1 = \boldsymbol{e}_2 \tag{11.29}$$

$$\boldsymbol{e}_2 \times \boldsymbol{e}_1 = -\boldsymbol{e}_3, \quad \boldsymbol{e}_3 \times \boldsymbol{e}_2 = -\boldsymbol{e}_1, \quad \boldsymbol{e}_1 \times \boldsymbol{e}_3 = -\boldsymbol{e}_2 \tag{11.30}$$

基本ベクトル同士の外積の関係は図 11.3 で表すことができる．

これより，ベクトル $\boldsymbol{a} = a_1\boldsymbol{e}_1 + a_2\boldsymbol{e}_2 + a_3\boldsymbol{e}_3$ と $\boldsymbol{b} = b_1\boldsymbol{e}_1 + b_2\boldsymbol{e}_2 + b_3\boldsymbol{e}_3$ の外積はつぎとなることがわかる（➡ 演習問題 11.1）[8]．

$$\boldsymbol{a}\times\boldsymbol{b} = (a_2b_3-a_3b_2)\boldsymbol{e}_1+(a_3b_1-a_1b_3)\boldsymbol{e}_2+(a_1b_2-a_2b_1)\boldsymbol{e}_3 \tag{11.31}$$

基本ベクトルを記号とみなせば式 (11.31) はつぎで書くこともできる．

$$\boldsymbol{a} \times \boldsymbol{b} = \begin{vmatrix} \boldsymbol{e}_1 & \boldsymbol{e}_2 & \boldsymbol{e}_3 \\ a_1 & a_2 & a_3 \\ b_1 & b_2 & b_3 \end{vmatrix} \tag{11.32}$$

すなわち，式 (11.32) は基本ベクトルとベクトルの成分を記号とみなして行列形式に並べ，その行列式を計算すれば式 (11.27) が得られる便利な記法といえる．

ベクトルの外積の概念は力学におけるトルクやモーメント，電磁気学におけるフレミングの法則，流体工学などにおいて重要となる．

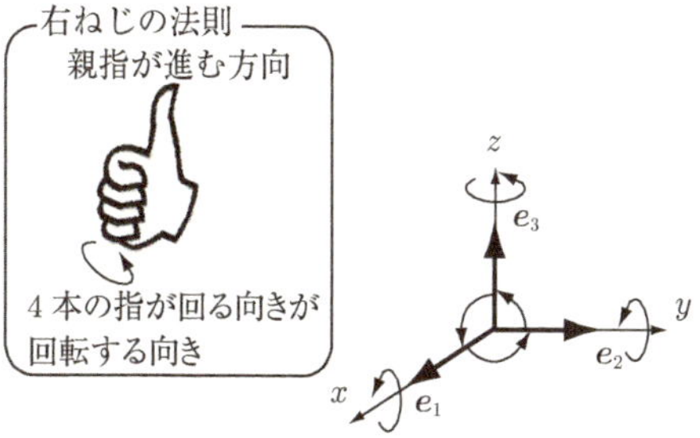

図 11.3 基本ベクトル同士の外積の関係

8) 基本ベクトルによるベクトルの表現については式 (2.10) を参照すること．

確認問題 11.6　式 (11.29) が成立することを確かめよ．

11.4.2 ベクトルの外積による応用

図 11.4 に示すベクトル $\boldsymbol{a}, \boldsymbol{b}, \boldsymbol{c}$ を 3 辺とする平行六面体の体積を外積を利用して求めることを考えよう．いま，外積の性質より六面体の底面の面積は $\|\boldsymbol{a}\times\boldsymbol{b}\|$（$\boldsymbol{a}\times\boldsymbol{b}$ の大きさ）で与えられる．ここで $\boldsymbol{a}\times\boldsymbol{b}$ と $\boldsymbol{c}$ のなす角を θ とすると，六面体の高さは $\|\boldsymbol{c}\||\cos\theta|$（ベクトル $\boldsymbol{c}$ の大きさと $\cos\theta$ の絶対値を掛ける）となる．したがって，求める平行六面体の体積 V はつぎで求めることができる．

$$\begin{aligned} V &= \|\boldsymbol{a}\times\boldsymbol{b}\|\|\boldsymbol{c}\||\cos\theta| \\ &= |(\boldsymbol{a}\times\boldsymbol{b},\boldsymbol{c})| \quad (\boldsymbol{a}\times\boldsymbol{b} \text{ と } \boldsymbol{c} \text{ の内積の絶対値}) \end{aligned} \tag{11.33}$$

式 (11.33) より，$V \neq 0$ のとき内積 $(\boldsymbol{a}\times\boldsymbol{b},\boldsymbol{c})$ は正，または負の値となり，2 つの場合にまとめることができる．

- $(a\times b, c)$ が**正のとき**：3 つのベクトル $\boldsymbol{a}, \boldsymbol{b}, \boldsymbol{c}$ は**右手系**と呼ばれる関係にある．
- $(a\times b, c)$ が**負のとき**：3 つのベクトル $\boldsymbol{a}, \boldsymbol{b}, \boldsymbol{c}$ は**左手系**と呼ばれる関係にある．

よって内積 $(\boldsymbol{a}\times\boldsymbol{b},\boldsymbol{c})$ は 3 つのベクトル $\boldsymbol{a}, \boldsymbol{b}, \boldsymbol{c}$ で張られる平行六面体の**符号付き体積**と呼ばれる．

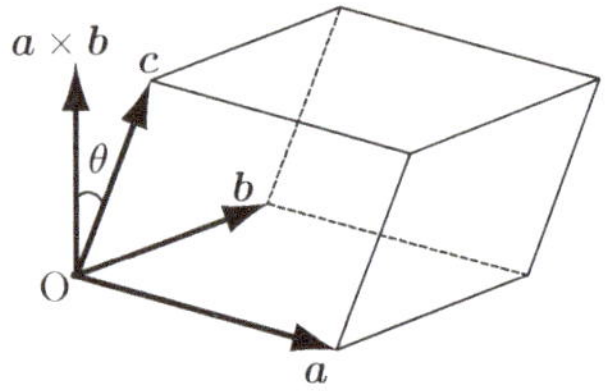

図 11.4　平行六面体の体積

図 11.4 においてベクトル $\boldsymbol{a} = \begin{bmatrix} a_1 \\ a_2 \\ a_3 \end{bmatrix}$, $\boldsymbol{b} = \begin{bmatrix} b_1 \\ b_2 \\ b_3 \end{bmatrix}$, $\boldsymbol{c} = \begin{bmatrix} c_1 \\ c_2 \\ c_3 \end{bmatrix}$ とすると

$$
\begin{aligned}
(\boldsymbol{a} \times \boldsymbol{b}, \boldsymbol{c}) &= (a_2b_3 - a_3b_2)c_1 + (a_3b_1 - a_1b_3)c_2 + (a_1b_2 - a_2b_1)c_3 \\
&= a_1b_2c_3 + b_1c_2a_3 + c_1a_2b_3 - a_1b_3c_2 - b_1c_3a_2 - c_1a_3b_2
\end{aligned}
\tag{11.34}
$$

となり，符号付き体積は 3 つのベクトル $\boldsymbol{a}, \boldsymbol{b}, \boldsymbol{c}$ を並べてできる行列

$$
[\boldsymbol{a}, \boldsymbol{b}, \boldsymbol{c}] = \begin{bmatrix} a_1 & b_1 & c_1 \\ a_2 & b_2 & c_2 \\ a_3 & b_3 & c_3 \end{bmatrix} \tag{11.35}
$$

の行列式に等しい．よって，3 次元空間内に 3 つのベクトルの座標が与えられた場合，その **3 つのベクトルで張られる平行六面体の体積は式 (11.35) の行列の行列式の絶対値で求められる**ことがわかる[9]．ここで，$[\boldsymbol{a}, \boldsymbol{b}, \boldsymbol{c}] = (\boldsymbol{a} \times \boldsymbol{b}, \boldsymbol{c})$ と表し，$[\boldsymbol{a}, \boldsymbol{b}, \boldsymbol{c}]$ を**グラスマン積**または**3 重積**と呼ぶ．また，つぎの性質が成り立ち**スカラー 3 重積**と呼ばれる[10]．

$$
[\boldsymbol{a}, \boldsymbol{b}, \boldsymbol{c}] = (\boldsymbol{a} \times \boldsymbol{b}, \boldsymbol{c}) = (\boldsymbol{b} \times \boldsymbol{c}, \boldsymbol{a}) = (\boldsymbol{c} \times \boldsymbol{a}, \boldsymbol{b}) \tag{11.36}
$$

3 つのベクトルの外積について，**ベクトル 3 重積**と呼ばれるつぎの性質が成り立つ．

$$
\boldsymbol{a} \times (\boldsymbol{b} \times \boldsymbol{c}) = (\boldsymbol{a}, \boldsymbol{c})\boldsymbol{b} - (\boldsymbol{a}, \boldsymbol{b})\boldsymbol{c} \tag{11.37}
$$

さらに**ヤコビの恒等式**と呼ばれるつぎの性質も成り立つ．

$$
\boldsymbol{a} \times (\boldsymbol{b} \times \boldsymbol{c}) + \boldsymbol{b} \times (\boldsymbol{c} \times \boldsymbol{a}) + \boldsymbol{c} \times (\boldsymbol{a} \times \boldsymbol{b}) = 0 \tag{11.38}
$$

---

9) 3 つのベクトルが決まれば平行六面体が決まるため，数学的には「3 つのベクトルで張られる」と表現する．

10) 組合せに応じて外積と内積の計算を行うことで式 (11.36) を示すことができるが，行列式の性質からも成り立つことがわかる．

講義 11 のまとめ

- 関数のベクトルによる偏微分は応用上重要となる.
- 正射影ベクトルの考え方はさまざまな分野で活用される.
- 平行六面体の体積を求めたり，電磁気学，力学などさまざまな分野で外積は活用され，応用上重要となる.

演習問題

11.1 外積の基本性質 (4) と式 (11.28)， (11.29)， (11.30) を用いて式 (11.31) が成立することを確かめよ．

11.2 3 次元ベクトル $\boldsymbol{a}=\begin{bmatrix}1\\3\\-2\end{bmatrix}, \boldsymbol{b}=\begin{bmatrix}1\\1\\3\end{bmatrix}, \boldsymbol{c}=\begin{bmatrix}-3\\3\\1\end{bmatrix}$ に対して，つぎを求めよ．

(1) $\boldsymbol{a}\times\boldsymbol{b}$

(2) $\boldsymbol{b}\times\boldsymbol{c}$

(3) $\boldsymbol{c}\times\boldsymbol{a}$

(4) $(\boldsymbol{a}+\boldsymbol{b})\times(\boldsymbol{b}-\boldsymbol{c})$

(5) $\boldsymbol{a}, \boldsymbol{b}$ で作られる平行四辺形の面積

(6) $\boldsymbol{a}, \boldsymbol{b}, \boldsymbol{c}$ で作られる平行六面体の体積（右手系か左手系かも判別せよ）

講義 12

ベクトル空間・基底ベクトル

本講では，これまで学んできた事柄を，ベクトル空間という考え方を通して，統一的に説明する．特に，基底ベクトルという応用上重要な考え方について説明する．基底ベクトルを考えることは，信号処理や画像処理，データ圧縮といった工学の応用上，重要な知識の基礎となる．

講義 12 のポイント

- $\mathbb{R}^n$ の次元，基底ベクトルを理解しよう．
- 1 次独立なベクトルの組と基底の関係を理解しよう．
- 正規直交基底を理解しよう．

12.1　次元と基底ベクトル

つぎの連立 1 次方程式を考えよう．

$$\begin{cases} 2x_1 - 3x_2 = 15 \\ x_1 - x_2 = 6 \end{cases} \tag{12.1}$$

ベクトルを使って，式 (12.1) はつぎのように書き直すことができる．

$$x_1 \begin{bmatrix} 2 \\ 1 \end{bmatrix} + x_2 \begin{bmatrix} -3 \\ -1 \end{bmatrix} = \begin{bmatrix} 15 \\ 6 \end{bmatrix} \tag{12.2}$$

この連立方程式の解は $x_1 = 3, x_2 = -3$ なので，つぎを得る．

$$3 \begin{bmatrix} 2 \\ 1 \end{bmatrix} + (-3) \begin{bmatrix} -3 \\ -1 \end{bmatrix} = \begin{bmatrix} 15 \\ 6 \end{bmatrix} \tag{12.3}$$

式 (12.3) は右辺の $\begin{bmatrix} 15 \\ 6 \end{bmatrix} \in \mathbb{R}^2$ が左辺の $\begin{bmatrix} 2 \\ 1 \end{bmatrix}$, $\begin{bmatrix} -3 \\ -1 \end{bmatrix} \in \mathbb{R}^2$ の 1 次結合で表されることを意味している．本節ではこのような，あるベクトルが他のベクトルの 1 次結合で表されることについて説明する．

これまで本書で取り扱ったベクトルは講義 02 で説明したベクトル空間に

属する．ここではベクトル空間に属するベクトルの性質について考える．

まず，ベクトル空間 $\mathbb{R}^n$ の**次元**（dimension）について説明する．ベクトル空間 $\mathbb{R}^n$ の次元とは $\mathbb{R}^n$ に属する零ベクトルでない互いに 1 次独立であるベクトルの最大数のことで，つぎが成り立つ．

ベクトル空間 $\mathbb{R}^n$ の次元

ベクトル空間 $\mathbb{R}^n$ に属する零ベクトルでない互いに 1 次独立なベクトルの最大数は n である（$\mathbb{R}^n$ に属する零ベクトルでない互いに 1 次独立なベクトルは高々 n 個である[1)]）．このとき，$\mathbb{R}^n$ の次元は n 次元といい，$\dim \mathbb{R}^n = n$ と書く．

ベクトル空間 $\mathbb{R}^n$ の次元が n であることから，$\mathbb{R}^n$ には零ベクトルでない互いに 1 次独立なベクトルが高々 n 個あることになる．このとき，ベクトル空間 $\mathbb{R}^n$ の**基底ベクトル**（basis vector）がつぎのように定義される．

ベクトル空間 $\mathbb{R}^n$ の基底ベクトルの定義

ベクトル空間 $\mathbb{R}^n$ に属する n 個の互いに 1 次独立なベクトル $\boldsymbol{a}_1, \boldsymbol{a}_2, \cdots, \boldsymbol{a}_n$ を，ベクトル空間 $\mathbb{R}^n$ の基底ベクトルという．ただし，$\boldsymbol{a}_i \neq \boldsymbol{0} (i = 1, 2, \cdots, n)$ である．

ベクトル空間 $\mathbb{R}^n$ の基底ベクトル[2)]に対してつぎの性質が成り立つ．

1)「高々」とは「多くとも」という意味で，英語の at most に対応する．

2) $\mathbb{R}^n$ のある基底ベクトル $\boldsymbol{a}_1, \boldsymbol{a}_2, \cdots, \boldsymbol{a}_i, \cdots, \boldsymbol{a}_k, \cdots, \boldsymbol{a}_n$ に対してその順番が入れ替わったベクトルの組，例えば $\boldsymbol{a}_1, \boldsymbol{a}_2, \cdots, \boldsymbol{a}_k, \cdots, \boldsymbol{a}_i, \cdots, \boldsymbol{a}_n$ は別の基底ベクトルとみなす．

基底ベクトルの性質

ベクトル空間 $\mathbb{R}^n$ の基底ベクトルを $\boldsymbol{a}_1, \boldsymbol{a}_2, \cdots, \boldsymbol{a}_n$ とする．このとき，任意のベクトル $\boldsymbol{a} \in \mathbb{R}^n$ は $\boldsymbol{a}_1, \boldsymbol{a}_2, \cdots, \boldsymbol{a}_n$ の 1 次結合で表すことができ，さらにその表し方は 1 通りである．すなわち，$c_1, c_2, \cdots, c_n$ を実数とすると，

$$\boldsymbol{a} = c_1\boldsymbol{a}_1 + c_2\boldsymbol{a}_2 + \cdots + c_n\boldsymbol{a}_n \tag{12.4}$$

の形に表すことができ，さらにその表し方は 1 通りである（式 (12.4) を満足する実数 $c_i (i = 1, 2, \cdots, n)$ が 1 組のみ存在する）．

この基底ベクトルの性質が成り立つことを説明する．まず，任意の $\boldsymbol{a} \in \mathbb{R}^n$ が式 (12.4) の形に表されることについて説明する．

- 式 (12.4) の左辺の $\boldsymbol{a}$ が零ベクトルのとき
  $c_1 = c_2 = \cdots = c_n = 0$ とすることで，式 (12.4) の形に表される．
- 式 (12.4) の左辺の $\boldsymbol{a}$ が $\boldsymbol{a}_1, \boldsymbol{a}_2, \cdots, \boldsymbol{a}_n$ のいずれかに等しいとき
  例えば，$\boldsymbol{a} = \boldsymbol{a}_i$ (i は $1, 2, \cdots, n$ のいずれか) とする．$c_i = 1$ とし，それ以外を $c_j = 0$（$j = 1, 2, \cdots, n$ ただし，$j \neq i$）とすると式 (12.4) の形に表される．
- 式 (12.4) の左辺の $\boldsymbol{a}$ が $\boldsymbol{a} \neq \boldsymbol{0}$ かつ $\boldsymbol{a}_1, \boldsymbol{a}_2, \cdots, \boldsymbol{a}_n$ のいずれとも等しくないとき
  次式を満足する $n+1$ 個の実数 $d_1, d_2, \cdots, d_n, d$ を考えよう．

$$d_1\boldsymbol{a}_1 + d_2\boldsymbol{a}_2 + \cdots + d_n\boldsymbol{a}_n + d\boldsymbol{a} = \boldsymbol{0} \tag{12.5}$$

このとき，$d \neq 0$ である．もし，$d = 0$ ならば，$\mathbb{R}^n$ に属する $n+1$ 個の零ベクトルでないベクトル $\boldsymbol{a}_1, \boldsymbol{a}_2, \cdots, \boldsymbol{a}_n, \boldsymbol{a}$ が互いに 1 次独立となり，$\mathbb{R}^n$ が n 次元であることに反する．したがって，$d \neq 0$ である．$d \neq 0$ より，式 (12.5) はつぎのように書き直すことができる．

$$\boldsymbol{a} = -\frac{d_1}{d}\boldsymbol{a}_1 - \frac{d_2}{d}\boldsymbol{a}_2 - \cdots - \frac{d_n}{d}\boldsymbol{a}_n \tag{12.6}$$

したがって，$c_1 = -\dfrac{d_1}{d}, c_2 = -\dfrac{d_2}{d}, \cdots, c_n = -\dfrac{d_n}{d}$ とすると式 (12.4)

の形に表される．

つぎに，任意の $\boldsymbol{a} \in \mathbb{R}^n$ が式 (12.4) の形に 1 通りに表されることを説明する．任意の $\boldsymbol{a} \in \mathbb{R}^n$ がつぎの 2 通りに表されたと仮定する．

$$\boldsymbol{a} = c_1\boldsymbol{a}_1 + c_2\boldsymbol{a}_2 + \cdots + c_n\boldsymbol{a}_n \tag{12.7}$$

$$\boldsymbol{a} = d_1\boldsymbol{a}_1 + d_2\boldsymbol{a}_2 + \cdots + d_n\boldsymbol{a}_n \tag{12.8}$$

ただし c_i，d_i $(i = 1, 2, \cdots, n)$ は実数である．式 (12.7) と式 (12.8) の辺々を引くとつぎが得られる．

$$\boldsymbol{0} = (c_1 - d_1)\boldsymbol{a}_1 + (c_2 - d_2)\boldsymbol{a}_2 + \cdots + (c_n - d_n)\boldsymbol{a}_n \tag{12.9}$$

$\boldsymbol{a}_1, \boldsymbol{a}_2, \cdots, \boldsymbol{a}_n$ が互いに 1 次独立なので，式 (12.9) を満足する $c_1 - d_1, c_2 - d_2, \cdots, c_n - d_n$ は $c_1 - d_1 = 0, c_2 - d_2 = 0, \cdots, c_n - d_n = 0$ のみである．すなわち，$c_1 = d_1, c_2 = d_2, \cdots, c_n = d_n$ である．よって，任意の $\boldsymbol{a} \in \mathbb{R}^n$ が式 (12.7) と式 (12.8) の 2 通りに表されたと仮定しても，それらは同じ表現であることが示された．すなわち，式 (12.4) の形に 1 通りに表される．

基底ベクトルに関しては，つぎのことに注意しよう．$\mathbb{R}^n$ の基底ベクトルであるための条件は零ベクトルでない互いに 1 次独立な n 個のベクトルの組であることなので，n 個のベクトルの組合せは 1 通りではない．しかし，基底ベクトルの個数は $\mathbb{R}^n$ に属する零ベクトルでない互いに 1 次独立なベクトルの最大数（$\mathbb{R}^n$ の次元）なので，どのような組合せであってもその個数は n 個である．

例 1 2.1 7.3 節で説明した性質を用いると $\mathbb{R}^2$ に属するベクトル $\boldsymbol{a}_1 = \begin{bmatrix} 1 \\ 1 \end{bmatrix}, \boldsymbol{a}_2 = \begin{bmatrix} -1 \\ 2 \end{bmatrix}$ は，互いに 1 次独立なベクトルであることがわかる．すなわち，$\mathbb{R}^2$ における基底ベクトルである．このとき，$\boldsymbol{a} = \begin{bmatrix} -3 \\ -1 \end{bmatrix} \in \mathbb{R}^2$ をこの基底ベクトル $\boldsymbol{a}_1, \boldsymbol{a}_2$ の 1 次結合で表すことを考えよう．

$\boldsymbol{a}_1, \boldsymbol{a}_2$ が $\mathbb{R}^2$ の基底ベクトルなので，つぎを満足する実数 c_1, c_2 が 1 組存在する．

$$\boldsymbol{a} = c_1\boldsymbol{a}_1 + c_2\boldsymbol{a}_2 \tag{12.10}$$

$\boldsymbol{a}_1 = \begin{bmatrix} 1 \\ 1 \end{bmatrix}, \boldsymbol{a}_2 = \begin{bmatrix} -1 \\ 2 \end{bmatrix}, \boldsymbol{a} = \begin{bmatrix} -3 \\ -1 \end{bmatrix}$ を式 (12.10) に代入し整理すると，つぎの非同

次連立1次方程式（の行列・ベクトル表示）を得る．

$$\begin{bmatrix} 1 & -1 \\ 1 & 2 \end{bmatrix} \begin{bmatrix} c_1 \\ c_2 \end{bmatrix} = \begin{bmatrix} -3 \\ -1 \end{bmatrix} \tag{12.11}$$

ここで，係数行列 $A = \begin{bmatrix} 1 & -1 \\ 1 & 2 \end{bmatrix}$ の逆行列は $A^{-1} = \frac{1}{3} \begin{bmatrix} 2 & 1 \\ -1 & 1 \end{bmatrix}$ となるので，式 (12.11) の解は $\begin{bmatrix} c_1 \\ c_2 \end{bmatrix} = \begin{bmatrix} -7/3 \\ 2/3 \end{bmatrix}$ となる．よって，$\boldsymbol{a} = -\frac{7}{3}\boldsymbol{a}_1 + \frac{2}{3}\boldsymbol{a}_2$ と1通りに書き表すことができる． ❖

ここで，式 (12.10) を満足する実数 c_1, c_2 は連立1次方程式 (12.11) を解いて得られたことに注意しよう．このことは $\mathbb{R}^n$ に対しても成り立つ．いま，$\boldsymbol{a}_1, \boldsymbol{a}_2, \cdots, \boldsymbol{a}_n$ を $\mathbb{R}^n$ の基底ベクトルとする．任意のベクトル $\boldsymbol{b} \in \mathbb{R}^n$ に対して，

$$\boldsymbol{b} = c_1\boldsymbol{a}_1 + c_2\boldsymbol{a}_2 + \cdots + c_n\boldsymbol{a}_n \tag{12.12}$$

を満足する実数 $c_1, c_2, \cdots, c_n$ はつぎの $\boldsymbol{a}_1, \boldsymbol{a}_2, \cdots, \boldsymbol{a}_n$ を順番に並べた n 次正方行列 A と $\mathbb{R}^n$ に属するベクトル $\boldsymbol{x}$

$$A = \begin{bmatrix} \boldsymbol{a}_1 & \boldsymbol{a}_2 & \cdots & \boldsymbol{a}_n \end{bmatrix}, \quad \boldsymbol{x} = \begin{bmatrix} c_1 \\ c_2 \\ \vdots \\ c_n \end{bmatrix} \tag{12.13}$$

に対して，連立1次方程式

$$A\boldsymbol{x} = \boldsymbol{b} \tag{12.14}$$

を解くことによって決定できる．

❖ 12.2 正規直交基底

前節では，$\mathbb{R}^n$ の基底ベクトルについて説明した．本節は基底ベクトルのうち特別な性質を持つ基底ベクトルについて説明する．

互いに直交する2個のベクトル $\boldsymbol{a}_1, \boldsymbol{a}_2 \in \mathbb{R}^n (\boldsymbol{a}_1, \boldsymbol{a}_2 \neq \boldsymbol{0})$ を考えよう．す

なわち，$(\boldsymbol{a}_1, \boldsymbol{a}_2) = 0$ である．このとき，$\boldsymbol{a}_1, \boldsymbol{a}_2$ は互いに 1 次独立であることを示す．まず，つぎを満足する実数 c_1, c_2 を求める．

$$c_1\boldsymbol{a}_1 + c_2\boldsymbol{a}_2 = \boldsymbol{0} \tag{12.15}$$

式 (12.15) の両辺と $\boldsymbol{a}_1$ の内積はつぎとなる．

$$(c_1\boldsymbol{a}_1 + c_2\boldsymbol{a}_2, \boldsymbol{a}_1) = (\boldsymbol{0}, \boldsymbol{a}_1) \tag{12.16}$$

式 (12.16) は内積の性質よりつぎとなる．

$$c_1(\boldsymbol{a}_1, \boldsymbol{a}_1) + c_2(\boldsymbol{a}_1, \boldsymbol{a}_2) = 0 \tag{12.17}$$

$\boldsymbol{a}_1$ と $\boldsymbol{a}_2$ は互いに直交するので $(\boldsymbol{a}_1, \boldsymbol{a}_2) = 0$ であり，$(\boldsymbol{a}_1, \boldsymbol{a}_1) = \|\boldsymbol{a}_1\|^2$ であることから，式 (12.17) はつぎとなる．

$$c_1\|\boldsymbol{a}_1\|^2 = 0 \tag{12.18}$$

ここで $\boldsymbol{a}_1 \neq \boldsymbol{0}$ であるから，$\|\boldsymbol{a}_1\| \neq 0$ である．したがって，$c_1 = 0$ となる．このとき，式 (12.15) より $c_2\boldsymbol{a}_2 = \boldsymbol{0}$ となるが，$\boldsymbol{a}_2 \neq \boldsymbol{0}$ であるので，$c_2 = 0$ となる．したがって，式 (12.15) を満足する実数 c_1, c_2 は $c_1 = c_2 = 0$ のみである．このことからつぎの性質を得る．

ベクトルの直交性と 1 次独立性

互いに直交する $\boldsymbol{a}_1, \boldsymbol{a}_2 \in \mathbb{R}^n$ は互いに 1 次独立である．

しかし逆に，互いに 1 次独立であるベクトルは互いに直交するとは限らないことに注意しよう．例えば，例 12.1 における $\boldsymbol{a}_1 = \begin{bmatrix} 1 \\ 1 \end{bmatrix}, \boldsymbol{a}_2 = \begin{bmatrix} -1 \\ 2 \end{bmatrix}$ は互いに 1 次独立であるが $(\boldsymbol{a}_1, \boldsymbol{a}_2) = 1 \neq 0$ なので，直交しない．

この性質より，$\mathbb{R}^n$ に属する零ベクトルでない互いに直交する n 個のベクトル $\boldsymbol{v}_1, \boldsymbol{v}_2, \cdots, \boldsymbol{v}_n$ は零ベクトルでない互いに 1 次独立なベクトルとなるので，$\mathbb{R}^n$ の基底ベクトルとなる．このように，$\mathbb{R}^n$ に属する零ベクトルでない互いに直交する n 個のベクトルを $\mathbb{R}^n$ の**直交基底** (orthogonal basis) という．

つぎに $\mathbb{R}^n$ の直交基底 $\boldsymbol{v}_1, \boldsymbol{v}_2, \cdots, \boldsymbol{v}_n$ の各ベクトルのノルムを 1 に正規化した $\boldsymbol{u}_1 = \dfrac{1}{\|\boldsymbol{v}_1\|}\boldsymbol{v}_1, \boldsymbol{u}_2 = \dfrac{1}{\|\boldsymbol{v}_2\|}\boldsymbol{v}_2, \cdots, \boldsymbol{u}_n = \dfrac{1}{\|\boldsymbol{v}_n\|}\boldsymbol{v}_n$ を考えよう．このとき，つぎが成り立つ．

$\mathbb{R}^n$ の正規直交基底

式 (12.19) を満足する零ベクトルでない互いに 1 次独立なベクトル $\boldsymbol{u}_1, \boldsymbol{u}_2, \cdots, \boldsymbol{u}_n$ を $\mathbb{R}^n$ の**正規直交基底**（normalized orthogonal basis vectors）という．

$$(\boldsymbol{u}_i, \boldsymbol{u}_j) = \delta_{ij} = \begin{cases} 1 & (i = j) \quad (\|\boldsymbol{u}_i\| = 1) \\ 0 & (i \neq j) \quad (\boldsymbol{u}_i \perp \boldsymbol{u}_j) \end{cases} \tag{12.19}$$

ただし $i, j = 1, 2, \cdots, n$ である．ここで，δ_{ij} は**クロネッカーのデルタ**（Kronecker delta）といい，$i, j = 1, 2, \cdots, n$ に対して $i = j$ のとき $\delta_{ij} = 1$，$i \neq j$ のとき $\delta_{ij} = 0$ であることを意味する．

$\boldsymbol{u}_1, \boldsymbol{u}_2, \cdots, \boldsymbol{u}_n$ を $\mathbb{R}^n$ の正規直交基底とすると，正規直交基底も $\mathbb{R}^n$ の基底ベクトルであるので，12.1 節で述べたとおり，任意の $\boldsymbol{u} \in \mathbb{R}^n$ は $\boldsymbol{u}_1, \boldsymbol{u}_2, \cdots, \boldsymbol{u}_n$ の 1 次結合で 1 通りに表される．すなわち，$c_1, c_2, \cdots, c_n$ を実数とすると

$$\boldsymbol{u} = c_1\boldsymbol{u}_1 + c_2\boldsymbol{u}_2 + \cdots + c_n\boldsymbol{u}_n \tag{12.20}$$

の形に 1 通りに表される．

ここで，一般の基底ベクトルは互いに直交していなくても，正規化されていなくてもよいことに注意しよう．

12.1 節で説明したとおり，$\mathbb{R}^n$ の正規直交基底ではない一般の基底ベクトル $\boldsymbol{a}_1, \boldsymbol{a}_2, \cdots, \boldsymbol{a}_n$ と任意のベクトル $\boldsymbol{b} \in \mathbb{R}^n$ に対して，式 (12.12) を満足する実数 $c_1, c_2, \cdots, c_n$ は，連立 1 次方程式 (12.14) を解くことによって得られる．

これに対して，$\boldsymbol{u}_1, \boldsymbol{u}_2, \cdots, \boldsymbol{u}_n$ を $\mathbb{R}^n$ の正規直交基底とすると，任意の $\boldsymbol{u} \in \mathbb{R}^n$ に対して，式 (12.20) を満足する実数 $c_1, c_2, \cdots, c_n$ はつぎのように内積を利用して求めることができる．式 (12.20) の両辺と $\boldsymbol{u}_1$ との内積はつぎとなる．

$$
\begin{aligned}
(\boldsymbol{u}_1, \boldsymbol{u}) &= (\boldsymbol{u}_1, c_1\boldsymbol{u}_1 + c_2\boldsymbol{u}_2 + \cdots + c_n\boldsymbol{u}_n) \\
&= c_1(\boldsymbol{u}_1, \boldsymbol{u}_1) + c_2(\boldsymbol{u}_1, \boldsymbol{u}_2) + \cdots + c_n(\boldsymbol{u}_1, \boldsymbol{u}_n) \quad \text{(内積の性質より)} \\
&= c_1\|\boldsymbol{u}_1\|^2 = c_1 \quad \text{(式 (12.19) より)}
\end{aligned}
$$

すなわち，$c_1 = (\boldsymbol{u}_1, \boldsymbol{u})$ である．同様にして，一般に $c_i = (\boldsymbol{u}_i, \boldsymbol{u})$ $(i = 1, 2, \cdots, n)$ である．これをまとめてつぎの性質が成り立つ．

$\mathbb{R}^n$ の正規直交基底の性質

$\boldsymbol{u}_1, \boldsymbol{u}_2, \cdots, \boldsymbol{u}_n$ を $\mathbb{R}^n$ の正規直交基底とする．このとき，任意の $\boldsymbol{u} \in \mathbb{R}^n$ は $\boldsymbol{u}_1, \boldsymbol{u}_2, \cdots, \boldsymbol{u}_n$ の 1 次結合で 1 通りに表される．すなわち，$c_1, c_2, \cdots, c_n$ を実数とすると

$$
\boldsymbol{u} = c_1\boldsymbol{u}_1 + c_2\boldsymbol{u}_2 + \cdots + c_n\boldsymbol{u}_n \tag{12.21}
$$

の形に 1 通りに表される．さらに，式 (12.21) の c_i は

$$
c_i = (\boldsymbol{u}_i, \boldsymbol{u}) \quad (i = 1, 2, \cdots, n) \tag{12.22}
$$

で与えられる．

この性質は，$\mathbb{R}^n$ の基底ベクトルとして正規直交基底を選ぶことで，連立 1 次方程式を介さず，内積を計算するだけで任意の $\mathbb{R}^n$ に属するベクトルをその 1 次結合で表されることを示している．よって，正規直交基底を用いると，一般の基底ベクトルを用いるよりも簡単な計算で任意の $\mathbb{R}^n$ に属するベクトルをその 1 次結合で表されることになる．$\mathbb{R}^n$ に属する零ベクトルでない n 個のベクトルが $\mathbb{R}^n$ の一般の基底ベクトルであるための条件は，ベクトルが互いに 1 次独立であることである．$\mathbb{R}^n$ の正規直交基底はその条件に加えて式 (12.19) の条件も満足する必要がある．その結果，一般の基底ベクトルに対して成り立つ式 (12.21) に加えて，式 (12.22) も成り立つ．

つぎに，正規直交基底ではない $\mathbb{R}^n$ の一般の基底 $\boldsymbol{a}_1, \boldsymbol{a}_2, \cdots, \boldsymbol{a}_n$ から正規直交基底 $\boldsymbol{u}_1, \boldsymbol{u}_2, \cdots, \boldsymbol{u}_n$ を作り出す計算手順である**シュミットの直交化法**（Schmidt orthogonalization）について説明する．本手法の導出において 11.3

節で説明した正射影ベクトルの考え方が重要となる．

まず

$$\boldsymbol{b}_1 = \boldsymbol{a}_1 \tag{12.23}$$

とし，この $\boldsymbol{b}_1$ のノルムを 1 に正規化し，$\boldsymbol{u}_1 = \dfrac{1}{\|\boldsymbol{b}_1\|}\boldsymbol{b}_1$ とする．

つぎに，図 11.1(b) を参考に，$\boldsymbol{b}_1$ と直交するベクトル $\boldsymbol{b}_2$ を考えよう．

$$\boldsymbol{b}_2 = \boldsymbol{a}_2 - c_1\boldsymbol{b}_1 \ (c_1 \text{ は実数}) \tag{12.24}$$

ここで $\boldsymbol{b}_1$ と $\boldsymbol{b}_2$ の内積はつぎとなる．

$$\begin{aligned}(\boldsymbol{b}_1, \boldsymbol{b}_2) &= (\boldsymbol{b}_1, \boldsymbol{a}_2 - c_1\boldsymbol{b}_1) = (\boldsymbol{b}_1, \boldsymbol{a}_2) - c_1(\boldsymbol{b}_1, \boldsymbol{b}_1) \\ &= (\boldsymbol{b}_1, \boldsymbol{a}_2) - c_1\|\boldsymbol{b}_1\|^2 \end{aligned} \tag{12.25}$$

2 つのベクトルが $\boldsymbol{b}_1 \perp \boldsymbol{b}_2$，すなわち $(\boldsymbol{b}_1, \boldsymbol{b}_2) = 0$ となる c_1 は $c_1 = \dfrac{(\boldsymbol{b}_1, \boldsymbol{a}_2)}{\|\boldsymbol{b}_1\|^2}$ である．よって，$\boldsymbol{b}_2$ はつぎで表される．

$$\boldsymbol{b}_2 = \boldsymbol{a}_2 - \frac{(\boldsymbol{b}_1, \boldsymbol{a}_2)}{\|\boldsymbol{b}_1\|^2}\boldsymbol{b}_1 \tag{12.26}$$

ここで，式 (12.26) は，図 11.1(b) において求めた式 (11.26) と同じであることがわかる．そして，$\boldsymbol{b}_2$ のノルムを 1 に正規化し，$\boldsymbol{u}_2 = \dfrac{1}{\|\boldsymbol{b}_2\|}\boldsymbol{b}_2$ とする．

さらにつぎのベクトルを考えよう．

$$\boldsymbol{b}_3 = \boldsymbol{a}_3 - c_1'\boldsymbol{b}_1 - c_2\boldsymbol{b}_2 \ (c_1',\ c_2 \text{ は実数}) \tag{12.27}$$

上記と同様に，ベクトル $\boldsymbol{b}_1 \perp \boldsymbol{b}_3$，$\boldsymbol{b}_2 \perp \boldsymbol{b}_3$ になるようにスカラー c_1', c_2 を定める[3)]．

$$\begin{aligned}(\boldsymbol{b}_1, \boldsymbol{b}_3) &= (\boldsymbol{b}_1, \boldsymbol{a}_3 - c_1'\boldsymbol{b}_1 - c_2\boldsymbol{b}_2) = (\boldsymbol{b}_1, \boldsymbol{a}_3) - c_1'(\boldsymbol{b}_1, \boldsymbol{b}_1) - c_2(\boldsymbol{b}_1, \boldsymbol{b}_2) \\ &= (\boldsymbol{b}_1, \boldsymbol{a}_3) - c_1'(\boldsymbol{b}_1, \boldsymbol{b}_1) = (\boldsymbol{b}_1, \boldsymbol{a}_3) - c_1'\|\boldsymbol{b}_1\|^2 \end{aligned} \tag{12.28}$$

$$(\boldsymbol{b}_2, \boldsymbol{b}_3) = (\boldsymbol{b}_2, \boldsymbol{a}_3 - c_1'\boldsymbol{b}_1 - c_2\boldsymbol{b}_2) = (\boldsymbol{b}_2, \boldsymbol{a}_3) - c_1'(\boldsymbol{b}_2, \boldsymbol{b}_1) - c_2(\boldsymbol{b}_2, \boldsymbol{b}_2)$$

3) ベクトル $\boldsymbol{b}_1$ と $\boldsymbol{b}_2$ は直交していることに注意しよう．

12

$$= (\boldsymbol{b}_2, \boldsymbol{a}_3) - c_2(\boldsymbol{b}_2, \boldsymbol{b}_2) = (\boldsymbol{b}_2, \boldsymbol{a}_3) - c_2\|\boldsymbol{b}_2\|^2 \tag{12.29}$$

これより c'_1, c_2 は，$c'_1 = \dfrac{(\boldsymbol{b}_1, \boldsymbol{a}_3)}{\|\boldsymbol{b}_1\|^2}, c_2 = \dfrac{(\boldsymbol{b}_2, \boldsymbol{a}_3)}{\|\boldsymbol{b}_2\|^2}$ である．したがって，求めるベクトル $\boldsymbol{b}_3$ はつぎで表される．

$$\boldsymbol{b}_3 = \boldsymbol{a}_3 - \frac{(\boldsymbol{b}_1, \boldsymbol{a}_3)}{\|\boldsymbol{b}_1\|^2}\boldsymbol{b}_1 - \frac{(\boldsymbol{b}_2, \boldsymbol{a}_3)}{\|\boldsymbol{b}_2\|^2}\boldsymbol{b}_2 \tag{12.30}$$

そして，$\boldsymbol{b}_3$ のノルムを 1 に正規化し，$\boldsymbol{u}_3 = \dfrac{1}{\|\boldsymbol{b}_3\|}\boldsymbol{b}_3$ とする．

同様の手順を繰り返し，$\mathbb{R}^n$ の一般の基底ベクトルから正規直交基底を求める手順であるシュミットの直交化法をまとめるとつぎのようになる．

シュミットの直交化法

$\mathbb{R}^n$ の一般の基底ベクトルを $\boldsymbol{a}_1, \boldsymbol{a}_2, \cdots, \boldsymbol{a}_n$ とする．すなわち，$\boldsymbol{a}_1, \boldsymbol{a}_2, \cdots, \boldsymbol{a}_n$ は零ベクトルでない互いに 1 次独立なベクトルである．これらのベクトルより

$$\boldsymbol{b}_1 = \boldsymbol{a}_1$$

$$\boldsymbol{b}_2 = \boldsymbol{a}_2 - \frac{(\boldsymbol{b}_1, \boldsymbol{a}_2)}{\|\boldsymbol{b}_1\|^2}\boldsymbol{b}_1$$

$$\vdots$$

$$\boldsymbol{b}_n = \boldsymbol{a}_n - \frac{(\boldsymbol{b}_1, \boldsymbol{a}_n)}{\|\boldsymbol{b}_1\|^2}\boldsymbol{b}_1 - \frac{(\boldsymbol{b}_2, \boldsymbol{a}_n)}{\|\boldsymbol{b}_2\|^2}\boldsymbol{b}_2 - \cdots - \frac{(\boldsymbol{b}_{n-1}, \boldsymbol{a}_n)}{\|\boldsymbol{b}_{n-1}\|^2}\boldsymbol{b}_{n-1}$$

とすると $\boldsymbol{b}_1, \boldsymbol{b}_2, \cdots, \boldsymbol{b}_n$ は互いに直交するベクトルである．さらにこれらのベクトルのノルムを 1 に正規化して得られるつぎのベクトルは $\mathbb{R}^n$ の正規直交基底となっている．

$$\boldsymbol{u}_1 = \frac{1}{\|\boldsymbol{b}_1\|}\boldsymbol{b}_1, \quad \boldsymbol{u}_2 = \frac{1}{\|\boldsymbol{b}_2\|}\boldsymbol{b}_2, \ \cdots, \quad \boldsymbol{u}_n = \frac{1}{\|\boldsymbol{b}_n\|}\boldsymbol{b}_n \tag{12.31}$$

例 12.2　例 12.1 において，$\boldsymbol{a}_1 = \begin{bmatrix} 1 \\ 1 \end{bmatrix}, \boldsymbol{a}_2 = \begin{bmatrix} -1 \\ 2 \end{bmatrix} \in \mathbb{R}^2$ は $\mathbb{R}^2$ の一般の基底ベクトルであることを示した．そこで，この $\boldsymbol{a}_1, \boldsymbol{a}_2$ から $\mathbb{R}^2$ の正規直交基底 $\boldsymbol{u}_1, \boldsymbol{u}_2$ を求め，例 12.1 と同じ $\boldsymbol{a} = \begin{bmatrix} -3 \\ -1 \end{bmatrix} \in \mathbb{R}^2$ を $\boldsymbol{u}_1, \boldsymbol{u}_2$ の 1 次結合で表そう．与えられた $\boldsymbol{a}_1, \boldsymbol{a}_2$ に対してシュミットの直交化法を適用する．

まず $\boldsymbol{b}_1 = \boldsymbol{a}_1 = \begin{bmatrix} 1 \\ 1 \end{bmatrix}$ とする．$\|\boldsymbol{b}_1\| = \sqrt{2}$ なので，$\boldsymbol{u}_1 = \dfrac{1}{\|\boldsymbol{b}_1\|}\boldsymbol{b}_1 = \begin{bmatrix} 1/\sqrt{2} \\ 1/\sqrt{2} \end{bmatrix}$ である．

つぎに，$\boldsymbol{b}_2 = \boldsymbol{a}_2 - \dfrac{(\boldsymbol{b}_1, \boldsymbol{a}_2)}{\|\boldsymbol{b}_1\|^2}\boldsymbol{b}_1$，$(\boldsymbol{b}_1, \boldsymbol{a}_2) = 1$ なので，$\boldsymbol{b}_2 = \begin{bmatrix} -3/2 \\ 3/2 \end{bmatrix}, \|\boldsymbol{b}_2\| = \dfrac{3}{\sqrt{2}}$ である．よって，$\boldsymbol{u}_2 = \dfrac{1}{\|\boldsymbol{b}_2\|}\boldsymbol{b}_2 = \begin{bmatrix} -1/\sqrt{2} \\ 1/\sqrt{2} \end{bmatrix}$ である．

ここで，$(\boldsymbol{u}_1, \boldsymbol{u}_1) = \|\boldsymbol{u}_1\|^2 = 1$, $(\boldsymbol{u}_2, \boldsymbol{u}_2) = \|\boldsymbol{u}_2\|^2 = 1$, $(\boldsymbol{u}_1, \boldsymbol{u}_2) = 0$ なので，$\boldsymbol{u}_1, \boldsymbol{u}_2$ は $\mathbb{R}^2$ の正規直交基底である．さらに，$(\boldsymbol{u}_1, \boldsymbol{a}) = -2\sqrt{2}, (\boldsymbol{u}_2, \boldsymbol{a}) = \sqrt{2}$ なので，$\boldsymbol{a} = -2\sqrt{2}\boldsymbol{u}_1 + \sqrt{2}\boldsymbol{u}_2$ となる．❖

❖ 12.3　基底ベクトルの変換

12.1 節で説明したように，$\mathbb{R}^n$ に属する零ベクトルでない互いに 1 次独立な n 個のベクトルの組 $\boldsymbol{a}_1, \boldsymbol{a}_2, \cdots, \boldsymbol{a}_n$ は $\mathbb{R}^n$ の基底ベクトルである．また，$\mathbb{R}^n$ に属する零ベクトルでない互いに 1 次独立な n 個の別のベクトルの組 $\boldsymbol{b}_1, \boldsymbol{b}_2, \cdots, \boldsymbol{b}_n$ も $\mathbb{R}^n$ の基底ベクトルである．本節では，この 2 組の基底ベクトルの間にどのような関係があるかを説明する．

本節では記述を簡単にするため，$n = 3$ すなわち，$\mathbb{R}^3$ の基底ベクトルの変換について説明する．得られる結論は $\mathbb{R}^3$ だけでなく，一般の $\mathbb{R}^n$ に対しても成り立つ．

零ベクトルでない互いに 1 次独立なベクトル $\boldsymbol{a}_1, \boldsymbol{a}_2, \boldsymbol{a}_3 \in \mathbb{R}^3$，すなわち $\mathbb{R}^3$ の基底ベクトル $\boldsymbol{a}_1, \boldsymbol{a}_2, \boldsymbol{a}_3$ を考えよう．いま，$\boldsymbol{a}_1, \boldsymbol{a}_2, \boldsymbol{a}_3$ とは異なる零ベクトルでない互いに 1 次独立なベクトルを $\boldsymbol{b}_1, \boldsymbol{b}_2, \boldsymbol{b}_3 \in \mathbb{R}^3$ とする．すなわち，$\boldsymbol{b}_1, \boldsymbol{b}_2, \boldsymbol{b}_3$ を $\boldsymbol{a}_1, \boldsymbol{a}_2, \boldsymbol{a}_3$ とは異なる $\mathbb{R}^3$ の基底ベクトルとする．

12.1 節で説明したように任意の $\boldsymbol{a} \in \mathbb{R}^3$ は基底ベクトル $\boldsymbol{a}_1, \boldsymbol{a}_2, \boldsymbol{a}_3$ の 1 次結合として次式のように 1 通りに表すことができる．

$$\boldsymbol{a} = x_1\boldsymbol{a}_1 + x_2\boldsymbol{a}_2 + x_3\boldsymbol{a}_3 \tag{12.32}$$

ただし，x_1, x_2, x_3 は実数である．また，$\boldsymbol{b}_1, \boldsymbol{b}_2, \boldsymbol{b}_3$ も $\mathbb{R}^3$ の基底ベクトルなので，$\boldsymbol{a}$ は実数 y_1, y_2, y_3 を用いて

$$\boldsymbol{a} = y_1\boldsymbol{b}_1 + y_2\boldsymbol{b}_2 + y_3\boldsymbol{b}_3 \tag{12.33}$$

と $\boldsymbol{b}_1, \boldsymbol{b}_2, \boldsymbol{b}_3$ の 1 次結合として 1 通りに表すことができる．ところで，$\boldsymbol{a}_i$, $\boldsymbol{b}_i\ (i = 1, 2, 3)$ はともに $\mathbb{R}^3$ の基底ベクトルなので，$\boldsymbol{a}_1, \boldsymbol{a}_2, \boldsymbol{a}_3$ は $\boldsymbol{b}_1, \boldsymbol{b}_2, \boldsymbol{b}_3$ の 1 次結合で 1 通りに表される．

$$\boldsymbol{a}_1 = p_{11}\boldsymbol{b}_1 + p_{21}\boldsymbol{b}_2 + p_{31}\boldsymbol{b}_3 \tag{12.34}$$

$$\boldsymbol{a}_2 = p_{12}\boldsymbol{b}_1 + p_{22}\boldsymbol{b}_2 + p_{32}\boldsymbol{b}_3 \tag{12.35}$$

$$\boldsymbol{a}_3 = p_{13}\boldsymbol{b}_1 + p_{23}\boldsymbol{b}_2 + p_{33}\boldsymbol{b}_3 \tag{12.36}$$

ここで，$p_{ij}\ (i, j = 1, 2, 3)$ は実数である．式 (12.34)，式 (12.35)，式 (12.36) を式 (12.32) に代入すると，つぎを得る．

$$\begin{aligned}\boldsymbol{a} &= x_1(p_{11}\boldsymbol{b}_1 + p_{21}\boldsymbol{b}_2 + p_{31}\boldsymbol{b}_3) + x_2(p_{12}\boldsymbol{b}_1 + p_{22}\boldsymbol{b}_2 + p_{32}\boldsymbol{b}_3)\\ &\qquad + x_3(p_{13}\boldsymbol{b}_1 + p_{23}\boldsymbol{b}_2 + p_{33}\boldsymbol{b}_3)\\ &= (p_{11}x_1 + p_{12}x_2 + p_{13}x_3)\boldsymbol{b}_1 + (p_{21}x_1 + p_{22}x_2 + p_{23}x_3)\boldsymbol{b}_2\\ &\qquad + (p_{31}x_1 + p_{32}x_2 + p_{33}x_3)\boldsymbol{b}_3\end{aligned} \tag{12.37}$$

$\boldsymbol{a}$ は $\boldsymbol{b}_1, \boldsymbol{b}_2, \boldsymbol{b}_3$ の 1 次結合で 1 通りに表されるので，式 (12.33) と (12.37) の右辺の $\boldsymbol{b}_1, \boldsymbol{b}_2, \boldsymbol{b}_3$ の係数は互いに等しい．すなわち，つぎが成り立つ．

$$y_1 = p_{11}x_1 + p_{12}x_2 + p_{13}x_3 \tag{12.38}$$

$$y_2 = p_{21}x_1 + p_{22}x_2 + p_{23}x_3 \tag{12.39}$$

$$y_3 = p_{31}x_1 + p_{32}x_2 + p_{33}x_3 \tag{12.40}$$

式 (12.38)，(12.39)，(12.40) を行列・ベクトル表示するとつぎとなる．

$$\begin{bmatrix} y_1 \\ y_2 \\ y_3 \end{bmatrix} = P \begin{bmatrix} x_1 \\ x_2 \\ x_3 \end{bmatrix}, \quad P = \begin{bmatrix} p_{11} & p_{12} & p_{13} \\ p_{21} & p_{22} & p_{23} \\ p_{31} & p_{32} & p_{33} \end{bmatrix} \tag{12.41}$$

式 (12.41) は，任意の $\mathbb{R}^3$ のベクトル $\boldsymbol{a}$ を基底ベクトル $\boldsymbol{a}_1, \boldsymbol{a}_2, \boldsymbol{a}_3$ の 1 次結合で

表したときの $\boldsymbol{a}_1, \boldsymbol{a}_2, \boldsymbol{a}_3$ の各係数 x_1, x_2, x_3 と，別の基底ベクトル $\boldsymbol{b}_1, \boldsymbol{b}_2, \boldsymbol{b}_3$ の 1 次結合で表したときの $\boldsymbol{b}_1, \boldsymbol{b}_2, \boldsymbol{b}_3$ の各係数 y_1, y_2, y_3 との関係を表す式である．すなわち，基底ベクトル $\boldsymbol{a}_1, \boldsymbol{a}_2, \boldsymbol{a}_3$ と別の基底ベクトル $\boldsymbol{b}_1, \boldsymbol{b}_2, \boldsymbol{b}_3$ の関係は，$\boldsymbol{a}_1, \boldsymbol{a}_2, \boldsymbol{a}_3$ のそれぞれを $\boldsymbol{b}_1, \boldsymbol{b}_2, \boldsymbol{b}_3$ の 1 次結合で表した式 (12.34)，(12.35)，(12.36) の p_{ij} $(i, j = 1, 2, 3)$ より決定される 3 次正方行列 P を用いて式 (12.41) で表される．式 (12.41) の 3 次正方行列 P を，基底ベクトル $\boldsymbol{b}_1, \boldsymbol{b}_2, \boldsymbol{b}_3$ から基底ベクトル $\boldsymbol{a}_1, \boldsymbol{a}_2, \boldsymbol{a}_3$ への**基底変換行列**（basis conversion matrix）という．

また逆に，基底ベクトル $\boldsymbol{a}_1, \boldsymbol{a}_2, \boldsymbol{a}_3$ から基底ベクトル $\boldsymbol{b}_1, \boldsymbol{b}_2, \boldsymbol{b}_3$ への基底変換行列は P^{-1} となる．このことは $\mathbb{R}^n$ に対しても成り立ち，つぎのようにまとめることができる．

基底ベクトルの変換

$\mathbb{R}^n$ の基底ベクトルを $\boldsymbol{a}_1, \boldsymbol{a}_2, \cdots, \boldsymbol{a}_n$ とし，$\boldsymbol{a}_1, \boldsymbol{a}_2, \cdots, \boldsymbol{a}_n$ とは別の $\mathbb{R}^n$ の基底ベクトルを $\boldsymbol{b}_1, \boldsymbol{b}_2, \cdots, \boldsymbol{b}_n$ とする．任意の $\boldsymbol{a} \in \mathbb{R}^3$ が $\boldsymbol{a}_1, \boldsymbol{a}_2, \cdots, \boldsymbol{a}_n$ との 1 次結合と $\boldsymbol{b}_1, \boldsymbol{b}_2, \cdots, \boldsymbol{b}_n$ との 1 次結合により

$$\boldsymbol{a} = x_1\boldsymbol{a}_1 + x_2\boldsymbol{a}_2 + \cdots + x_n\boldsymbol{a}_n \tag{12.42}$$

$$\boldsymbol{a} = y_1\boldsymbol{b}_1 + y_2\boldsymbol{b}_2 + \cdots + y_n\boldsymbol{b}_n \tag{12.43}$$

と 1 通りに表されたとする．ただし，$x_i, y_i (i = 1, 2, \cdots, n)$ は実数である．このとき，式 (12.44) を満足する正則な n 次正方行列 P が存在する．この行列 P を基底ベクトル $\boldsymbol{b}_1, \boldsymbol{b}_2, \cdots, \boldsymbol{b}_n$ から基底ベクトル $\boldsymbol{a}_1, \boldsymbol{a}_2, \cdots, \boldsymbol{a}_n$ への基底変換行列という．

$$\begin{bmatrix} y_1 \\ y_2 \\ \vdots \\ y_n \end{bmatrix} = P \begin{bmatrix} x_1 \\ x_2 \\ \vdots \\ x_n \end{bmatrix} \tag{12.44}$$

基底ベクトルの変換を考えるということは，さまざまな基底ベクトルを考

えることであり，それにはなにか利点がありそうである．つぎの例を通じて，さまざまな基底ベクトルを考えることの利点を説明する．

例 12.3 A 君と B 君は離れた場所にいて，A 君が地図上のある地点を B 君に伝えることを考えよう．しかし，通信の制約により地点を特定する 1 つの数値のみ知らせることができるとしよう．また互いに地図の場所を定める座標の取り方（基底）については同じ情報を持っているとする．

まず，図 12.1(a) に示すとおり地図の場所を定める座標の取り方として基本ベクトル $\boldsymbol{e}_1 = \begin{bmatrix} 1 \\ 0 \end{bmatrix}$, $\boldsymbol{e}_2 = \begin{bmatrix} 0 \\ 1 \end{bmatrix}$ を選んだとしよう（このベクトルの組は $\mathbb{R}^2$(平面) の基底ベクトルとなる）．このとき，地点 (2, 4) を表すベクトル $\begin{bmatrix} 2 \\ 4 \end{bmatrix}$ は $\boldsymbol{e}_1$, $\boldsymbol{e}_2$ よりつぎで表される．

$$\begin{bmatrix} 2 \\ 4 \end{bmatrix} = 2\begin{bmatrix} 1 \\ 0 \end{bmatrix} + 4\begin{bmatrix} 0 \\ 1 \end{bmatrix} \tag{12.45}$$

ここで，A 君は $\boldsymbol{e}_1$ の成分のみ伝えられるとすると，A 君は B 君に 2 という情報を伝えることになる．B 君がその情報を受け取り，同じ基底を使って座標を求めると

$$2\begin{bmatrix} 1 \\ 0 \end{bmatrix} + 0\begin{bmatrix} 0 \\ 1 \end{bmatrix} = \begin{bmatrix} 2 \\ 0 \end{bmatrix} \tag{12.46}$$

となり，求めた点ともとの地点との距離は，つぎとなる．

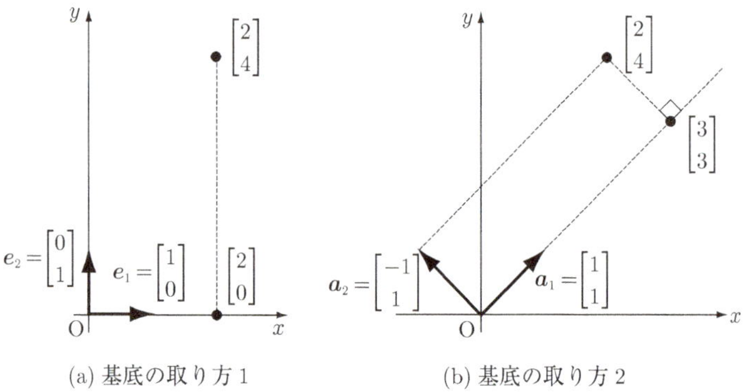

図 12.1 基底によるベクトルの表現例

$$\sqrt{(2-2)^2+(4-0)^2}=4 \tag{12.47}$$

つぎに，図 12.1(b) に示すとおり地図の場所を規定する座標の取り方としてベクトル $\boldsymbol{a}_1 = \begin{bmatrix} 1 \\ 1 \end{bmatrix}$, $\boldsymbol{a}_2 = \begin{bmatrix} -1 \\ 1 \end{bmatrix}$ を選んだとしよう（このベクトルの組も $\mathbb{R}^2$(平面) の基底ベクトルとなる）．ベクトル $\begin{bmatrix} 2 \\ 4 \end{bmatrix}$ は $\boldsymbol{a}_1$, $\boldsymbol{a}_2$ を使って分解するとつぎとなる．

$$\begin{bmatrix} 2 \\ 4 \end{bmatrix} = 3\begin{bmatrix} 1 \\ 1 \end{bmatrix} + 1\begin{bmatrix} -1 \\ 1 \end{bmatrix} \tag{12.48}$$

このとき，ここで，A 君は $\boldsymbol{a}_1$ の成分のみ伝えられるとすると，A 君は B 君に 3 という情報を伝えるので，B 君はつぎの座標を求めることとなる．

$$3\begin{bmatrix} 1 \\ 1 \end{bmatrix} + 0\begin{bmatrix} -1 \\ 1 \end{bmatrix} = \begin{bmatrix} 3 \\ 3 \end{bmatrix} \tag{12.49}$$

B 君は受け取った情報より，基底の 1 つである $\boldsymbol{a}_1$ から $\begin{bmatrix} 3 \\ 3 \end{bmatrix}$ という座標を知ることができる．よって求めた点ともとの地点との距離は

$$\sqrt{(2-3)^2+(4-3)^2}=\sqrt{2} \tag{12.50}$$

となる．よって，この場合は基底 $\boldsymbol{a}_1$, $\boldsymbol{a}_2$ を用いたほうが基底 $\boldsymbol{e}_1$, $\boldsymbol{e}_2$ を使う場合に比べて，もとの地点からの距離が短い位置を知ることができ，少ない情報でもとの地点の情報をより正確に伝えられることがわかる． ❖

基底の考え方はさまざまな分野で応用されているが，例 12.3 では，基底の取り方に応じて伝達できる情報の精度があがることがわかる．この例はデジタルカメラやスマートフォンなどで撮影される画像を圧縮する技術の基礎となっている[4]．

12

4) 実際には離散コサイン変換というもっと高度な技術が使われている．JPEG や MPEG などはデジタルデータを圧縮する方式の 1 つである．

講義 12 のまとめ

- $\mathbb{R}^n$ に属する任意のベクトルは基底ベクトルの 1 次結合で 1 通りに表される.
- 正規直交基底を求める方法であるシュミットの直交化法を示した.
- さまざまな基底ベクトルを考えることは重要である.

演習問題

12.1 $\mathbb{R}^3$ に属するベクトル $\boldsymbol{a}_1 = \begin{bmatrix} 1 \\ 1 \\ 0 \end{bmatrix}$, $\boldsymbol{a}_2 = \begin{bmatrix} 1 \\ 0 \\ 1 \end{bmatrix}$, $\boldsymbol{a}_3 = \begin{bmatrix} 1 \\ 1 \\ 1 \end{bmatrix}$ について，つぎの問いに答えよ.

(1) $\boldsymbol{a}_1, \boldsymbol{a}_2, \boldsymbol{a}_3$ は $\mathbb{R}^3$ の基底ベクトルであることを示せ.

(2) $\boldsymbol{a} = \begin{bmatrix} 2 \\ 1 \\ -1 \end{bmatrix} \in \mathbb{R}^3$ を $\boldsymbol{a}_1, \boldsymbol{a}_2, \boldsymbol{a}_3$ の 1 次結合で表せ.

(3) $\boldsymbol{a}_1, \boldsymbol{a}_2, \boldsymbol{a}_3$ から $\mathbb{R}^3$ の正規直交基底 $\boldsymbol{u}_1, \boldsymbol{u}_2, \boldsymbol{u}_3$ を求めよ．また，$\boldsymbol{a} = \begin{bmatrix} 2 \\ 1 \\ -1 \end{bmatrix} \in \mathbb{R}^3$ を $\boldsymbol{u}_1, \boldsymbol{u}_2, \boldsymbol{u}_3$ の 1 次結合で表せ.

12.2 $\mathbb{R}^2$ に属するベクトル $\boldsymbol{a}_1 = \begin{bmatrix} -4 \\ 1 \end{bmatrix}$, $\boldsymbol{a}_2 = \begin{bmatrix} -5 \\ 2 \end{bmatrix}$ と $\boldsymbol{b}_1 = \begin{bmatrix} 3 \\ 6 \end{bmatrix}$, $\boldsymbol{b}_2 = \begin{bmatrix} -3 \\ 9 \end{bmatrix}$ を考える．$\boldsymbol{a}_1, \boldsymbol{a}_2$ は $\mathbb{R}^2$ の基底ベクトルであり，$\boldsymbol{b}_1, \boldsymbol{b}_2$ も $\mathbb{R}^2$ の基底ベクトルである．このとき，$\boldsymbol{a}_1, \boldsymbol{a}_2$ から $\boldsymbol{b}_1, \boldsymbol{b}_2$ への基底変換行列を求めよ.

講義 13

対称行列の性質・対角化

本講では対称行列について，その性質や対角化について説明する．対称行列は，例えばロボットアームの動特性を表すときの慣性行列や，材料力学などにおけるひずみテンソルなどに現れ，実用上も重要な役割を果たす行列である．

講義 09 では与えられた正方行列の固有値や固有ベクトル，対角化について説明した．本講では正方行列が対称行列である場合に限って，その対角化について説明する．さらに，対称行列の性質や対角化を説明する際，直交行列の性質が必要であるので，直交行列についても説明する．

講義 13 のポイント

- **対称行列の性質を理解しよう．**
- **直交行列の定義や性質を理解しよう．**
- **対称行列の対角化を理解しよう．**

13.1　対称行列とは

講義 04 で説明したとおり，n 次正方行列 A に対して，$A = A^{\mathsf{T}}$ が成り立つ行列を対称行列という．ここで，式 (11.20) で説明した $\mathbb{R}^n$ における内積の定義より，$\boldsymbol{x}, \boldsymbol{y} \in \mathbb{R}^n$ に対してつぎが成り立つ．

$$(\boldsymbol{x}, \boldsymbol{y}) = \boldsymbol{x}^{\mathsf{T}}\boldsymbol{y} \tag{13.1}$$

したがって，行列 A を n 次対称行列とすると式 (13.1) より，つぎが成り立つ．

$$(A\boldsymbol{x}, \boldsymbol{y}) = (A\boldsymbol{x})^{\mathsf{T}}\boldsymbol{y} = \boldsymbol{x}^{\mathsf{T}}A^{\mathsf{T}}\boldsymbol{y} = (\boldsymbol{x}, A^{\mathsf{T}}\boldsymbol{y}) = (\boldsymbol{x}, A\boldsymbol{y})$$

すなわち，n 次正方行列 A が対称行列（$A = A^{\mathsf{T}}$）であることと次式は等価である．

$$(A\boldsymbol{x}, \boldsymbol{y}) = (\boldsymbol{x}, A\boldsymbol{y}) \tag{13.2}$$

✣ 13.2 対称行列の性質

本節では，対称行列の代表的なつぎの性質について説明する．

> **対称行列の性質**
>
> (1) 対称行列のすべての固有値は実数である．
>
> (2) 対称行列の相異なる固有値に対応する固有ベクトルは互いに直交する．

性質 (1) を 2 次対称行列 A を用いて説明する．行列 A の固有値を λ とし，λ に対応する固有ベクトルを $\boldsymbol{x} = \begin{bmatrix} x_1 \\ x_2 \end{bmatrix}$ とする．すなわち，$A\boldsymbol{x} = \lambda\boldsymbol{x}$ が成り立つ．また，λ の共役複素数を $\overline{\lambda}$ で表し [1]，x_1, x_2 の共役複素数を $\overline{x}_1, \overline{x}_2$ として，$\overline{\boldsymbol{x}} = \begin{bmatrix} \overline{x}_1 \\ \overline{x}_2 \end{bmatrix}$ とする．$\lambda = \overline{\lambda}$ が示されれば，固有値 λ は実数であることが示される．

積 $A\boldsymbol{x}$ の各成分の共役複素数を $\overline{A\boldsymbol{x}}$ で表す．ここで，2 つの複素数 x_1, x_2 の積 x_1x_2 の共役複素数 $\overline{x_1x_2}$ に対して $\overline{x_1x_2} = \overline{x_1}\ \overline{x_2}$ が成り立つ．さらに行列 A の各成分は実数なので $\overline{A} = A$ であることに注意するとつぎの式を得る．

$$\overline{A\boldsymbol{x}} = \overline{A}\ \overline{\boldsymbol{x}} = A\overline{\boldsymbol{x}} \tag{13.3}$$

固有値の定義 $A\boldsymbol{x} = \lambda\boldsymbol{x}$ より $\overline{A\boldsymbol{x}} = \overline{\lambda\boldsymbol{x}} = \overline{\lambda}\ \overline{\boldsymbol{x}}$ が成り立つので，式 (13.3) を用いると，$A\overline{\boldsymbol{x}} = \overline{\lambda}\ \overline{\boldsymbol{x}}$ が成り立つ．これよりつぎの式を得る．

$$(\overline{\boldsymbol{x}}, A\boldsymbol{x}) = (\overline{\boldsymbol{x}}, \lambda\boldsymbol{x}) = \lambda(\overline{\boldsymbol{x}}, \boldsymbol{x}),\quad (A\overline{\boldsymbol{x}}, \boldsymbol{x}) = (\overline{\lambda}\ \overline{\boldsymbol{x}}, \boldsymbol{x}) = \overline{\lambda}(\overline{\boldsymbol{x}}, \boldsymbol{x}) \tag{13.4}$$

さらに，式 (13.2) より $(A\overline{\boldsymbol{x}}, \boldsymbol{x}) = (\overline{\boldsymbol{x}}, A\boldsymbol{x})$ が成り立つのでつぎが成り立つ．

$$\lambda(\overline{\boldsymbol{x}}, \boldsymbol{x}) = \overline{\lambda}(\overline{\boldsymbol{x}}, \boldsymbol{x}) \Rightarrow (\lambda - \overline{\lambda})(\overline{\boldsymbol{x}}, \boldsymbol{x}) = 0 \tag{13.5}$$

ここで，固有ベクトルの条件より $\boldsymbol{x} \neq \boldsymbol{0}$ であるから，つぎが成り立つ．

1) $\lambda = a + bi$（i は虚数単位）とすると $\overline{\lambda} = a - bi$ となる．

$$(\overline{\boldsymbol{x}}, \boldsymbol{x}) = \overline{x_1}x_1 + \overline{x_2}x_2 = |x_1|^2 + |x_2|^2 \neq 0 \tag{13.6}$$

ただし，$|x_i|(i = 1, 2)$ は複素数の絶対値を表す[2)]．よって，式 (13.5)，(13.6) より $\lambda - \overline{\lambda} = 0$，すなわち $\lambda = \overline{\lambda}$ が成り立つ．よって，固有値 λ は実数でなければならない．以上より，性質 (1) が成り立つことがわかる．

つぎに性質 (2) について説明する．2 次対称行列 A は相異なる固有値 λ_1, λ_2 を持つとする．また，λ_1, λ_2 それぞれに対応する固有ベクトルを $\boldsymbol{x}_1, \boldsymbol{x}_2$ とする．すなわち，$A\boldsymbol{x}_1 = \lambda_1\boldsymbol{x}_1, A\boldsymbol{x}_2 = \lambda_2\boldsymbol{x}_2$ が成り立つ．この関係からつぎを得ることができる．

$$(A\boldsymbol{x}_1, \boldsymbol{x}_2) = (\lambda_1\boldsymbol{x}_1, \boldsymbol{x}_2) = \lambda_1(\boldsymbol{x}_1, \boldsymbol{x}_2) \tag{13.7}$$

$$(\boldsymbol{x}_1, A\boldsymbol{x}_2) = (\boldsymbol{x}_1, \lambda_2\boldsymbol{x}_2) = \lambda_2(\boldsymbol{x}_1, \boldsymbol{x}_2) \tag{13.8}$$

さらに，式 (13.2) より，$(A\boldsymbol{x}_1, \boldsymbol{x}_2) = (\boldsymbol{x}_1, A\boldsymbol{x}_2)$ である．したがって，式 (13.7) と式 (13.8) よりつぎが得られる．

$$\lambda_1(\boldsymbol{x}_1, \boldsymbol{x}_2) = \lambda_2(\boldsymbol{x}_1, \boldsymbol{x}_2) \Rightarrow (\lambda_1 - \lambda_2)(\boldsymbol{x}_1, \boldsymbol{x}_2) = 0$$

ここで，$\lambda_1 \neq \lambda_2$ なので，$(\boldsymbol{x}_1, \boldsymbol{x}_2) = 0$ である．すなわち，$\boldsymbol{x}_1 \perp \boldsymbol{x}_2$ であり，性質 (2) が成り立つことがわかる．

講義 09 では行列の固有値は一般に複素数であると説明したが，性質 (1) より**対称行列の固有値はすべて実数**である．

例 13.1 行列 $A = \begin{bmatrix} 2 & 1 & 1 \\ 1 & 2 & 1 \\ 1 & 1 & 4 \end{bmatrix}$ が対称行列であることを確かめ，固有値と対応する固有ベクトルを求めよう．与えられた行列 A の転置行列を求めるとつぎが成り立つ．

$$A^{\mathsf{T}} = \begin{bmatrix} 2 & 1 & 1 \\ 1 & 2 & 1 \\ 1 & 1 & 4 \end{bmatrix} = A$$

よって，与えられた行列は対称行列である．与えられた行列の固有方程式はつぎと

2) 複素数 $x = a + bi$ の絶対値は $|x| = \sqrt{a^2 + b^2}$ となる．

なる．

$$|A-\lambda E|=\begin{vmatrix}2-\lambda & 1 & 1\\ 1 & 2-\lambda & 1\\ 1 & 1 & 4-\lambda\end{vmatrix}=0$$

$$\lambda^3-8\lambda^2+17\lambda-10=0 \Longrightarrow (\lambda-1)(\lambda-2)(\lambda-5)=0$$

よって，固有値は $\lambda=1,2,5$ である．これらはすべて実数であるので性質 (1) が確認できた．つぎに各固有値に対応する固有ベクトルを求めよう．

(i) 固有値 $\lambda_1=1$ に対応する固有ベクトルを $\boldsymbol{v}_1=\begin{bmatrix}x_1\\ y_1\\ z_1\end{bmatrix}\neq\mathbf{0}$ とする[3]．固有値，固有ベクトルの関係から $A\boldsymbol{v}_1=\lambda_1\boldsymbol{v}_1$ が成り立つので，$\lambda_1=1$ を代入して整理するとつぎの連立 1 次方程式を得る[4]．

$$x_1+y_1+z_1=0 \tag{13.9}$$

$$x_1+y_1+3z_1=0 \tag{13.10}$$

式 (13.9)，(13.10) より，$y_1=-x_1, z_1=0$ が得られる．よって固有ベクトルとして $\boldsymbol{v}_1=t\begin{bmatrix}1\\ -1\\ 0\end{bmatrix}$ を得る．ここで t は $t\neq 0$ の任意の実数である（以後同様とする）．

(ii) 固有値 $\lambda_2=2$ に対応する固有ベクトルを $\boldsymbol{v}_2=\begin{bmatrix}x_2\\ y_2\\ z_2\end{bmatrix}\neq\mathbf{0}$ とする．(i) の場合と同様にして，$A\boldsymbol{v}_2=\lambda_2\boldsymbol{v}_2$ より，$x_2=y_2=-z_2$ が得られる．よって固有ベクトルとして $\boldsymbol{v}_2=t\begin{bmatrix}1\\ 1\\ -1\end{bmatrix}$ を得る $(t\neq 0)$．

(iii) 固有値 $\lambda_3=5$ に対応する固有ベクトルを $\boldsymbol{v}_3=\begin{bmatrix}x_3\\ y_3\\ z_3\end{bmatrix}\neq\mathbf{0}$ とする．(i),(ii) の

---

3) 本例では固有ベクトルの記号として $\boldsymbol{x}$ ではなく $\boldsymbol{v}$ を用いる．

4) 本来であれば 3 つの式が得られるが，第 1 式と第 2 式は同じとなるので 2 つの式しか得られない．

場合と同様にして，$A\boldsymbol{v}_3 = \lambda_3\boldsymbol{v}_3$ より，$y_3 = x_3, z_3 = 2x_3$ が得られる．よって固有ベクトルとして $\boldsymbol{v}_3 = t\begin{bmatrix} 1 \\ 1 \\ 2 \end{bmatrix}$ を得る $(t \neq 0)$.

$\lambda_1 = 1, \lambda_2 = 2, \lambda_3 = 5$ という相異なる固有値に対応する固有ベクトル $\boldsymbol{v}_1, \boldsymbol{v}_2, \boldsymbol{v}_3$ に対してつぎが成り立つ．

$$(\boldsymbol{v}_1, \boldsymbol{v}_2) = (\boldsymbol{v}_2, \boldsymbol{v}_3) = (\boldsymbol{v}_3, \boldsymbol{v}_1) = 0$$

すなわち，$\boldsymbol{v}_1 \perp \boldsymbol{v}_2 \perp \boldsymbol{v}_3$ であるので，性質 (2) が確認できた． ❖

❖ 13.3 直交行列

本節では，対称行列を対角化する際に必要な直交行列について説明する．

n 次正方行列 P において，P を構成する n 個の列ベクトルを $\boldsymbol{p}_i (i = 1, 2, \cdots, n)$ とすると，つぎのとおり表すことができる．

$$P = \begin{bmatrix} p_{11} & p_{12} & \cdots & p_{1n} \\ p_{21} & p_{22} & \cdots & p_{2n} \\ \vdots & \vdots & \ddots & \vdots \\ p_{n1} & p_{n2} & \cdots & p_{nn} \end{bmatrix} = \begin{bmatrix} \boldsymbol{p}_1 & \boldsymbol{p}_2 & \cdots & \boldsymbol{p}_n \end{bmatrix} \tag{13.11}$$

$$\boldsymbol{p}_1 = \begin{bmatrix} p_{11} \\ p_{21} \\ \vdots \\ p_{n1} \end{bmatrix}, \quad \boldsymbol{p}_2 = \begin{bmatrix} p_{12} \\ p_{22} \\ \vdots \\ p_{n2} \end{bmatrix}, \cdots, \quad \boldsymbol{p}_n = \begin{bmatrix} p_{1n} \\ p_{2n} \\ \vdots \\ p_{nn} \end{bmatrix} \tag{13.12}$$

つぎの条件を満足するとき，式 (13.11) の行列 P を**直交行列** (orthogonal matrix) という．

$$\|\boldsymbol{p}_i\| = 1 \text{ かつ } i \neq j \text{ ならば } \boldsymbol{p}_i \perp \boldsymbol{p}_j (i, j = 1, 2, \cdots, n) \tag{13.13}$$

式 (13.13) は $\boldsymbol{p}_1, \boldsymbol{p}_2, \cdots, \boldsymbol{p}_n$ が $\mathbb{R}^n$ での正規直交基底であることを意味する．したがって直交行列 P は，その行列を構成する列ベクトル $\boldsymbol{p}_1, \boldsymbol{p}_2, \cdots, \boldsymbol{p}_n$ が $\mathbb{R}^n$ での正規直交基底となる行列ということもできる．

つぎに代表的な直交行列の性質について説明する．

直交行列の性質

(1) P を直交行列とすると $P^{\mathsf{T}}P = E$ が成り立つ．ただし，E は単位行列である．

(2) 直交行列同士の積も直交行列である．

(3) 直交行列の行列式の値は 1 または -1 である．

(4) 直交行列で定められる線形変換により変換前後のベクトルのノルムは変わらない．

性質 (1) について，3 次直交行列 P を用いて説明する（式 (13.11) において $n = 3$ の場合）[5]．

$n = 3$ の場合，式 (13.11) の P の転置行列 P^{T} はつぎとなる．

$$P^{\mathsf{T}} = \begin{bmatrix} p_{11} & p_{21} & p_{31} \\ p_{12} & p_{22} & p_{32} \\ p_{13} & p_{23} & p_{33} \end{bmatrix} = \begin{bmatrix} \boldsymbol{p}_1^{\mathsf{T}} \\ \boldsymbol{p}_2^{\mathsf{T}} \\ \boldsymbol{p}_3^{\mathsf{T}} \end{bmatrix} \tag{13.14}$$

したがって，式 (13.13)，(13.14) より $P^{\mathsf{T}}P$ はつぎとなる．

$$P^{\mathsf{T}}P = \begin{bmatrix} \boldsymbol{p}_1^{\mathsf{T}} \\ \boldsymbol{p}_2^{\mathsf{T}} \\ \boldsymbol{p}_3^{\mathsf{T}} \end{bmatrix} \begin{bmatrix} \boldsymbol{p}_1 & \boldsymbol{p}_2 & \boldsymbol{p}_3 \end{bmatrix} = \begin{bmatrix} \boldsymbol{p}_1^{\mathsf{T}}\boldsymbol{p}_1 & \boldsymbol{p}_1^{\mathsf{T}}\boldsymbol{p}_2 & \boldsymbol{p}_1^{\mathsf{T}}\boldsymbol{p}_3 \\ \boldsymbol{p}_2^{\mathsf{T}}\boldsymbol{p}_1 & \boldsymbol{p}_2^{\mathsf{T}}\boldsymbol{p}_2 & \boldsymbol{p}_2^{\mathsf{T}}\boldsymbol{p}_3 \\ \boldsymbol{p}_3^{\mathsf{T}}\boldsymbol{p}_1 & \boldsymbol{p}_3^{\mathsf{T}}\boldsymbol{p}_2 & \boldsymbol{p}_3^{\mathsf{T}}\boldsymbol{p}_n \end{bmatrix}$$

$$= \begin{bmatrix} (\boldsymbol{p}_1, \boldsymbol{p}_1) & (\boldsymbol{p}_1, \boldsymbol{p}_2) & (\boldsymbol{p}_1, \boldsymbol{p}_3) \\ (\boldsymbol{p}_2, \boldsymbol{p}_1) & (\boldsymbol{p}_2, \boldsymbol{p}_2) & (\boldsymbol{p}_2, \boldsymbol{p}_3) \\ (\boldsymbol{p}_3, \boldsymbol{p}_1) & (\boldsymbol{p}_3, \boldsymbol{p}_2) & (\boldsymbol{p}_3, \boldsymbol{p}_3) \end{bmatrix} = \begin{bmatrix} 1 & 0 & 0 \\ 0 & 1 & 0 \\ 0 & 0 & 1 \end{bmatrix}$$

よって，性質 (1) が成り立つことがわかる．性質 (1) は直交行列 P において $P^{\mathsf{T}} = P^{-1}$ が成り立つことを意味する．

性質 (2) について説明する．P, Q を直交行列とすると行列の積の転置の性質 $(PQ)^{\mathsf{T}} = Q^{\mathsf{T}}P^{\mathsf{T}}$ よりつぎが成り立つ．

$$(PQ)(PQ)^{\mathsf{T}} = PQQ^{\mathsf{T}}P^{\mathsf{T}} = PP^{\mathsf{T}} = E$$

---

5) もちろん n 次直交行列についても性質 (1) は成り立つ．

すなわち，$(PQ)(PQ)^\mathsf{T} = E$ である．これは性質 (1) より積 PQ が直交行列であることを示している．よって，性質 (2) が確認できた．

性質 (3) について説明する．行列式の性質と性質 (1) を用いると $|P^\mathsf{T}P| = |E|$, $|P^\mathsf{T}|\,|P| = |E|$, $|P|^2 = 1$ が得られる[6)]．したがって，$|P| = \pm 1$ であるので，性質 (3) が確認できた．

最後に性質 (4) を説明する．n 次元ベクトルを $\boldsymbol{x} \in \mathbb{R}^n$ とし，直交行列 P で定められる $\mathbb{R}^n$ 上の線形変換により $\boldsymbol{x}$ が $\boldsymbol{y}$ に写されたとすると，$\boldsymbol{y} = P\boldsymbol{x}$ となる[7)]．このとき，性質 (1) よりつぎが得られる．

$$\|\boldsymbol{y}\|^2 = (\boldsymbol{y}, \boldsymbol{y}) = \boldsymbol{y}^\mathsf{T}\boldsymbol{y} = (P\boldsymbol{x})^\mathsf{T}(P\boldsymbol{x}) = \boldsymbol{x}^\mathsf{T}P^\mathsf{T}P\boldsymbol{x} = \boldsymbol{x}^\mathsf{T}\boldsymbol{x} = \|\boldsymbol{x}\|^2$$

すなわち，$\|\boldsymbol{y}\| = \|\boldsymbol{x}\|$ となり性質 (4) が確認できた．

13.4 対称行列の対角化

対称行列の対角化についてはつぎの事項が重要である．

対称行列の対角化

対称行列は直交行列を用いて対角化できる．

例として 2 次対称行列 A の対角化について説明する．

行列 A の固有値を λ_1, λ_2 とし，λ_1 に対応する固有ベクトルのうちノルムが 1 のベクトルを $\boldsymbol{u}_1$ とすると，つぎが成り立つ．

$$A\boldsymbol{u}_1 = \lambda_1\boldsymbol{u}_1, \quad \|\boldsymbol{u}_1\|^2 = 1 \tag{13.15}$$

さらに，$\boldsymbol{u}_1$ と 1 次独立な零ベクトルではないベクトルを $\boldsymbol{v}_2$ とする．$\boldsymbol{u}_1, \boldsymbol{v}_2$ は互いに 1 次独立であるから，$\mathbb{R}^2$ での基底をなす[8)]．したがってシュミットの直交化法を適用すると，$\boldsymbol{u}_1, \boldsymbol{v}_2$ より正規直交基底 $\boldsymbol{u}_1, \boldsymbol{u}_2$ を作ることができる．すなわち，つぎを満足するベクトルを作ることができる．

6) 講義 04 で説明した，転置行列の行列式の性質 $|A^\mathsf{T}| = |A|$，行列の積の行列式の性質 $|AB| = |A|\,|B|$ を用いている．

7) 直交行列で表される線形変換を**直交変換**と呼ぶ．

8) 12.1 節を参照すること．

$$\|\boldsymbol{u}_1\| = \|\boldsymbol{u}_2\| = 1, (\boldsymbol{u}_1, \boldsymbol{u}_2) = 0 \tag{13.16}$$

ここで，$P = \begin{bmatrix} \boldsymbol{u}_1 & \boldsymbol{u}_2 \end{bmatrix}$ とおくと，直交行列の定義より P は直交行列となる．さらに，$A\boldsymbol{u}_2$ は 2 次元のベクトルであるから，正規直交基底 $\boldsymbol{u}_1, \boldsymbol{u}_2$ による 1 次結合により，つぎであらわすことができる[9]．

$$A\boldsymbol{u}_2 = c_1\boldsymbol{u}_1 + c_2\boldsymbol{u}_2 \quad (c_1, c_2 \text{ は実数}) \tag{13.17}$$

このとき，式 (13.15)，(13.17) からつぎが成り立つ．

$$\begin{aligned} AP &= A\begin{bmatrix} \boldsymbol{u}_1 & \boldsymbol{u}_2 \end{bmatrix} = \begin{bmatrix} A\boldsymbol{u}_1 & A\boldsymbol{u}_2 \end{bmatrix} = \begin{bmatrix} \lambda_1\boldsymbol{u}_1 & c_1\boldsymbol{u}_1 + c_2\boldsymbol{u}_2 \end{bmatrix} \\ &= \begin{bmatrix} \boldsymbol{u}_1 & \boldsymbol{u}_2 \end{bmatrix} \begin{bmatrix} \lambda_1 & c_1 \\ 0 & c_2 \end{bmatrix} = PB \end{aligned} \tag{13.18}$$

ここで $B = \begin{bmatrix} \lambda_1 & c_1 \\ 0 & c_2 \end{bmatrix}$ である．また直交行列の性質 (1) より，$P^{-1} = P^\top$ であるから式 (13.18) より $B = P^\top AP$ となる．よって，つぎが得られる．

$$B^\top = \left(P^\top AP\right)^\top = P^\top A\left(P^\top\right)^\top = P^\top AP = B \tag{13.19}$$

これより行列 B は対称行列となることより，$c_1 = 0$ である．すなわち $B = \begin{bmatrix} \lambda_1 & 0 \\ 0 & c_2 \end{bmatrix}$ となる．式 (13.17) より $A\boldsymbol{u}_2 = c_2\boldsymbol{u}_2$ となるので，c_2 は A の固有値 λ_2 に等しく，$\boldsymbol{u}_2$ は λ_2 に対応する固有ベクトルである．したがって式 (13.18) より $P^\top AP = \begin{bmatrix} \lambda_1 & 0 \\ 0 & \lambda_2 \end{bmatrix}$ が得られ，直交行列 P により対称行列 A が対角化できることがわかった．

対称行列の対角化に関して，つぎが成り立つ．

- 対称行列は固有値の重複度とは無関係に必ず対角化できる．
- 対角化を行うための行列として直交行列を選ぶことができる．

与えられた対称行列が対角化される手順を例を通じて示す．まず，固有値が重複していない対称行列の場合の例を示す．

9) 式 (13.17) を満足する実数 c_1, c_2 が（1 組）存在する．

例 13.2 例 13.1 で与えた $A=\begin{bmatrix} 2 & 1 & 1 \\ 1 & 2 & 1 \\ 1 & 1 & 4 \end{bmatrix}$ を直交行列を用いて対角化しよう．例 13.1 より，与えられた行列の固有値は $\lambda_1=1, \lambda_2=2, \lambda_3=5$，対応する固有ベクトルはつぎとなる[10]．

$$\boldsymbol{v}_1=\begin{bmatrix} 1 \\ -1 \\ 0 \end{bmatrix},\ \boldsymbol{v}_2=\begin{bmatrix} 1 \\ 1 \\ -1 \end{bmatrix},\ \boldsymbol{v}_3=\begin{bmatrix} 1 \\ 1 \\ 2 \end{bmatrix} \tag{13.20}$$

例 13.1 で確認したとおり $\boldsymbol{v}_1 \perp \boldsymbol{v}_2 \perp \boldsymbol{v}_3$ である（対称行列の性質 (2)）．また，$\|\boldsymbol{v}_1\|=\sqrt{2}$，$\|\boldsymbol{v}_2\|=\sqrt{3}$，$\|\boldsymbol{v}_3\|=\sqrt{6}$ である．よって，$\boldsymbol{v}_1, \boldsymbol{v}_2, \boldsymbol{v}_3$ をそれぞれ正規化したものを $\boldsymbol{u}_1, \boldsymbol{u}_2, \boldsymbol{u}_3$ とするとつぎが得られる．

$$\boldsymbol{u}_1=\begin{bmatrix} 1/\sqrt{2} \\ -1/\sqrt{2} \\ 0 \end{bmatrix},\ \boldsymbol{u}_2=\begin{bmatrix} 1/\sqrt{3} \\ 1/\sqrt{3} \\ -1/\sqrt{3} \end{bmatrix},\ \boldsymbol{u}_3=\begin{bmatrix} 1/\sqrt{6} \\ 1/\sqrt{6} \\ 2/\sqrt{6} \end{bmatrix} \tag{13.21}$$

よって，$P=\begin{bmatrix} \boldsymbol{u}_1 & \boldsymbol{u}_2 & \boldsymbol{u}_3 \end{bmatrix}=\begin{bmatrix} 1/\sqrt{2} & 1/\sqrt{3} & 1/\sqrt{6} \\ -1/\sqrt{2} & 1/\sqrt{3} & 1/\sqrt{6} \\ 0 & -1/\sqrt{3} & 2/\sqrt{6} \end{bmatrix}$ とすると直交行列の定義より P は直交行列である．したがってつぎの計算により，与えられた行列 A が対角化されることがわかる．

$$\begin{aligned} &P^{-1}AP=P^{\top}AP \\ &=\begin{bmatrix} 1/\sqrt{2} & -1/\sqrt{2} & 0 \\ 1/\sqrt{3} & 1/\sqrt{3} & -1/\sqrt{3} \\ 1/\sqrt{6} & 1/\sqrt{6} & 2/\sqrt{6} \end{bmatrix}\begin{bmatrix} 2 & 1 & 1 \\ 1 & 2 & 1 \\ 1 & 1 & 4 \end{bmatrix}\begin{bmatrix} 1/\sqrt{2} & 1/\sqrt{3} & 1/\sqrt{6} \\ -1/\sqrt{2} & 1/\sqrt{3} & 1/\sqrt{6} \\ 0 & -1/\sqrt{3} & 2/\sqrt{6} \end{bmatrix} \\ &=\begin{bmatrix} 1 & 0 & 0 \\ 0 & 2 & 0 \\ 0 & 0 & 5 \end{bmatrix} \end{aligned}$$

❖

例 13.2 で与えられた行列は固有値が重複していない対称行列であるために，13.2 節で述べた対称行列の性質 (2) より固有ベクトルは互いに直交する．したがって，ノルムが 1 となるよう正規化すれば，対角行列に変換するため

10) この場合，任意の実数 t は $t=1$ とする．

の直交行列が得られる．

つぎに，固有値が重複している対称行列を直交行列により対角化する手順を例を通じて示す．

例 13.3 対称行列 $A = \begin{bmatrix} 2 & 1 & 1 \\ 1 & 2 & 1 \\ 1 & 1 & 2 \end{bmatrix}$ を直交行列を用いて対角化しよう．与えられた行列の固有方程式はつぎで与えられる．

$$|A - \lambda E| = \begin{vmatrix} 2-\lambda & 1 & 1 \\ 1 & 2-\lambda & 1 \\ 1 & 1 & 2-\lambda \end{vmatrix} = 0$$

$$\lambda^3 - 6\lambda^2 + 9\lambda - 4 = 0 \Longrightarrow (\lambda - 1)^2(\lambda - 4) = 0$$

よって，固有値は $\lambda = 1$（重複），4 である．

(i) 固有値 $\lambda_1 = 1$（重複）に対応する固有ベクトルを $\boldsymbol{v}_1 = \begin{bmatrix} x_1 \\ y_1 \\ z_1 \end{bmatrix} \neq \boldsymbol{0}$ とする．

$A\boldsymbol{v}_1 = \lambda_1 \boldsymbol{v}_1$ の関係に注意すると，つぎを得る．

$$x_1 + y_1 + z_1 = 0 \tag{13.22}$$

したがって，同時に 0 でない任意の実数 x_1, y_1 を用いて，$\boldsymbol{v}_1$ はつぎで表される．

$$\boldsymbol{v}_1 = \begin{bmatrix} x_1 \\ y_1 \\ -x_1 - y_1 \end{bmatrix} = x_1 \begin{bmatrix} 1 \\ 0 \\ -1 \end{bmatrix} + y_1 \begin{bmatrix} 0 \\ 1 \\ -1 \end{bmatrix} \tag{13.23}$$

式 (13.23) より，$\boldsymbol{v}_1 \neq \boldsymbol{0}$ という条件のもとで任意に選べる実数が x_1, y_1 と 2 個あるので，$\lambda_1 = 1$（重複）に対応する固有ベクトルとして 1 次独立なものを 2 個選ぶことができる．

$\boldsymbol{v}_1$ を定めるために，まず $y_1 = 0$ としよう．つぎに x_1 を求める必要があるが，$\boldsymbol{v}_1$ を定めた後に正規化して $\boldsymbol{u}_1$ を求めるので，$\|\boldsymbol{v}_1\| = 1$ となる x_1 を求めればよい．これより $x_1 = \pm 1/\sqrt{2}$ となるので，$x_1 = 1/\sqrt{2}$ とすると，$\boldsymbol{u}_1$ は $\boldsymbol{u}_1 = \begin{bmatrix} 1/\sqrt{2} \\ 0 \\ -1/\sqrt{2} \end{bmatrix}$ となる．

$\boldsymbol{v}_1$ より定まるもう 1 つの固有ベクトルを正規化したベクトルを $\boldsymbol{u}_2 = \begin{bmatrix} x_2 \\ y_2 \\ z_2 \end{bmatrix}$ とする．$\boldsymbol{u}_2$ は $\boldsymbol{u}_1 \perp \boldsymbol{u}_2$，$\|\boldsymbol{u}_2\| = 1$ となるように求める．$\boldsymbol{u}_2$ は固有値 $\lambda_1 = 1$（重複）に対応する固有ベクトルなので，$A\boldsymbol{u}_2 = \boldsymbol{u}_2$ を満足する．すなわち，つぎが成り立つ．

$$x_2 + y_2 + z_2 = 0 \tag{13.24}$$

$\boldsymbol{u}_2$ は $\boldsymbol{u}_1 \perp \boldsymbol{u}_2$かつ $\|\boldsymbol{u}_2\| = 1$ を満たす必要があるので，つぎとなる．

$$\frac{1}{\sqrt{2}}x_2 - \frac{1}{\sqrt{2}}z_2 = 0 \tag{13.25}$$

$$x_2^2 + y_2^2 + z_2^2 = 1 \tag{13.26}$$

式 (13.24), (13.25), (13.26) を連立させて解くと，$x_2 = \pm\dfrac{1}{\sqrt{6}}, y_2 = \mp\dfrac{2}{\sqrt{6}}, z_2 = \pm\dfrac{1}{\sqrt{6}}$ となる（複号同順）．ここで $x_2 = \dfrac{1}{\sqrt{6}}, y_2 = -\dfrac{2}{\sqrt{6}}, z_2 = \dfrac{1}{\sqrt{6}}$ とすると $\boldsymbol{u}_2$ は $\boldsymbol{u}_2 = \begin{bmatrix} 1/\sqrt{6} \\ -2/\sqrt{6} \\ 1/\sqrt{6} \end{bmatrix}$ となる．

(ii) 固有値 $\lambda_2 = 4$ に対応する固有ベクトルを $\boldsymbol{v}_3 = \begin{bmatrix} x_3 \\ y_3 \\ z_3 \end{bmatrix} \neq \boldsymbol{0}$ とする．$A\boldsymbol{v}_3 = \lambda_2\boldsymbol{v}_3$ の関係に注意すると $x_3 = y_3 = z_3$ を得る．さらに $\|\boldsymbol{u}_3\| = 1$ となる必要があるので，$x_3 = y_3 = z_3 = \pm\dfrac{1}{\sqrt{3}}$ となる（複号同順）．よって求める固有ベクトル $\boldsymbol{u}_3$ は $\boldsymbol{u}_3 = \begin{bmatrix} 1/\sqrt{3} \\ 1/\sqrt{3} \\ 1/\sqrt{3} \end{bmatrix}$ となる．

以上より，3 次正方行列 P をつぎで与える．

$$P = \begin{bmatrix} \boldsymbol{u}_1 & \boldsymbol{u}_2 & \boldsymbol{u}_3 \end{bmatrix} = \begin{bmatrix} 1/\sqrt{2} & 1/\sqrt{6} & 1/\sqrt{3} \\ 0 & -2/\sqrt{6} & 1/\sqrt{3} \\ -1/\sqrt{2} & 1/\sqrt{6} & 1/\sqrt{3} \end{bmatrix}$$

このとき，$\|\boldsymbol{u}_1\| = \|\boldsymbol{u}_2\| = \|\boldsymbol{u}_3\| = 1$，$(\boldsymbol{u}_1, \boldsymbol{u}_2) = (\boldsymbol{u}_2, \boldsymbol{u}_3) = (\boldsymbol{u}_3, \boldsymbol{u}_1) = 0$ であ

るので，P は直交行列であることがわかる．また，つぎの計算により対称行列 A が直交行列 P とその逆行列（転置行列）により対角化されることがわかる．

$$P^{-1}AP = P^TAP = \begin{bmatrix} 1 & 0 & 0 \\ 0 & 1 & 0 \\ 0 & 0 & 4 \end{bmatrix}$$ ❖

講義 13 のまとめ

- 対称行列のすべての固有値は実数である．
- 直交行列の転置行列は直交行列の逆行列となる．
- 直交行列の行列式の値は 1 または −1 である．
- 対称行列は直交行列を用いて対角化できる．すなわち，対称行列の固有値に対応する固有ベクトルとして互いに直交し，ノルムが 1 のものを求めることができる．

演習問題

13.1 2 次正方行列 $P = \begin{bmatrix} 2/\sqrt{5} & -1/\sqrt{5} \\ 1/\sqrt{5} & 2/\sqrt{5} \end{bmatrix}$ について，つぎの問いに答えよ．

(1) 与えられた行列 P が直交行列であることを示せ．

(2) 与えられた行列 P で定まる $\mathbb{R}^2$ から $\mathbb{R}^2$ への線形変換を f とする．また，原点を点 $\mathrm{O}(0,0)$ とする座標平面上の 2 点を $\mathrm{A}(-1,1)$, $\mathrm{B}(3,-2)$ とする．$\overrightarrow{\mathrm{OA}}, \overrightarrow{\mathrm{OB}}$ が f により変換されるベクトルをそれぞれ $\overrightarrow{\mathrm{OR}}, \overrightarrow{\mathrm{OS}}$ とする．このとき，$\triangle\mathrm{OAB}$ と $\triangle\mathrm{ORS}$ は互いに合同であることを示せ．

13.2 つぎの行列 A が対称行列であることを確認し，直交行列を用いて対角化せよ．

(1) $A = \begin{bmatrix} a & 1 \\ 1 & a \end{bmatrix}$ (a は実数)　(2) $A = \begin{bmatrix} 3 & 2 & 2 \\ 2 & 3 & 2 \\ 2 & 2 & 3 \end{bmatrix}$

講義 14

2 次形式・最小二乗法

本講では，講義 13 の対称行列の性質や対角化の結果を用いて 2 次形式の符号について説明する．つぎに講義 11 のベクトルの偏微分を利用して最小二乗法について説明する．本講の内容は最適化，信号・データ処理など工学への応用上重要であり，さまざまな分野で利用されている．

講義 14 のポイント

- 2 次形式とその符号について理解しよう．
- 最小二乗法について理解しよう．

14.1　2 次形式とその符号

14.1.1　2 次形式とは

変数 x_k（k は自然数）について，つぎの各変数の 2 次の項の和で構成される形式を **2 次形式**（quadratic form）という．

・2 変数の場合：$a_{11}x_1^2 + 2a_{12}x_1x_2 + a_{22}x_2^2$

・3 変数の場合：$a_{11}x_1^2 + a_{22}x_2^2 + a_{33}x_3^2 + 2a_{12}x_1x_2 + 2a_{23}x_2x_3 + 2a_{13}x_3x_1$

ここで $a_{ij}(i, j = 1, 2, 3)$ は定数である．

一般に 2 次形式は $\mathbb{R}^n$ に属するベクトル $\boldsymbol{x}$ と n 次対称行列 $A(A^\top = A)$ を用いて，つぎで表すことができる．

$$\boldsymbol{x}^\top A\boldsymbol{x} \tag{14.1}$$

3 変数の場合，$\boldsymbol{x} = \begin{bmatrix} x_1 \\ x_2 \\ x_3 \end{bmatrix} \in \mathbb{R}^3$，$A = \begin{bmatrix} a_{11} & a_{12} & a_{13} \\ a_{12} & a_{22} & a_{23} \\ a_{13} & a_{23} & a_{33} \end{bmatrix}$ （$A^\top = A$）とするとつぎで表すことができる．

$$a_{11}x_1^2 + a_{22}x_2^2 + a_{33}x_3^2 + 2a_{12}x_1x_2 + 2a_{23}x_2x_3 + 2a_{13}x_3x_1$$

$$= \begin{bmatrix} x_1 & x_2 & x_3 \end{bmatrix} \begin{bmatrix} a_{11} & a_{12} & a_{13} \\ a_{12} & a_{22} & a_{23} \\ a_{13} & a_{23} & a_{33} \end{bmatrix} \begin{bmatrix} x_1 \\ x_2 \\ x_3 \end{bmatrix} = \boldsymbol{x}^\top A\boldsymbol{x}$$

確認問題 14.1　つぎの 3 変数の 2 次形式を $\boldsymbol{x}^\top A\boldsymbol{x}$ の形式で表せ．

$$x_1^2 + x_2^2 + x_3^2 + 4x_1x_2 + 8x_2x_3 + 6x_3x_1$$

14.1.2　2 次形式の符号

1 変数の 2 次式 $x^2 + 2x + 2$ は平方完成を用いることでつぎのように変形することができる．

$$x^2 + 2x + 2 = (x+1)^2 + 1 \tag{14.2}$$

よって，すべての実数 x に対して式 (14.2) は常に正の値となる（すなわち一定の符号となる）．多変数の 2 次形式でも同様のことを調べる必要があり，2 次形式 $\boldsymbol{x}^\top A\boldsymbol{x}$ の符号をつぎのように定義する．

2 次形式の符号の定義

$\boldsymbol{x} \in \mathbb{R}^n$ とし，A を n 次対称行列とする．このとき，$\boldsymbol{x} \neq \boldsymbol{0}$ であるすべての $\boldsymbol{x} \in \mathbb{R}^n$ に対して 2 次形式 $\boldsymbol{x}^\top A\boldsymbol{x}$ が，

- $\boldsymbol{x}^\top A\boldsymbol{x} > 0$ であるときは**正定**（positive definite）であり，行列 A を**正定行列**（positive definite matrix）といい，$A > 0$ と表す．
- $\boldsymbol{x}^\top A\boldsymbol{x} \geq 0$ であるときは**半正定**（semi-positive definite）であり，行列 A を**半正定行列**（semi-positive definite matrix）といい，$A \geq 0$ と表す．
- $\boldsymbol{x}^\top A\boldsymbol{x} < 0$ であるときは**負定**（negative definite）であり，行列 A を**負定行列**（negative definite matrix）といい，$A < 0$ と表す．
- $\boldsymbol{x}^\top A\boldsymbol{x} \leq 0$ であるときは**半負定**（semi-negative definite）であり，行列 A を**半負定行列**（semi-negative definite matrix）といい，$A \leq 0$ と表す．

また，対称行列 A, B に対して，差 $A-B$ が正定行列 $(A-B>0)$ のとき，$A>B$ と書く．

与えられた 2 次形式が正定であるための条件はつぎで与えられる．

2 次形式が正定であるための条件

$\boldsymbol{x}^\top A\boldsymbol{x}>0$ であるための必要十分条件は行列 A のすべての固有値が正であることである．

2 次形式が正定であるための条件について 3 次対称行列を用いて説明する．

3 次対称行列 A の固有値を $\lambda_1, \lambda_2, \lambda_3$ とする．A は対称行列なので，直交行列 P を用いてつぎのとおり対角化できる．

$$P^\top AP=\begin{bmatrix}\lambda_1 & 0 & 0\\ 0 & \lambda_2 & 0\\ 0 & 0 & \lambda_3\end{bmatrix}$$

このとき，$A=P\begin{bmatrix}\lambda_1 & 0 & 0\\ 0 & \lambda_2 & 0\\ 0 & 0 & \lambda_3\end{bmatrix}P^\top$ であるから[1)]，つぎが得られる．

$$\boldsymbol{x}^\top A\boldsymbol{x}=\boldsymbol{x}^\top P\begin{bmatrix}\lambda_1 & 0 & 0\\ 0 & \lambda_2 & 0\\ 0 & 0 & \lambda_3\end{bmatrix}P^\top\boldsymbol{x}=\left(P^\top x\right)^\top\begin{bmatrix}\lambda_1 & 0 & 0\\ 0 & \lambda_2 & 0\\ 0 & 0 & \lambda_3\end{bmatrix}\left(P^\top x\right)$$

また，$\boldsymbol{z}=\begin{bmatrix}z_1\\ z_2\\ z_3\end{bmatrix}=P^\top\boldsymbol{x}$ とおくと，つぎが得られる．

$$\boldsymbol{x}^\top A\boldsymbol{x}=\boldsymbol{z}^\top\begin{bmatrix}\lambda_1 & 0 & 0\\ 0 & \lambda_2 & 0\\ 0 & 0 & \lambda_3\end{bmatrix}\boldsymbol{z}=\lambda_1z_1^2+\lambda_2z_2^2+\lambda_3z_3^2$$

1) P は直交行列なので $P^\top=P^{-1}$ である．

したがって，$\boldsymbol{z} \neq \mathbf{0}$ であるすべての $\boldsymbol{z} \in \mathbb{R}^3$，すなわち同時に 0 でないすべての実数 z_1，z_2，z_3 に対して，$\lambda_1 z_1^2 + \lambda_2 z_2^2 + \lambda_3 z_3^2 > 0$ であることと $\lambda_1, \lambda_2, \lambda_3$ がすべて正であることは等価である．

さらに，$\boldsymbol{z} = P^\top \boldsymbol{x}$ すなわち $\boldsymbol{x} = P\boldsymbol{z}$ なので，$\boldsymbol{x}$ と $\boldsymbol{z}$ は 1 対 1 に対応し，$\boldsymbol{x} = \mathbf{0}$ は $\boldsymbol{z} = \mathbf{0}$ に対応する．したがって，$\boldsymbol{x} \neq \mathbf{0}$ であるすべての $\boldsymbol{x} \in \mathrm{R}^n$ に対して，$\boldsymbol{x}^\top A\boldsymbol{x} > 0$ であること，すなわち A が正定行列であることと $\lambda_1, \lambda_2, \lambda_3$ がすべて正であることは等価である．

半正定，負定，半負定に関しても，正定の場合と同じ議論により同様の結論を得ることができる．つぎに，2 次形式 $\boldsymbol{x}^\top A\boldsymbol{x}$ と行列 A の固有値の関係についてまとめる．

2 次形式が一定の符号を持つ条件

行列 A を n 次対称行列とする．このとき，$\boldsymbol{x} \neq \mathbf{0}$ であるすべての $\boldsymbol{x} \in \mathbb{R}^n$ に対して，

- $\boldsymbol{x}^\top A\boldsymbol{x} > 0$ であるための必要十分条件は行列 A のすべての固有値が正であることである．
- $\boldsymbol{x}^\top A\boldsymbol{x} \geq 0$ であるための必要十分条件は行列 A のすべての固有値が非負（0 以上）であることである．
- $\boldsymbol{x}^\top A\boldsymbol{x} < 0$ であるための必要十分条件は行列 A のすべての固有値が負であることである．
- $\boldsymbol{x}^\top A\boldsymbol{x} \leq 0$ であるための必要十分条件は行列 A のすべての固有値が非正（0 以下）であることである．

14.2 最小二乗法

本節では，工学系の専門を学ぶうえで避けて通ることのできない最小二乗法というデータ処理法について説明する．最小二乗法は，実験などから得られた誤差を含んだデータの組から，ある基準を最小にする関数を求める手法である．ここでは，ある基準を最小にする多項式を求めることを考えよう．

最小二乗法を理解するには，講義 11 で学んだベクトルの偏微分のほかに線形代数学の知識が必要となる．

14.2.1　最小二乗法の考え方

まず，最小二乗法の必要性と，その考え方について説明する．

速度 a で等速直線運動をする物体の時刻 t における位置 $p(t)$ は，$t = 0$ での物体の初期位置 $p(0)$ を b とするとつぎの 1 次多項式で与えられる．

$$p(t) = at + b \tag{14.3}$$

すなわち，時刻 t と位置 $p(t)$ の関係を，横軸 t，縦軸 $p(t)$ のグラフに描くと，傾きが a，切片が b の直線で表すことができる．このとき，傾き a は物体の速度，切片が物体の初期位置となる．実験により時刻 t_i における物体の位置 p_i を測定し，その結果から得られる m 組の測定データ $(t_1, p_1), (t_2, p_2), \cdots, (t_m, p_m)$ をもとに速度 a と初期位置 b を求めることを考えよう[2)]．

もし実験が理想的に行われて測定誤差がない場合，得られた測定データをプロットすると図 14.1(a) となり，得られた各データを式 (14.3) に代入すると $p_i = at_i + b\,(i = 1, 2, \cdots, m)$ が成立する．しかし，実際の実験では測定誤差などを含んだ測定データが得られるので，データをプロットすると

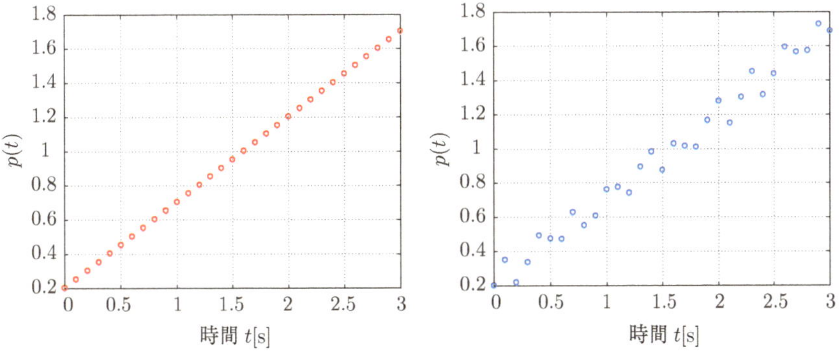

(a) 理想的な測定結果　　(b) 実際の測定結果

図 14.1　測定データのグラフ

2) (t_i, p_i) は測定値を組にして書いたもので，t_i と p_i の内積ではない．

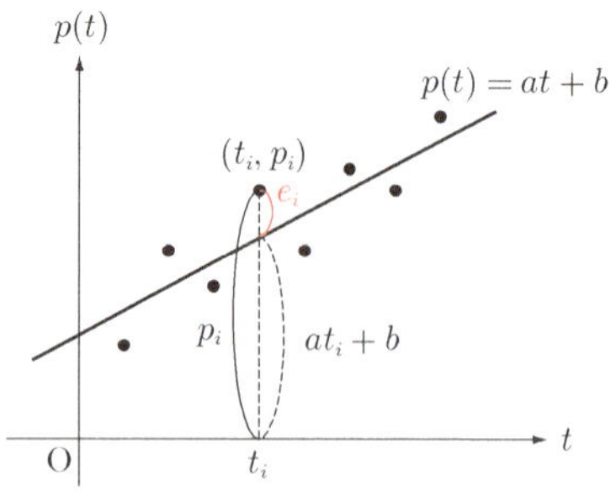

図 14.2　直線とデータの誤差

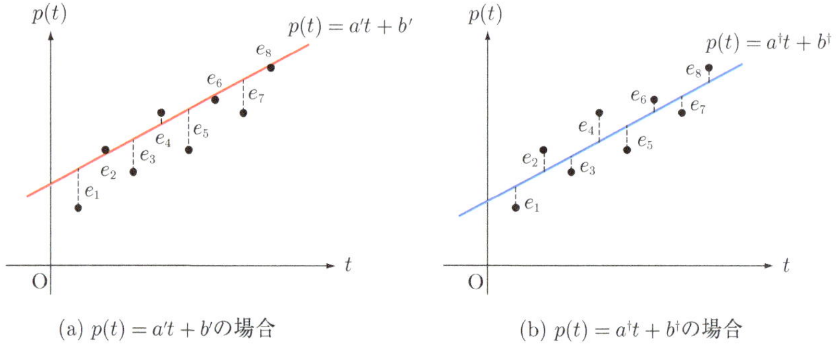

図 14.3　データより求めた直線の違い（データを表す点はどちらも同じ位置にある）

図 14.1(b) のようにある直線の周りに分布する点の集まりとなり，得られたデータは必ずしも式 (14.3) を満足しない．すなわち，得られた各データには $e_i = p_i - (at_i + b)\,(i = 1, 2, \cdots, m)$ という誤差 e_i が存在する．このことを図示すると図 14.2 のようになる．

いま，得られた測定データ (t_i, p_i) $(i = 1, 2, \cdots, m)$ を，横軸が t，縦軸が $p(t)$ である座標平面にプロットし，そのデータに対してある直線を当てはめれば，当てはめた直線の傾きと切片から速度 a と初期位置 b を求めることができる．ところが，図 14.3(a) と図 14.3(b) に示すように，同じデータに対してさまざまな直線を当てはめることが可能である．すなわち，どのように直線を当てはめるかの基準が明確である必要がある．

そこで，得られた測定データ $(t_i, p_i)(i = 1, 2, \cdots, m)$ に対してすべての誤差 e_i $(i = 1, 2, \cdots, m)$ を考え，誤差 e_i $(i = 1, 2, \cdots, m)$ の 2 乗和を最小に

するという基準に基づいて傾き a^* と切片 b^* を決定する問題を考えよう．すなわち，

$$J = \sum_{i=1}^{m} e_i^2 = \sum_{i=1}^{m} \{p_i - (at_i + b)\}^2 \tag{14.4}$$

を最小にする傾き $a = a^*$ と切片 $b = b^*$ を求める問題を考える．この問題を1次多項式に対する**最小二乗法**（least-square method）という．得られた直線の方程式 $p(t) = a^*t + b^*$ は各測定データの誤差の2乗和が最も小さい直線となる．具体的な a^* と b^* の求め方についてつぎで説明する．

14.2.2 最小二乗法の定式化

これまでに誤差を含む m 個の実験データに対して，誤差の2乗和を最小にするように式(14.3)の1次多項式を決定する問題について説明した．本項では，与えられた m 個のデータの組 $(x_1, y_1), (x_2, y_2), \cdots, (x_m, y_m)$ に対して，つぎの $n-1$ 次多項式を決定することを考えよう[3)]．

$$y = a_{n-1}x^{n-1} + a_{n-2}x^{n-2} + \cdots + a_1x + a_0 \tag{14.5}$$

ここで $a_j (j = 0, 1, \cdots, n-1)$ は定数である．また，データの組の個数 m は多項式の次数 $n-1$ より充分大きいとする．いま，誤差を $e_i = y_i - (a_{n-1}x_i^{n-1} + a_{n-2}x_i^{n-2} + \cdots + a_1x_i + a_0)$ $(i = 1, 2, \cdots, m)$ とし，誤差の2乗和をつぎで定義する．

$$J = e_1^2 + e_2^2 + \cdots + e_m^2 = \sum_{k=1}^{m} e_k^2 \tag{14.6}$$

このとき J を最小にするように a_j $(j = 0, 1, \cdots, n-1)$ を決定し，式(14.5)の $n-1$ 次の多項式を求めるという問題を考えよう．

各 i $(= 1, 2, \cdots, m)$ における誤差 e_i の関係をベクトル形式で表すとつぎとなる．

14

3) 式(14.3)の例では $n = 2$，$a_0 = b$，$a_1 = a$，$x = t$ である．

$$\begin{bmatrix} e_1 \\ e_2 \\ \vdots \\ e_m \end{bmatrix} = \begin{bmatrix} y_1 - (a_{n-1}x_1^{n-1} + a_{n-2}x_1^{n-2} + \cdots + a_1 x_1 + a_0) \\ y_2 - (a_{n-1}x_2^{n-1} + a_{n-2}x_2^{n-2} + \cdots + a_1 x_2 + a_0) \\ \vdots \\ y_m - (a_{n-1}x_m^{n-1} + a_{n-2}x_m^{n-2} + \cdots + a_1 x_m + a_0) \end{bmatrix} \tag{14.7}$$

式 (14.7) を書き直すとつぎとなる．

$$\begin{bmatrix} e_1 \\ e_2 \\ \vdots \\ e_m \end{bmatrix} = \begin{bmatrix} y_1 \\ y_2 \\ \vdots \\ y_m \end{bmatrix} - \begin{bmatrix} x_1^{n-1} & x_1^{n-2} & \cdots & x_1 & 1 \\ x_2^{n-1} & x_2^{n-2} & \cdots & x_2 & 1 \\ \vdots & \vdots & \ddots & \vdots & \\ x_m^{n-1} & x_m^{n-2} & \cdots & x_m & 1 \end{bmatrix} \begin{bmatrix} a_{n-1} \\ a_{n-2} \\ \vdots \\ a_1 \\ a_0 \end{bmatrix} \tag{14.8}$$

ここで，式 (14.8) の行列およびベクトルをつぎで定義する[4)]．

$$\boldsymbol{e} = \begin{bmatrix} e_1 \\ e_2 \\ \vdots \\ e_m \end{bmatrix} \in \mathbb{R}^m, \quad \boldsymbol{y} = \begin{bmatrix} y_1 \\ y_2 \\ \vdots \\ y_m \end{bmatrix} \in \mathbb{R}^m, \quad \boldsymbol{x} = \begin{bmatrix} a_{n-1} \\ a_{n-2} \\ \vdots \\ a_1 \\ a_0 \end{bmatrix} \in \mathbb{R}^n \tag{14.9}$$

$$A = \underbrace{\left.\begin{bmatrix} x_1^{n-1} & x_1^{n-2} & \cdots & x_1 & 1 \\ x_2^{n-1} & x_2^{n-2} & \cdots & x_2 & 1 \\ \vdots & \vdots & \ddots & \vdots & \\ x_m^{n-1} & x_m^{n-2} & \cdots & x_m & 1 \end{bmatrix}\right\}}_{n\ \text{列}} m\ \text{行} \tag{14.10}$$

この行列とベクトルを用いると式 (14.8) は $\boldsymbol{e} = \boldsymbol{y} - A\boldsymbol{x}$ と表せ，式 (14.6) はつぎのように表すことができる．

$$J = \|\boldsymbol{e}\|^2 = \|\boldsymbol{y} - A\boldsymbol{x}\|^2 \tag{14.11}$$

4) ベクトル $\boldsymbol{x}$ の成分は a_j $(j = 0, 1, \cdots, n-1)$ であるが，ベクトルの成分が未知数であるので，ベクトルの記号として $\boldsymbol{x}$ を用いている．

これまでの議論をまとめると最小二乗法はつぎで定式化できる．

最小二乗法の定式化

与えられた m 個のデータの組 $(x_1, y_1), (x_2, y_2), \cdots, (x_m, y_m)$ より得られる式 (14.9) のベクトル $\boldsymbol{y}$ と式 (14.10) の $m \times n$ 行列 A に対して，式 (14.11) の J を最小にするベクトル $\boldsymbol{x}$ を決定し，式 (14.5) の $n-1$ 次の多項式を求める．求められた式 (14.5) の $n-1$ 次の多項式を最小二乗法の意味で最適な多項式と呼ぶ．ただし，正方行列 $A^{\top}A$ の逆行列が存在するとする．

14.2.3 最小二乗法の解を得るための準備

最小二乗法の解を求める前に，式 (14.11) の最右辺のベクトル $\boldsymbol{x} \in \mathbb{R}^n$ に関する実数値関数 $\|\boldsymbol{y} - A\boldsymbol{x}\|^2$ の $\boldsymbol{x}$ についての微分を求めよう．式 (14.11) は 2.1.5 項に示したベクトルの内積の性質を使うと，つぎのとおり書き直すことができる．

$$\begin{aligned} J &= \|\boldsymbol{y} - A\boldsymbol{x}\|^2 \\ &= (\boldsymbol{y} - A\boldsymbol{x}, \boldsymbol{y} - A\boldsymbol{x}) = (\boldsymbol{y}, \boldsymbol{y}) - 2(\boldsymbol{y}, A\boldsymbol{x}) + (A\boldsymbol{x}, A\boldsymbol{x}) \end{aligned} \tag{14.12}$$

ここで，$J_1 = (\boldsymbol{y}, A\boldsymbol{x})$，$J_2 = (A\boldsymbol{x}, A\boldsymbol{x})$ とおくと，式 (14.12) はつぎとなる．

$$J = \|\boldsymbol{y} - A\boldsymbol{x}\|^2 = \|\boldsymbol{y}\|^2 - 2J_1 + J_2 \tag{14.13}$$

式 (14.13) において $\boldsymbol{y}$ は $\boldsymbol{x}$ に無関係のベクトルであり，$\dfrac{\partial}{\partial \boldsymbol{x}}\|\boldsymbol{y}\|^2 = 0$ となる．よって，式 (14.13) の両辺を $\boldsymbol{x}$ で微分するとつぎが成り立つ．

$$\frac{\partial J}{\partial \boldsymbol{x}} = -2\frac{\partial J_1}{\partial \boldsymbol{x}} + \frac{\partial J_2}{\partial \boldsymbol{x}} \tag{14.14}$$

例 14.1 例として $m = 3, n = 2$ の場合について，式 (14.14) の $\dfrac{\partial J}{\partial \boldsymbol{x}}$ を求めよう．$m = 3, n = 2$ より式 (14.9)，(14.10) から $\boldsymbol{y} \in \mathbb{R}^3$ および $\boldsymbol{x} \in \mathbb{R}^2$，$3 \times 2$ 行列 A はつぎとなる．

$$\boldsymbol{y}=\begin{bmatrix}y_1\\y_2\\y_3\end{bmatrix},\boldsymbol{x}=\begin{bmatrix}a_1\\a_0\end{bmatrix},A=\begin{bmatrix}x_1&1\\x_2&1\\x_3&1\end{bmatrix}$$

この $\boldsymbol{y},\boldsymbol{x},A$ に対してつぎが成り立つ．

$$A\boldsymbol{x}=\begin{bmatrix}x_1&1\\x_2&1\\x_3&1\end{bmatrix}\begin{bmatrix}a_1\\a_0\end{bmatrix}=\begin{bmatrix}x_1a_1+a_0\\x_2a_1+a_0\\x_3a_1+a_0\end{bmatrix}$$

$$J_1=(\boldsymbol{y},A\boldsymbol{x})=(x_1a_1+a_0)y_1+(x_2a_1+a_0)y_2+(x_3a_1+a_0)y_3$$

講義 11 で説明したベクトル $\boldsymbol{x}$ に関する実数値関数のベクトル $\boldsymbol{x}$ の偏微分からつぎが得られる．

$$\begin{aligned}\frac{\partial J_1}{\partial \boldsymbol{x}}&=\begin{bmatrix}\dfrac{\partial J_1}{\partial a_1}\\\dfrac{\partial J_1}{\partial a_0}\end{bmatrix}=\begin{bmatrix}x_1y_1+x_2y_2+x_3y_3\\y_1+y_2+y_3\end{bmatrix}\\&=\begin{bmatrix}x_1&x_2&x_3\\1&1&1\end{bmatrix}\begin{bmatrix}y_1\\y_2\\y_3\end{bmatrix}=A^\top\boldsymbol{y}\end{aligned}\tag{14.15}$$

$J_2=(A\boldsymbol{x},A\boldsymbol{x})=\|A\boldsymbol{x}\|^2$ において，$J_2=(A\boldsymbol{x})^\top(A\boldsymbol{x})=\boldsymbol{x}^\top A^\top A\boldsymbol{x}$ が成り立つ．$A^\top A=B$ とおくと，$B^\top=(A^\top A)^\top=A^\top A=B$ なので，B は対称行列である．ここでは行列 A は 3×2 行列なので，$B=A^\top A$ は 2×2 行列である．よって，$b_{ij}(i,j=1,2)$ を定数として，$B=\begin{bmatrix}b_{11}&b_{12}\\b_{12}&b_{22}\end{bmatrix}$ とおくと，$J_2=\boldsymbol{x}^\top A^\top A\boldsymbol{x}=\boldsymbol{x}^\top B\boldsymbol{x}=b_{11}a_1^2+2b_{12}a_0a_1+b_{22}a_0^2$ であるからつぎが成り立つ．

$$\begin{aligned}\frac{\partial J_2}{\partial \boldsymbol{x}}&=\begin{bmatrix}\dfrac{\partial J_2}{\partial a_1}\\\dfrac{\partial J_2}{\partial a_0}\end{bmatrix}=\begin{bmatrix}2b_{11}a_1+2b_{12}a_0\\2b_{12}a_1+2b_{22}a_0\end{bmatrix}=2\begin{bmatrix}b_{11}&b_{12}\\b_{12}&b_{22}\end{bmatrix}\begin{bmatrix}a_1\\a_0\end{bmatrix}\\&=2B\boldsymbol{x}=2A^\top A\boldsymbol{x}\end{aligned}\tag{14.16}$$

よって，式 (14.14)，(14.15)，(14.16) よりつぎが得られる．

$$\frac{\partial J}{\partial \boldsymbol{x}}=-2A^\top\boldsymbol{y}+2A^\top A\boldsymbol{x}\tag{14.17}$$

この結果より $\dfrac{\partial J}{\partial \boldsymbol{x}}$ は 2 次元ベクトル $\left(\dfrac{\partial J}{\partial \boldsymbol{x}}\in\mathbb{R}^2\right)$ となっていることがわかる． ❖

式 (14.17) は $m=3, n=2$ だけでなく一般の m, n についても成り立つ関係式で，$\dfrac{\partial J}{\partial \boldsymbol{x}}$ は n 次元ベクトル $\left(\dfrac{\partial J}{\partial \boldsymbol{x}} \in \mathbb{R}^n\right)$ となる．

14.2.4 最小二乗法の解

式 (14.11) の $J = \|\boldsymbol{y} - A\boldsymbol{x}\|^2$ を最小にする $\boldsymbol{x}$ はつぎを満足することがわかっている．

$$\frac{\partial J}{\partial \boldsymbol{x}} = \boldsymbol{0} \tag{14.18}$$

式 (14.18) は最小二乗法についての**正規方程式**（normal equation）と呼ばれる．

式 (14.17) より $\dfrac{\partial J}{\partial \boldsymbol{x}} = -2A^\top \boldsymbol{y} + 2A^\top A\boldsymbol{x}$ であるので，式 (14.18) より

$$-2A^\top \boldsymbol{y} + 2A^\top A\boldsymbol{x} = \boldsymbol{0}$$

が成り立つ．ここで行列 $A^\top A$ は n 次正方行列となり，逆行列 $(A^\top A)^{-1}$ が存在するとする．このとき，式 (14.11) の J を最小にする $\boldsymbol{x}$ はつぎで与えられる．

$$\boldsymbol{x} = \left(A^\top A\right)^{-1} A^\top \boldsymbol{y} \tag{14.19}$$

例 14.2　つぎのデータ (x_i, y_i) $(i = 1, 2, \cdots, 5)$ に対して，最小二乗法の意味で最適な 1 次多項式（直線）$y = a_1 x + a_0$ を求めよう．

$$(x_i, y_i) = (0.0, 2.5), (1.0, 2.8), (2.0, 4.3), (3.0, 5.3), (4.0, 5.8)$$

いま 5 個（$m = 5$）のデータの組から直線の傾き a_1 と切片 a_0（$n = 2$）を最小二乗法から求めることになるので，式 (14.9) と式 (14.10) よりベクトル $\boldsymbol{y}, \boldsymbol{x}$ と行列 A を求めるとつぎとなる．

$$\boldsymbol{y} = \begin{bmatrix} 2.5 \\ 2.8 \\ 4.3 \\ 5.3 \\ 5.8 \end{bmatrix}, \quad \boldsymbol{x} = \begin{bmatrix} a_1 \\ a_0 \end{bmatrix}, \quad A = \begin{bmatrix} 0.0 & 1.0 \\ 1.0 & 1.0 \\ 2.0 & 1.0 \\ 3.0 & 1.0 \\ 4.0 & 1.0 \end{bmatrix}$$

14

このとき，式 (14.19) よりベクトル $\boldsymbol{x}$ を求めるとつぎとなる．

$$\boldsymbol{x} = \left(A^{\top}A\right)^{-1} A^{\top}\boldsymbol{y}$$

$$= \begin{bmatrix} 30.0 & 10.0 \\ 10.0 & 5.0 \end{bmatrix}^{-1} \begin{bmatrix} 0.0 & 1.0 & 2.0 & 3.0 & 4.0 \\ 1.0 & 1.0 & 1.0 & 1.0 & 1.0 \end{bmatrix} \begin{bmatrix} 2.5 \\ 2.8 \\ 4.3 \\ 5.3 \\ 5.8 \end{bmatrix} = \begin{bmatrix} 0.9 \\ 2.3 \end{bmatrix}$$

よって得られたデータから，最小二乗法の意味で最適な 1 次多項式は $y = 0.9x + 2.3$ となることがわかる．データと最小二乗法から得られた直線を図 14.4 に示す． ❖

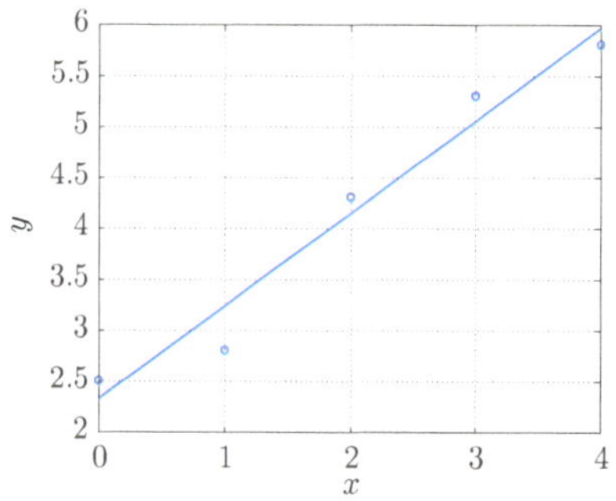

図 14.4　例 14.2：データと得られた直線

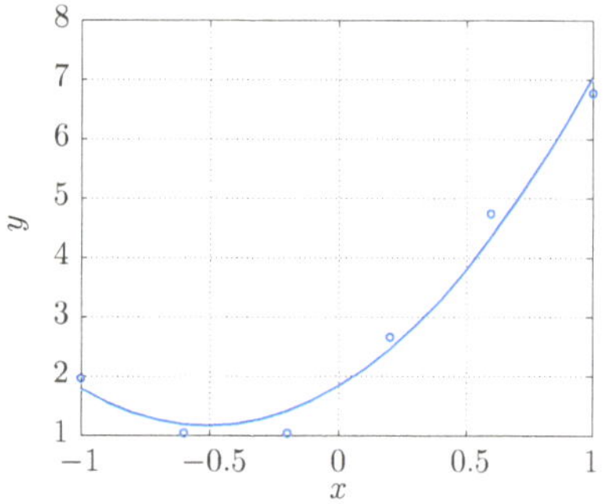

図 14.5　例 14.3：データと得られた 2 次曲線

例 14.3　つぎのデータ (x_i, y_i) $(i = 1, 2, \cdots, 6)$ に対して，最小二乗法の意味で最適な 2 次多項式 $y = a_2x^2 + a_1x + a_0$ を求めよう．

$$(x_i, y_i) = (-1.00, 1.95), (-0.60, 1.03), (-0.20, 1.03),$$
$$(0.20, 2.65), (0.60, 4.72), (1.00, 6.76)$$

$m = 6$, $n = 3$ であるので与えられたデータより，式 (14.9) のベクトル $\boldsymbol{y}, \boldsymbol{x}$ と式 (14.10) の行列 A はつぎとなる．

$$
\boldsymbol{y}=\begin{bmatrix}1.95\\1.03\\1.03\\2.65\\4.72\\6.76\end{bmatrix},\quad \boldsymbol{x}=\begin{bmatrix}a_2\\a_1\\a_0\end{bmatrix},\quad A=\begin{bmatrix}1.00 & -1.00 & 1.00\\0.36 & -0.60 & 1.00\\0.04 & -0.20 & 1.00\\0.04 & 0.20 & 1.00\\0.36 & 0.60 & 1.00\\1.00 & 1.00 & 1.00\end{bmatrix}
$$

よって，つぎのように式 (14.19) の解 $\boldsymbol{x}$ が求められる．

$$
\begin{aligned}
\boldsymbol{x} &= (A^\top A)^{-1} A^\top \boldsymbol{y}\\
&= \begin{bmatrix}2.26 & 0.00 & 2.80\\0.00 & 2.80 & 0.00\\2.80 & 0.00 & 6.00\end{bmatrix}^{-1}\begin{bmatrix}1.00 & 0.36 & 0.04 & 0.04 & 0.36 & 1.00\\-1.00 & -0.60 & -0.20 & 0.20 & 0.60 & 1.00\\1.00 & 1.00 & 1.00 & 1.00 & 1.00 & 1.00\end{bmatrix}\begin{bmatrix}1.95\\1.03\\1.03\\2.65\\4.72\\6.76\end{bmatrix}\\
&= \begin{bmatrix}2.58\\2.62\\1.82\end{bmatrix}
\end{aligned}
$$

よって得られたデータから，最小二乗法の意味で最適な 2 次多項式は $y = 2.58x^2 + 2.62x + 1.82$ となることがわかる．データと最小二乗法から得られた 2 次曲線を図 14.5 に示す． ❖

14.2.5 連立 1 次方程式の最小二乗解

例として，つぎの x_1, x_2 を未知数とする連立 1 次方程式を考えよう．

$$
\begin{cases}2x_1 - x_2 = 3\\x_1 + 3x_2 = -1\\-3x_1 + 2x_2 = 5\end{cases} \tag{14.20}
$$

式 (14.20) の連立 1 次方程式は未知数が x_1, x_2 の 2 個に対して式が 3 個なので講義 06，07 とは異なり，未知数の数より式の数が多い．2 個の未知数に対しては，2 個の式があれば未知数を決定できる（解が見つかる）が，式 (14.20) のように式の数が多い場合は，解は一般に存在しない．式 (14.20) に

おいて $A = \begin{bmatrix} 2 & -1 \\ 1 & 3 \\ -3 & 2 \end{bmatrix}, \boldsymbol{x} = \begin{bmatrix} x_1 \\ x_2 \end{bmatrix}, \boldsymbol{y} = \begin{bmatrix} 3 \\ -1 \\ 5 \end{bmatrix}$ とすると $A\boldsymbol{x} = \boldsymbol{y}$ と表される．ここで，係数行列 A は 3×2 行列と縦長の行列になっている[5)]．

式 (14.20) の例を一般化して，既知の $m \times n$ の行列 A（$m > n$, $\mathrm{rank}\, A = n$ とする），既知のベクトル $\boldsymbol{y} \in \mathbb{R}^m$，未知のベクトル $\boldsymbol{x} \in \mathbb{R}^n$ を用いて，つぎの連立 1 次方程式を考えよう．

$$A\boldsymbol{x} = \boldsymbol{y} \tag{14.21}$$

式 (14.20) と同様に，行列 A は $m > n$ であるので縦長の行列となる．さらに，式 (14.21) は未知数の数 n より式の数 m が多い連立 1 次方程式であるために，解 $\boldsymbol{x} \in \mathbb{R}^n$ は一般に存在しない．

このように解のない式 (14.21) の連立 1 次方程式に対して，式 (14.21) の両辺の差のベクトル $\boldsymbol{y} - A\boldsymbol{x} \in \mathbb{R}^m$ のノルムの 2 乗を最小にする $\boldsymbol{x} \in \mathbb{R}^n$ を求めることを考えよう．この $\boldsymbol{x}$ を連立 1 次方程式 (14.21) の**最小二乗解**（least squares solution）という．すなわち，式 (14.21) の連立 1 次方程式に対してつぎを満足する解が最小二乗解である．

$$J = \|\boldsymbol{y} - A\boldsymbol{x}\|^2 \tag{14.22}$$

式 (14.22) は前項の最小二乗法で最小にすべき関数である式 (14.11) と等価である．したがって，その解は式 (14.19) と同じつぎで与えられる．

$$\boldsymbol{x} = \left(A^\mathsf{T} A\right)^{-1} A^\mathsf{T} \boldsymbol{y} \tag{14.23}$$

このとき解 $\boldsymbol{x}$ は最小二乗法の意味で式 (14.21) を満たしているといえる．

これまでの議論から，連立 1 次方程式 (14.21) の最小二乗解 $\boldsymbol{x} = \left(A^\mathsf{T} A\right)^{-1} A^\mathsf{T} \boldsymbol{y}$ を求める問題は，前項で説明した，与えられた m 個のデータの組 (x_1, y_1), (x_2, y_2), $\cdots$, (x_m, y_m) から式 (14.11) の J を最小にする $n-1$ 次多項式の係数を求める最小二乗法と等価であることがわかる．

式 (14.21) の連立 1 次方程式 $A\boldsymbol{x} = \boldsymbol{y}$ の係数行列 A は $m \times n$ 行列で $m > n$ より正方行列ではない．したがって，A^{-1} を定義することができないが，式

5) これは，式 (14.20) の連立 1 次方程式が (未知数の数)<(式の数) であるためである．

(14.21) の $A\boldsymbol{x} = \boldsymbol{y}$ に対して，式 (14.23) の右辺にある行列 $\left(A^\top A\right)^{-1} A^\top$ が逆行列 A^{-1} のような働きをしているとみなせる．この行列 $\left(A^\top A\right)^{-1} A^\top$ を行列 A の **左擬似逆行列**（pseudo left inverse matrix）という[6]．

講義 14 のまとめ

- **2 次形式 $\boldsymbol{x}^\top A\boldsymbol{x}$ の符号は，行列 A の固有値の符号により判別できる．**
- **最小二乗法は，データの組からある基準を最小にする関数を求める手法である．**
- **最小二乗法の意味での最適な多項式は，$m > n$ である $m \times n$ 行列 (縦長の行列)A に対する左擬似逆行列により求めることができる．**

演習問題

14.1 $\boldsymbol{x}$ を $\mathbb{R}^2$ に属するベクトルとする．このとき，つぎの行列 A に対して，2 次形式 $\boldsymbol{x}^\top A\boldsymbol{x}$ の符号を判別せよ．

$$(1)\ A = \begin{bmatrix} 5 & -3 \\ -3 & 5 \end{bmatrix} \quad (2)\ A = \begin{bmatrix} -2 & 1 \\ 1 & -2 \end{bmatrix}$$

14.2 つぎのデータ (x_i, y_i) $(i = 1, 2, \cdots, 6)$ に対して，最小二乗法の意味で最適な 2 次多項式を求めよ．

$$\begin{aligned}(x_i, y_i) =&(-1.00, -5.58), (0.44, -3.42), (1.06, -4.00),\\ &(2.49, -10.94), (3.67, -21.23), (4.96, -37.97)\end{aligned}$$

6) $(A^\top A)^{-1}$ を $A^\top$ の左から掛けているため．

演習問題の略解

講義 02 2.1 求めるベクトルを $\boldsymbol{c}=\begin{bmatrix}x\\y\\z\end{bmatrix}$ とする．条件より $(\boldsymbol{a},\boldsymbol{c})=0$, $(\boldsymbol{b},\boldsymbol{c})=0$, $\|\boldsymbol{c}\|=1$ となり $(\boldsymbol{a},\boldsymbol{c})=x-4y+2z=0$, $(\boldsymbol{b},\boldsymbol{c})=-2x+y+3z=0$, $\|\boldsymbol{c}\|=\sqrt{x^2+y^2+z^2}=1(x^2+y^2+z^2=1)$．$y=z$, $x=2z$ となるので $z=\pm\frac{1}{\sqrt{6}}$, $x=\pm\frac{2}{\sqrt{6}}$, $y=\pm\frac{1}{\sqrt{6}}$ となる．求めるベクトルは $\boldsymbol{c}=\pm\frac{1}{\sqrt{6}}\begin{bmatrix}2\\1\\1\end{bmatrix}$．2.2 $(\boldsymbol{a},\boldsymbol{b})=0\Rightarrow-2+2k+6=0\Rightarrow k=-2$．求めるベクトルは $\boldsymbol{a}$ と垂直な単位ベクトルであり $\boldsymbol{b}$ を正規化したベクトルとしてよい．$\|\boldsymbol{b}\|=3$ となり，求めるベクトルは $\frac{1}{3}\begin{bmatrix}-1\\-2\\2\end{bmatrix}$．2.3 求める点 H は直線 OA 上にあり，ベクトル $\overrightarrow{\mathrm{OH}}$ を $k\begin{bmatrix}-2\\2\\4\end{bmatrix}$ とする．ベクトル $\overrightarrow{\mathrm{HB}}$ は $\begin{bmatrix}-1+2k\\1-2k\\3-4k\end{bmatrix}$ となる．$\overrightarrow{\mathrm{HB}}$ と $\overrightarrow{\mathrm{OA}}=\begin{bmatrix}-2\\2\\4\end{bmatrix}$ が直交するので $\left(\begin{bmatrix}-2\\2\\4\end{bmatrix},\begin{bmatrix}-1+2k\\1-2k\\3-4k\end{bmatrix}\right)=0$ より $-2(-1+2k)+2(1-2k)+4(3-4k)=0$ から $k=\frac{2}{3}$．
2.4 $a,b(\neq 0)$ を任意の実数，$y=\frac{1}{2}x$ 上の任意の点を $\mathrm{A}(2a,a)$，点 A から $y=-\frac{1}{3}x$ まで θ だけ回転した点を $\mathrm{B}(3b,-b)$ とする．$\overrightarrow{\mathrm{OA}}=\begin{bmatrix}2a\\a\end{bmatrix}$, $\overrightarrow{\mathrm{OB}}=\begin{bmatrix}3b\\-b\end{bmatrix}$ とすると $\cos\theta=\frac{(\overrightarrow{\mathrm{OA}},\overrightarrow{\mathrm{OB}})}{\|\overrightarrow{\mathrm{OA}}\|\|\overrightarrow{\mathrm{OB}}\|}$．
$(\overrightarrow{\mathrm{OA}},\overrightarrow{\mathrm{OB}})=5ab$, $\|\overrightarrow{\mathrm{OA}}\|=\sqrt{(2a)^2+a^2}=\sqrt{5}a$, $\|\overrightarrow{\mathrm{OB}}\|=\sqrt{(3b)^2+(-b)^2}=\sqrt{10}b$ より $\cos\theta=\frac{5ab}{\sqrt{5}a\sqrt{10}b}=\frac{5ab}{ab\sqrt{50}}=\frac{1}{\sqrt{2}}$．よって $\theta=\frac{\pi}{4}$，角の大きさは 45°．

講義 03 3.1 (1) $\begin{bmatrix}2&3\end{bmatrix}+\begin{bmatrix}5&4\end{bmatrix}=\begin{bmatrix}7&7\end{bmatrix}$ (2) $\begin{bmatrix}6\\3\end{bmatrix}+\begin{bmatrix}2\\4\end{bmatrix}=\begin{bmatrix}8\\7\end{bmatrix}$ (3) $3\begin{bmatrix}4\\2\end{bmatrix}-\begin{bmatrix}8\\4\end{bmatrix}=\begin{bmatrix}4\\2\end{bmatrix}$
(4) $\begin{bmatrix}2&3\\1&4\end{bmatrix}+\begin{bmatrix}5&4\\2&3\end{bmatrix}=\begin{bmatrix}7&7\\3&7\end{bmatrix}$ (5) $2\begin{bmatrix}1&4\\3&2\end{bmatrix}-\begin{bmatrix}1&3\\4&1\end{bmatrix}=\begin{bmatrix}1&5\\2&3\end{bmatrix}$ 3.2（22 個）

$\boldsymbol{ab}=14$, $\boldsymbol{a}A=\begin{bmatrix}12&7\end{bmatrix}$, $\boldsymbol{a}B=\begin{bmatrix}8&18&23\end{bmatrix}$, $\boldsymbol{ba}=\begin{bmatrix}2&3\\8&12\end{bmatrix}$, $\boldsymbol{bc}=\begin{bmatrix}3&2&1\\12&8&4\end{bmatrix}$,
$\boldsymbol{cd}=17$, $\boldsymbol{c}C=\begin{bmatrix}16&20\end{bmatrix}$, $\boldsymbol{c}D=\begin{bmatrix}18&10&20\end{bmatrix}$, $\boldsymbol{da}=\begin{bmatrix}4&6\\8&12\\6&9\end{bmatrix}$, $\boldsymbol{dc}=\begin{bmatrix}6&4&2\\12&8&4\\9&6&3\end{bmatrix}$,

$A\boldsymbol{b} = \begin{bmatrix} 11 \\ 6 \end{bmatrix}$, $AA = \begin{bmatrix} 13 & 8 \\ 8 & 5 \end{bmatrix}$, $AB = \begin{bmatrix} 7 & 17 & 22 \\ 4 & 10 & 13 \end{bmatrix}$, $B\boldsymbol{d} = \begin{bmatrix} 26 \\ 35 \end{bmatrix}$, $BC = \begin{bmatrix} 15 & 20 \\ 22 & 29 \end{bmatrix}$,

$BD = \begin{bmatrix} 18 & 13 & 26 \\ 26 & 18 & 36 \end{bmatrix}$, $C\boldsymbol{b} = \begin{bmatrix} 24 \\ 5 \\ 14 \end{bmatrix}$, $CA = \begin{bmatrix} 22 & 13 \\ 5 & 3 \\ 12 & 7 \end{bmatrix}$, $CB = \begin{bmatrix} 14 & 32 & 41 \\ 3 & 7 & 9 \\ 8 & 18 & 23 \end{bmatrix}$,

$D\boldsymbol{d} = \begin{bmatrix} 28 \\ 14 \\ 24 \end{bmatrix}$, $DC = \begin{bmatrix} 26 & 34 \\ 13 & 17 \\ 18 & 24 \end{bmatrix}$, $DD = \begin{bmatrix} 28 & 18 & 36 \\ 14 & 9 & 18 \\ 20 & 14 & 28 \end{bmatrix}$

3.3 $(A+B)C = \begin{bmatrix} 8 & 20 \\ 6 & 16 \end{bmatrix}$, $AC = \begin{bmatrix} 3 & 7 \\ 3 & 8 \end{bmatrix}$, $BC = \begin{bmatrix} 5 & 13 \\ 3 & 8 \end{bmatrix}$

講義 04 4.1 (1) $\begin{bmatrix} 2 & 3 \\ 1 & 5 \end{bmatrix} \begin{bmatrix} x_1 \\ x_2 \end{bmatrix} = \begin{bmatrix} 5 \\ 6 \end{bmatrix}$ (2) $\begin{bmatrix} 3 & 2 & 4 \\ 1 & 0 & 7 \\ 2 & 1 & 5 \end{bmatrix} \begin{bmatrix} x_1 \\ x_2 \\ x_3 \end{bmatrix} = \begin{bmatrix} 10 \\ 8 \\ 8 \end{bmatrix}$

4.2 (1) $\begin{bmatrix} 3 & 1 & 4 \end{bmatrix}^\top = \begin{bmatrix} 3 \\ 1 \\ 4 \end{bmatrix}$ (2) $\begin{bmatrix} 5 \\ 2 \\ 3 \end{bmatrix}^\top = \begin{bmatrix} 5 & 2 & 3 \end{bmatrix}$ (3) $\begin{bmatrix} 4 \\ 2 \\ 5 \\ 1 \end{bmatrix}^\top = \begin{bmatrix} 4 & 2 & 5 & 1 \end{bmatrix}$

(4) $\begin{bmatrix} 3 & 1 & 6 & 2 \end{bmatrix}^\top = \begin{bmatrix} 3 \\ 1 \\ 6 \\ 2 \end{bmatrix}$ (5) $\begin{bmatrix} 3 & 2 \\ 4 & 6 \end{bmatrix}^\top = \begin{bmatrix} 3 & 4 \\ 2 & 6 \end{bmatrix}$ (6) $\begin{bmatrix} 3 & 2 & 5 \\ 1 & 4 & 6 \end{bmatrix}^\top = \begin{bmatrix} 3 & 1 \\ 2 & 4 \\ 5 & 6 \end{bmatrix}$

(7) $\begin{bmatrix} 3 & 2 & 5 \\ 1 & 4 & 6 \\ 7 & 3 & 2 \end{bmatrix}^\top = \begin{bmatrix} 3 & 1 & 7 \\ 2 & 4 & 3 \\ 5 & 6 & 2 \end{bmatrix}$ (8) $\begin{bmatrix} 2 & 4 & 5 & 6 \\ 3 & 2 & 1 & 8 \\ 8 & 9 & 1 & 2 \end{bmatrix}^\top = \begin{bmatrix} 2 & 3 & 8 \\ 4 & 2 & 9 \\ 5 & 1 & 1 \\ 6 & 8 & 2 \end{bmatrix}$ 4.3 (1) $\begin{bmatrix} 1 & 0 \\ 1 & 1 \end{bmatrix} \begin{bmatrix} 5 & 4 \\ 0 & -2 \end{bmatrix}$

$= \begin{bmatrix} 5 & 4 \\ 5 & 2 \end{bmatrix}$ (2) $\begin{bmatrix} 2 & 0 \\ 3 & 2 \end{bmatrix} \begin{bmatrix} 3 & 2 \\ 0 & -4 \end{bmatrix} = \begin{bmatrix} 6 & 4 \\ 9 & -2 \end{bmatrix}$ (3) $\begin{bmatrix} 3 & 0 & 0 \\ 2 & 2 & 0 \\ 1 & 3 & 2 \end{bmatrix} \begin{bmatrix} 3 & 2 & 1 \\ 0 & 2 & 3 \\ 0 & 0 & 2 \end{bmatrix} = \begin{bmatrix} 9 & 6 & 3 \\ 6 & 8 & 8 \\ 3 & 8 & 14 \end{bmatrix}$

(4) $\begin{bmatrix} 3 & 2 & 1 \\ 0 & 2 & 3 \\ 0 & 0 & 2 \end{bmatrix} \begin{bmatrix} 3 & 2 & 1 \\ 0 & 2 & 3 \\ 0 & 0 & 2 \end{bmatrix} = \begin{bmatrix} 9 & 10 & 11 \\ 0 & 4 & 12 \\ 0 & 0 & 4 \end{bmatrix}$ (5) $\begin{bmatrix} 3 & 0 & 0 \\ 1 & 4 & 0 \\ 7 & 3 & 2 \end{bmatrix} \begin{bmatrix} 3 & 2 & 5 \\ 0 & 4 & 6 \\ 0 & 0 & 2 \end{bmatrix} = \begin{bmatrix} 9 & 6 & 15 \\ 3 & 18 & 29 \\ 21 & 26 & 57 \end{bmatrix}$

4.4 $a+d=5$, $ad-bc=0$ となるので $A^2-5A=\boldsymbol{O} \Rightarrow A^2=5A=\begin{bmatrix} 10 & 5 \\ 30 & 15 \end{bmatrix}$. また $A^2-6A=A^2-5A-A=-A$. さらに $A^3=A^2A=5AA=5A^2=25A=5^2A$, $A^4=A^3A=5^2AA=5^3A$ より $A^n=5^{n-1}A$ となることが予想される.

講義 05 5.1 (1) 29 (2) 20 (3) 32 5.2 (1) $\dfrac{1}{18}\begin{bmatrix} -1 & -5 \\ 4 & 2 \end{bmatrix}$ (2) $\begin{bmatrix} -7 & -1 & -10 \\ 5 & 1 & 7 \\ 4 & 1 & 6 \end{bmatrix}$

(3) $\dfrac{1}{3}\begin{bmatrix}2 & -5 & 4\\ -5 & 11 & -7\\ 4 & -7 & 5\end{bmatrix}$ 5.3 $\begin{vmatrix}1 & 2 & 0 & 2\\ 3 & 2 & 3 & 4\\ 4 & 3 & 4 & 2\\ 5 & 4 & 5 & 4\end{vmatrix} = 1\cdot\begin{vmatrix}2 & 3 & 4\\ 3 & 4 & 2\\ 4 & 5 & 4\end{vmatrix} - 2\cdot\begin{vmatrix}3 & 3 & 4\\ 4 & 4 & 2\\ 5 & 5 & 4\end{vmatrix} + 0\cdot\begin{vmatrix}3 & 2 & 4\\ 4 & 3 & 2\\ 5 & 4 & 4\end{vmatrix} - 2\cdot$ $\begin{vmatrix}3 & 2 & 3\\ 4 & 3 & 4\\ 5 & 4 & 5\end{vmatrix} = 1\cdot(-4) - 2\cdot 0 + 0 - 2\cdot 0 = -4$ 5.4 (1) $|A| = \begin{vmatrix}2 & -1 & k\\ 1 & 3 & 2\\ -1 & k & -2\end{vmatrix} = k^2 - k - 12$

(2) 行列 A が正則とならないのは行列式が 0 のとき．$|A| = k^2 - k - 12 = (k+3)(k-4) = 0$ となるのは $k = -3$ もしくは $k = 4$． 5.5 $A^{-1} = \dfrac{1}{ac}\begin{bmatrix}c & -b\\ 0 & a\end{bmatrix} = \begin{bmatrix}\frac{1}{a} & -\frac{b}{ac}\\ 0 & \frac{1}{c}\end{bmatrix}$ $(ac \neq 0)$． $A = A^{-1}$ となるには $\dfrac{1}{a} = a$，$\dfrac{1}{c} = c$，$-\dfrac{b}{ac} = b$ が同時に成り立てばよい．$\dfrac{1}{a} = a$ より $a^2 = 1 \Rightarrow a = \pm 1$．$\dfrac{1}{c} = c$ より $c = \pm 1$ なので a と c が同符号，$ac = 1$ のとき $-\dfrac{b}{ac} = b$ を満たすのは $b = 0$ であり，a と c が異符号，$ac = -1$ のとき $-\dfrac{b}{ac} = b$ は任意の b に対して成立．よって $A = A^{-1}$ となることはある．$a = \pm 1$，$c = \pm 1$ を満たし，かつ $ac = 1$ であれば $b = 0$ となるとき，$ac = -1$ であれば任意の b に対して $A = A^{-1}$ が成立．

講義 06 6.1 (1) $\begin{bmatrix}3 & -2\\ -1 & 5\end{bmatrix}\begin{bmatrix}x_1\\ x_2\end{bmatrix} = \begin{bmatrix}7\\ 2\end{bmatrix}$，$\begin{bmatrix}3 & -2\\ -1 & 5\end{bmatrix}^{-1}\begin{bmatrix}7\\ 2\end{bmatrix} = \dfrac{1}{13}\begin{bmatrix}5 & 2\\ 1 & 3\end{bmatrix}\begin{bmatrix}7\\ 2\end{bmatrix}$ $= \begin{bmatrix}3\\ 1\end{bmatrix}$，$\begin{cases}x_1 = 3\\ x_2 = 1\end{cases}$ (2) $\begin{bmatrix}2 & -1 & 4\\ 3 & 2 & -2\\ 1 & -3 & -1\end{bmatrix}\begin{bmatrix}x_1\\ x_2\\ x_3\end{bmatrix} = \begin{bmatrix}3\\ -14\\ 6\end{bmatrix}$，$\begin{bmatrix}2 & -1 & 4\\ 3 & 2 & -2\\ 1 & -3 & -1\end{bmatrix}^{-1}\begin{bmatrix}3\\ -14\\ 6\end{bmatrix}$ $= -\dfrac{1}{61}\begin{bmatrix}-8 & -13 & -6\\ 1 & -6 & 16\\ -11 & 5 & 7\end{bmatrix}\begin{bmatrix}3\\ -14\\ 6\end{bmatrix} = \begin{bmatrix}-2\\ -3\\ 1\end{bmatrix}$，$\begin{cases}x_1 = -2\\ x_2 = -3\\ x_3 = 1\end{cases}$ (3) $\begin{bmatrix}4 & 3 & 2\\ -1 & 0 & 1\\ 2 & 1 & -3\end{bmatrix}\begin{bmatrix}x_1\\ x_2\\ x_3\end{bmatrix}$ $= \begin{bmatrix}4\\ -1\\ 1\end{bmatrix}$，$\begin{bmatrix}4 & 3 & 2\\ -1 & 0 & 1\\ 2 & 1 & -3\end{bmatrix}^{-1}\begin{bmatrix}4\\ -1\\ 1\end{bmatrix} = -\dfrac{1}{9}\begin{bmatrix}-1 & 11 & 3\\ -1 & -16 & -6\\ -1 & 2 & 3\end{bmatrix}\begin{bmatrix}4\\ -1\\ 1\end{bmatrix} = \dfrac{1}{3}\begin{bmatrix}4\\ -2\\ 1\end{bmatrix}$， $\begin{cases}x_1 = 4/3\\ x_2 = -2/3\\ x_3 = 1/3\end{cases}$ 6.2 (1) $|A| = \begin{vmatrix}3 & -2\\ -1 & 5\end{vmatrix} = 13, |A_1| = \begin{vmatrix}7 & -2\\ 2 & 5\end{vmatrix} = 39, |A_2| = \begin{vmatrix}3 & 7\\ -1 & 2\end{vmatrix}$

$= 13,\ x_1 = \dfrac{|A_1|}{|A|} = \dfrac{39}{13} = 3, x_2 = \dfrac{|A_2|}{|A|} = \dfrac{13}{13} = 1$ (2) $|A| = \begin{vmatrix}2 & -1 & 4\\ 3 & 2 & -2\\ 1 & -3 & -1\end{vmatrix} = -61, |A_1|$ $= \begin{vmatrix}3 & -1 & 4\\ -14 & 2 & -2\\ 6 & -3 & -1\end{vmatrix} = 122, |A_2| = \begin{vmatrix}2 & 3 & 4\\ 3 & -14 & -2\\ 1 & 6 & -1\end{vmatrix} = 183, |A_3| = \begin{vmatrix}2 & -1 & 3\\ 3 & 2 & -14\\ 1 & -3 & 6\end{vmatrix} = -61$

$x_1 = \dfrac{|A_1|}{|A|} = \dfrac{122}{-61} = -2, x_2 = \dfrac{|A_2|}{|A|} = \dfrac{183}{-61} = -3, x_3 = \dfrac{|A_3|}{|A|} = \dfrac{-61}{-61} = 1$

(3) $|A| = \begin{vmatrix} 4 & 3 & 2 \\ -1 & 0 & 1 \\ 2 & 1 & -3 \end{vmatrix} = -9, |A_1| = \begin{vmatrix} 4 & 3 & 2 \\ -1 & 0 & 1 \\ 1 & 1 & -3 \end{vmatrix} = -12, |A_2| = \begin{vmatrix} 4 & 4 & 2 \\ -1 & -1 & 1 \\ 2 & 1 & -3 \end{vmatrix} = 6,$

$|A_3| = \begin{vmatrix} 4 & 3 & 4 \\ -1 & 0 & -1 \\ 2 & 1 & 1 \end{vmatrix} = -3,\ x_1 = \dfrac{|A_1|}{|A|} = \dfrac{-12}{-9} = \dfrac{4}{3}, x_2 = \dfrac{|A_2|}{|A|} = \dfrac{6}{-9} = -\dfrac{2}{3}, x_3$
$= \dfrac{|A_3|}{|A|} = \dfrac{-3}{-9} = \dfrac{1}{3}$ 6.3 略.

講義 07 7.1 (1) $\begin{bmatrix} 1 & 2 & 3 \\ 3 & 2 & 1 \\ 1 & -2 & -5 \end{bmatrix} \to \begin{bmatrix} 1 & \frac{1}{2} & 0 \\ 0 & 1 & 2 \\ 0 & 0 & 0 \end{bmatrix} \to \begin{bmatrix} 2 & 1 & 0 \\ 0 & 1 & 2 \\ 0 & 0 & 0 \end{bmatrix}$ より不定解. $2x_1 + x_2 = 0, x_2 + 2x_3 = 0$ もしくは $2x_1 = -x_2 = 2x_3$ (2) $\begin{bmatrix} 2 & 3 & 3 \\ 1 & 2 & 3 \\ 1 & 2 & 2 \end{bmatrix} \to \begin{bmatrix} 1 & 0 & 0 \\ 0 & 1 & 0 \\ 0 & 0 & 1 \end{bmatrix}$ より自明解のみ.

(3) $\begin{bmatrix} 1 & -1 & -3 & 3 \\ 2 & -3 & -3 & 4 \\ 3 & -5 & -3 & 5 \end{bmatrix} \to \begin{bmatrix} 1 & -2 & 0 & 1 \\ 0 & 1 & -3 & 2 \\ 0 & 0 & 0 & 0 \end{bmatrix}$ より不定解. $\begin{cases} x_1 - 2x_2 = 1 \\ x_2 - 3x_3 = 2 \end{cases}$

(4) $\begin{bmatrix} 2 & 7 & -1 & 6 \\ 1 & 4 & -1 & 5 \\ 1 & 3 & 0 & 2 \end{bmatrix} \to \begin{bmatrix} 1 & 3 & 0 & 1 \\ 0 & 1 & -1 & 4 \\ 0 & 0 & 0 & 1 \end{bmatrix}$ $0 = 1$ は成立せず，解なし. 7.2 (1) $\begin{bmatrix} 2 & -1 & 2 \\ 1 & 2 & 1 \\ 3 & 1 & 3 \end{bmatrix} \to \begin{bmatrix} 1 & 2 & 1 \\ 0 & 1 & 0 \\ 0 & 0 & 0 \end{bmatrix}$ よりランク 2. (2) $\begin{bmatrix} 4 & 3 & 2 \\ -1 & 0 & 1 \\ 2 & 1 & -3 \end{bmatrix} \to \begin{bmatrix} 1 & 0 & -1 \\ 0 & 1 & 2 \\ 0 & 0 & 1 \end{bmatrix}$ よりランク 3.

(3) $\begin{bmatrix} -2 & 1 & 2 & 2 \\ 1 & -1 & 3 & 4 \\ 3 & -2 & 1 & 2 \\ 1 & 0 & -5 & -6 \end{bmatrix} \to \begin{bmatrix} 1 & -1 & 3 & 4 \\ 0 & 1 & -8 & -10 \\ 0 & 0 & 0 & 0 \\ 0 & 0 & 0 & 0 \end{bmatrix}$ よりランク 2. 7.3 (1) 1 次独立 (2) 1 次従属 $\boldsymbol{a}_1 = \boldsymbol{a}_2 - \boldsymbol{a}_3$ (3) 1 次独立 (4) 1 次従属 $\boldsymbol{a}_1 = -2\boldsymbol{a}_2 + \boldsymbol{a}_3$

7.4 係数行列の行列式が 0 のとき解は一意に定まらない. $\begin{vmatrix} 2 & -1 & \alpha \\ 1 & 2 & -3 \\ 4 & -2 & -3 \end{vmatrix} = -10\alpha - 15 = 0 \Rightarrow$ $\alpha = -\dfrac{3}{2}$ となるとき，$\begin{bmatrix} 2 & -1 & -\frac{3}{2} & 5 \\ 1 & 2 & -3 & 4 \\ 4 & -2 & -3 & 5 \end{bmatrix} \to \begin{bmatrix} 1 & 2 & -3 & 4 \\ 0 & 10 & 15 & 6 \\ 0 & 0 & 0 & -5 \end{bmatrix}$ となり，第 3 行 $0 = -5$ は成り立たず，非同次連立 1 次方程式は解なし.

7.5 行列が正則であればランクは最大の n．$A = \begin{vmatrix} 2 & -1 & t \\ t & 2t & t \\ t & -1 & 2 \end{vmatrix} = -2t^3 - 2t^2 + 12t = -2t(t+3)(t-2) \Rightarrow t = -3, 0, 2$ で行列 A は正則ではない $\Rightarrow t \neq -3$ かつ $t \neq 0$ かつ $t \neq 2$ のときに A のランクは最大で 3．

講義 08 8.1 (1) $\begin{bmatrix} 3 & 0 \\ 0 & 4 \end{bmatrix}\begin{bmatrix} 0 \\ 0 \end{bmatrix} = \begin{bmatrix} 0 \\ 0 \end{bmatrix}$, $\begin{bmatrix} 3 & 0 \\ 0 & 4 \end{bmatrix}\begin{bmatrix} 1 \\ 0 \end{bmatrix} = \begin{bmatrix} 3 \\ 0 \end{bmatrix}$, $\begin{bmatrix} 3 & 0 \\ 0 & 4 \end{bmatrix}\begin{bmatrix} 1 \\ 1 \end{bmatrix} = \begin{bmatrix} 3 \\ 4 \end{bmatrix}$, $\begin{bmatrix} 3 & 0 \\ 0 & 4 \end{bmatrix}\begin{bmatrix} 0 \\ 1 \end{bmatrix} = \begin{bmatrix} 0 \\ 4 \end{bmatrix}$, $\begin{vmatrix} 3 & 0 \\ 0 & 4 \end{vmatrix} = 12$．変換後の図形の面積は 12．(2) $\begin{bmatrix} 4 & 2 \\ 3 & 4 \end{bmatrix}\begin{bmatrix} 0 \\ 0 \end{bmatrix} = \begin{bmatrix} 0 \\ 0 \end{bmatrix}$, $\begin{bmatrix} 4 & 2 \\ 3 & 4 \end{bmatrix}\begin{bmatrix} 1 \\ 0 \end{bmatrix} = \begin{bmatrix} 4 \\ 3 \end{bmatrix}$, $\begin{bmatrix} 4 & 2 \\ 3 & 4 \end{bmatrix}\begin{bmatrix} 1 \\ 1 \end{bmatrix} = \begin{bmatrix} 6 \\ 7 \end{bmatrix}$, $\begin{bmatrix} 4 & 2 \\ 3 & 4 \end{bmatrix}\begin{bmatrix} 0 \\ 1 \end{bmatrix} = \begin{bmatrix} 2 \\ 4 \end{bmatrix}$, $\begin{vmatrix} 4 & 2 \\ 3 & 4 \end{vmatrix} = 10$．変換後の図形の面積は 10．(3) $\begin{bmatrix} -2 & 3 \\ -1 & 4 \end{bmatrix}\begin{bmatrix} 0 \\ 0 \end{bmatrix} = \begin{bmatrix} 0 \\ 0 \end{bmatrix}$, $\begin{bmatrix} -2 & 3 \\ -1 & 4 \end{bmatrix}\begin{bmatrix} 1 \\ 0 \end{bmatrix} = \begin{bmatrix} -2 \\ -1 \end{bmatrix}$, $\begin{bmatrix} -2 & 3 \\ -1 & 4 \end{bmatrix}\begin{bmatrix} 1 \\ 1 \end{bmatrix} = \begin{bmatrix} 1 \\ 3 \end{bmatrix}$, $\begin{bmatrix} -2 & 3 \\ -1 & 4 \end{bmatrix}\begin{bmatrix} 0 \\ 1 \end{bmatrix} = \begin{bmatrix} 3 \\ 4 \end{bmatrix}$, $\begin{vmatrix} -2 & 3 \\ -1 & 4 \end{vmatrix} = -5$．変換後の図形の面積は 5．
(4) $\begin{bmatrix} \cos 60^\circ & -\sin 60^\circ \\ \sin 60^\circ & \cos 60^\circ \end{bmatrix}\begin{bmatrix} 0 \\ 0 \end{bmatrix} = \frac{1}{2}\begin{bmatrix} 1 & -\sqrt{3} \\ \sqrt{3} & 1 \end{bmatrix}\begin{bmatrix} 0 \\ 0 \end{bmatrix} = \begin{bmatrix} 0 \\ 0 \end{bmatrix}$, $\frac{1}{2}\begin{bmatrix} 1 & -\sqrt{3} \\ \sqrt{3} & 1 \end{bmatrix}\begin{bmatrix} 1 \\ 0 \end{bmatrix} = \frac{1}{2}\begin{bmatrix} 1 \\ \sqrt{3} \end{bmatrix}$, $\frac{1}{2}\begin{bmatrix} 1 & -\sqrt{3} \\ \sqrt{3} & 1 \end{bmatrix}\begin{bmatrix} 1 \\ 1 \end{bmatrix} = \frac{1}{2}\begin{bmatrix} 1-\sqrt{3} \\ 1+\sqrt{3} \end{bmatrix}$, $\frac{1}{2}\begin{bmatrix} 1 & -\sqrt{3} \\ \sqrt{3} & 1 \end{bmatrix}\begin{bmatrix} 0 \\ 1 \end{bmatrix} = \frac{1}{2}\begin{bmatrix} -\sqrt{3} \\ 1 \end{bmatrix}$, $\begin{vmatrix} \frac{1}{2} & -\frac{\sqrt{3}}{2} \\ \frac{\sqrt{3}}{2} & \frac{1}{2} \end{vmatrix} = 1$．変換後の図形の面積は 1．8.2 (1) $\begin{bmatrix} 3 & 0 \\ 0 & 4 \end{bmatrix}^{-1} = \begin{bmatrix} \frac{1}{3} & 0 \\ 0 & \frac{1}{4} \end{bmatrix}$ (2) $\begin{bmatrix} 4 & 2 \\ 3 & 4 \end{bmatrix}^{-1} = \frac{1}{10}\begin{bmatrix} 4 & -2 \\ -3 & 4 \end{bmatrix}$ (3) $\begin{bmatrix} -2 & 3 \\ -1 & 4 \end{bmatrix}^{-1} = \frac{1}{5}\begin{bmatrix} -4 & 3 \\ -1 & 2 \end{bmatrix}$ (4) $\begin{bmatrix} \cos 60^\circ & -\sin 60^\circ \\ \sin 60^\circ & \cos 60^\circ \end{bmatrix}^{-1} = \begin{bmatrix} \cos 60^\circ & \sin 60^\circ \\ -\sin 60^\circ & \cos 60^\circ \end{bmatrix} = \frac{1}{2}\begin{bmatrix} 1 & \sqrt{3} \\ -\sqrt{3} & 1 \end{bmatrix}$ 8.3 (1) $f_A \circ f_B : AB = \begin{bmatrix} 3 & 0 \\ 0 & 4 \end{bmatrix}\begin{bmatrix} \cos 60^\circ & -\sin 60^\circ \\ \sin 60^\circ & \cos 60^\circ \end{bmatrix} = \frac{1}{2}\begin{bmatrix} 3 & -3\sqrt{3} \\ 4\sqrt{3} & 4 \end{bmatrix}$．$f_B$ より原点を中心に反時計回り 60° の回転をさせ，f_A より x 軸方向へ 3 倍，y 軸方向へ 4 倍に引き伸ばす線形変換．$f_B \circ f_A : BA = \begin{bmatrix} \cos 60^\circ & -\sin 60^\circ \\ \sin 60^\circ & \cos 60^\circ \end{bmatrix}\begin{bmatrix} 3 & 0 \\ 0 & 4 \end{bmatrix} = \frac{1}{2}\begin{bmatrix} 3 & -4\sqrt{3} \\ 3\sqrt{3} & 4 \end{bmatrix}$．$f_A$ より x 軸方向へ 3 倍，y 軸方向へ 4 倍に引き伸ばしたのちに，f_B より原点を中心に反時計回り 60° の回転をさせる線形変換．
(2) $f_A \circ f_A : AA = \begin{bmatrix} 3 & 0 \\ 0 & 4 \end{bmatrix}^2 = \begin{bmatrix} 9 & 0 \\ 0 & 16 \end{bmatrix}$．$f_A$ を 2 回行い，x 軸方向へ 9 倍，y 軸方向へ 16 倍に引き伸ばす線形変換．$f_B \circ f_B : BB = \begin{bmatrix} \cos 60^\circ & -\sin 60^\circ \\ \sin 60^\circ & \cos 60^\circ \end{bmatrix}^2 = \frac{1}{2}\begin{bmatrix} -1 & -\sqrt{3} \\ \sqrt{3} & -1 \end{bmatrix} = \begin{bmatrix} \cos 120^\circ & -\sin 120^\circ \\ \sin 120^\circ & \cos 120^\circ \end{bmatrix}$．$f_B$ を 2 回行い，原点を中心に反時計回り 120° の回転をさせる

線形変換．8.4 $\begin{vmatrix} 3 & t \\ -1 & 3 \end{vmatrix} = 9 + t = 0 \Rightarrow t = -9$ のとき，任意のベクトル $\begin{bmatrix} \alpha \\ \beta \end{bmatrix}$ は $\begin{bmatrix} 3 & -9 \\ -1 & 3 \end{bmatrix}\begin{bmatrix} \alpha \\ \beta \end{bmatrix} = \begin{bmatrix} 3\alpha - 9\beta \\ -\alpha + 3\beta \end{bmatrix} = (\alpha - 3\beta)\begin{bmatrix} 3 \\ -1 \end{bmatrix}$ に変換．$(\alpha - 3\beta)$ を媒介変数とすると，このベクトルは直線 $y = -\dfrac{1}{3}x$．線形変換により任意のベクトルは $y = -\dfrac{1}{3}x$ 上の点を表すベクトルへ写される．8.5 (1) $A = \begin{bmatrix} a & b \\ c & d \end{bmatrix}$ とし $\begin{bmatrix} a & b \\ c & d \end{bmatrix}\begin{bmatrix} 2 \\ 1 \end{bmatrix} = \begin{bmatrix} 3 \\ 3 \end{bmatrix}$，$\begin{bmatrix} a & b \\ c & d \end{bmatrix}\begin{bmatrix} 3 \\ 1 \end{bmatrix} = \begin{bmatrix} 6 \\ 4 \end{bmatrix}$ より $\begin{cases} 2a + b = 3 \\ 3a + b = 6 \end{cases}$，$\begin{cases} 2c + d = 3 \\ 3c + d = 4 \end{cases}$ を得る．よって $\begin{cases} a = 3 \\ b = -3 \end{cases}$ $\begin{cases} c = 1 \\ d = 1 \end{cases}$ $\Rightarrow A = \begin{bmatrix} 3 & -3 \\ 1 & 1 \end{bmatrix}$．(2) 対角行列 $A_d = \begin{bmatrix} \alpha & 0 \\ 0 & \beta \end{bmatrix}$，回転行列 $A_R = \begin{bmatrix} \cos\theta & -\sin\theta \\ \sin\theta & \cos\theta \end{bmatrix}$ と表される（α, β は任意の実数，$-\pi < \theta \leq \pi$ は回転角）．$A_d A_R = \begin{bmatrix} \alpha & 0 \\ 0 & \beta \end{bmatrix}\begin{bmatrix} \cos\theta & -\sin\theta \\ \sin\theta & \cos\theta \end{bmatrix} = \begin{bmatrix} \alpha\cos\theta & -\alpha\sin\theta \\ \beta\sin\theta & \beta\cos\theta \end{bmatrix}$ を行列 A と比較すれば，$\alpha = 3\beta$，$\sin\theta = \cos\theta$ となる．$\theta = \dfrac{\pi}{4} = 45^\circ$ のとき $\alpha = 3$，$\beta = 1$，$\theta = -\dfrac{3}{4}\pi = 135^\circ$ のとき $\alpha = -3$，$\beta = -1$．よって $A_d = \begin{bmatrix} \pm 3 & 0 \\ 0 & \pm 1 \end{bmatrix}$，$A_R = \begin{bmatrix} \pm\dfrac{1}{\sqrt{2}} & \mp\dfrac{1}{\sqrt{2}} \\ \pm\dfrac{1}{\sqrt{2}} & \pm\dfrac{1}{\sqrt{2}} \end{bmatrix}$（複号同順）．(3) 直線 $y = x$ 上の点を表すベクトルは $\begin{bmatrix} t \\ t \end{bmatrix}$（$t$: 媒介変数）．行列 A による線形変換で $\begin{bmatrix} 3 & -3 \\ 1 & 1 \end{bmatrix}\begin{bmatrix} t \\ t \end{bmatrix} = \begin{bmatrix} 0 \\ 2t \end{bmatrix}$．これは $x = 0$ となる直線（y 軸に沿った直線）を表す．

講義 09 9.1 (1) $\begin{vmatrix} 1-\lambda & 2 \\ 2 & -2-\lambda \end{vmatrix} = \lambda^2 + \lambda - 6 = (\lambda + 3)(\lambda - 2) = 0$ より，固有値は $\lambda = -3, 2$．対応する固有ベクトルは $t_1\begin{bmatrix} 1 \\ -2 \end{bmatrix}$，$t_2\begin{bmatrix} 2 \\ 1 \end{bmatrix}$．(2) $\begin{vmatrix} 3-\lambda & 1 \\ 6 & 4-\lambda \end{vmatrix} = \lambda^2 - 7\lambda + 6 = (\lambda - 1)(\lambda - 6) = 0$ より，固有値は $\lambda = 1, 6$．対応する固有ベクトルは $t_1\begin{bmatrix} 1 \\ -2 \end{bmatrix}$，$t_2\begin{bmatrix} 1 \\ 3 \end{bmatrix}$．(3) $\begin{vmatrix} 2-\lambda & 4 \\ 3 & 6-\lambda \end{vmatrix} = \lambda^2 - 8\lambda = \lambda(\lambda - 8) = 0$ より，固有値は $\lambda = 0, 8$．対応する固有ベクトルは $t_1\begin{bmatrix} 2 \\ -1 \end{bmatrix}$，$t_2\begin{bmatrix} 2 \\ 3 \end{bmatrix}$．9.2 (1) $t_1 = t_2 = 1$ として並べた行列は $P = \begin{bmatrix} 1 & 2 \\ -2 & 1 \end{bmatrix}$ より，

$P^{-1} = \dfrac{1}{5}\begin{bmatrix} 1 & -2 \\ 2 & 1 \end{bmatrix}$．$P^{-1}$ と P をもとの行列の左右からそれぞれ掛ければ，

$\dfrac{1}{5}\begin{bmatrix} 1 & -2 \\ 2 & 1 \end{bmatrix}\begin{bmatrix} 1 & 2 \\ 2 & -2 \end{bmatrix}\begin{bmatrix} 1 & 2 \\ -2 & 1 \end{bmatrix} = \begin{bmatrix} -3 & 0 \\ 0 & 2 \end{bmatrix}$．(2) $P = \begin{bmatrix} 1 & 1 \\ -2 & 3 \end{bmatrix}$ とすれば，$P^{-1} = \dfrac{1}{5}\begin{bmatrix} 3 & -1 \\ 2 & 1 \end{bmatrix}$．$P^{-1}$ と P をもとの行列の左右からそれぞれ掛ければ，$\dfrac{1}{5}\begin{bmatrix} 3 & -1 \\ 2 & 1 \end{bmatrix}\begin{bmatrix} 3 & 1 \\ 6 & 4 \end{bmatrix}\begin{bmatrix} 1 & 1 \\ -2 & 3 \end{bmatrix} =$

$\begin{bmatrix}1 & 0\\ 0 & 6\end{bmatrix}$. (3) $P=\begin{bmatrix}2 & 2\\ -1 & 3\end{bmatrix}$ とすれば，$P^{-1}=\frac{1}{8}\begin{bmatrix}3 & -2\\ 1 & 2\end{bmatrix}$. P^{-1} と P をもとの行列の左右からそれぞれ掛ければ，$\frac{1}{8}\begin{bmatrix}3 & -2\\ 1 & 2\end{bmatrix}\begin{bmatrix}2 & 4\\ 3 & 6\end{bmatrix}\begin{bmatrix}2 & 2\\ -1 & 3\end{bmatrix}=\begin{bmatrix}0 & 0\\ 0 & 8\end{bmatrix}$. 9.3 $\Lambda=\begin{bmatrix}-3 & 0\\ 0 & 2\end{bmatrix}$ とすれば，$\begin{bmatrix}1 & 2\\ 2 & -2\end{bmatrix}^n=P\Lambda^nP^{-1}$ となるので，$\begin{bmatrix}1 & 2\\ 2 & -2\end{bmatrix}^2=\frac{1}{5}\begin{bmatrix}1 & 2\\ -2 & 1\end{bmatrix}\begin{bmatrix}-3 & 0\\ 0 & 2\end{bmatrix}^2\begin{bmatrix}1 & -2\\ 2 & 1\end{bmatrix}=\begin{bmatrix}5 & -2\\ -2 & 8\end{bmatrix}$, $\begin{bmatrix}1 & 2\\ 2 & -2\end{bmatrix}^3=\frac{1}{5}\begin{bmatrix}1 & 2\\ -2 & 1\end{bmatrix}\begin{bmatrix}-3 & 0\\ 0 & 2\end{bmatrix}^3\begin{bmatrix}1 & -2\\ 2 & 1\end{bmatrix}=\begin{bmatrix}1 & 14\\ 14 & -20\end{bmatrix}$.

9.4 (1) $|A-\lambda E|=\begin{vmatrix}1-\lambda & \alpha\\ 4 & 1-\lambda\end{vmatrix}=\lambda^2-2\lambda+(1-4\alpha)=0\Rightarrow\lambda=\frac{2\pm\sqrt{(-2)^2-4(1-4\alpha)}}{2}=1\pm2\sqrt{\alpha}$. $\alpha\geq0$ が固有値が実数となる条件である．(2) $\alpha=0$ のとき固有方程式は重根を持ち，固有値は $\lambda=1$. 9.5 $\begin{vmatrix}3-\lambda & 1\\ \alpha & 2-\lambda\end{vmatrix}=(3-\lambda)(2-\lambda)-\alpha=\lambda^2-5\lambda+6-\alpha=\lambda(\lambda-5)+(6-\alpha)=0$, $\alpha=6\Rightarrow\lambda(\lambda-5)=0$, 固有値の 1 つは $\lambda=0$. もう 1 つの固有値は $\lambda=5$. 対応する固有ベクトルは $t_1\begin{bmatrix}1\\ -3\end{bmatrix}$, $t_2\begin{bmatrix}1\\ 2\end{bmatrix}$.

講義 10 10.1 $\begin{bmatrix}y_1'(x)\\ y_2'(x)\end{bmatrix}=\begin{bmatrix}5 & -2\\ 3 & -2\end{bmatrix}\begin{bmatrix}y_1(x)\\ y_2(x)\end{bmatrix}$. $A=\begin{bmatrix}5 & -2\\ 3 & -2\end{bmatrix}$ とすれば，A の固有値：$\lambda=-1,4$, 対応する固有ベクトル：$\boldsymbol{x}=t_1\begin{bmatrix}1\\ 3\end{bmatrix}$, $\boldsymbol{x}=t_2\begin{bmatrix}2\\ 1\end{bmatrix}$. $P=\begin{bmatrix}1 & 2\\ 3 & 1\end{bmatrix}$ より A の対角化は $-\frac{1}{5}\begin{bmatrix}1 & -2\\ -3 & 1\end{bmatrix}\begin{bmatrix}5 & -2\\ 3 & -2\end{bmatrix}\begin{bmatrix}1 & 2\\ 3 & 1\end{bmatrix}=\begin{bmatrix}-1 & 0\\ 0 & 4\end{bmatrix}$. $\boldsymbol{u}(x)=P^{-1}\boldsymbol{y}(x)$, $\boldsymbol{u}'(x)=P^{-1}AP\boldsymbol{u}(x)$ として $\begin{bmatrix}u_1'(x)\\ u_2'(x)\end{bmatrix}=\begin{bmatrix}-1 & 0\\ 0 & 4\end{bmatrix}\begin{bmatrix}u_1(x)\\ u_2(x)\end{bmatrix}\Rightarrow\begin{cases}u_1(x)=C_1e^{-x}\\ u_2(x)=C_2e^{4x}\end{cases}$. もとの微分方程式の一般解：$\begin{bmatrix}y_1(x)\\ y_2(x)\end{bmatrix}=\begin{bmatrix}1 & 2\\ 3 & 1\end{bmatrix}\begin{bmatrix}C_1e^{-x}\\ C_2e^{4x}\end{bmatrix}\Rightarrow\begin{cases}y_1(x)=C_1e^{-x}+2C_2e^{4x}\\ y_2(x)=3C_1e^{-x}+C_2e^{4x}\end{cases}$. 10.2 $y_1(0)=-4$, $y_2(0)=3$ のとき，$C_1=2$, $C_2=-3$ となり，$y_1(x)=2e^{-x}-6e^{4x}$, $y_2(x)=6e^{-x}-3e^{4x}$.

講義 11 11.1 略. 11.2 (1) $\boldsymbol{a}\times\boldsymbol{b}=\begin{bmatrix}\begin{vmatrix}3 & 1\\ -2 & 3\end{vmatrix}\\ \begin{vmatrix}-2 & 3\\ 1 & 1\end{vmatrix}\\ \begin{vmatrix}1 & 1\\ 3 & 1\end{vmatrix}\end{bmatrix}=\begin{bmatrix}11\\ -5\\ -2\end{bmatrix}$ (2) $\boldsymbol{b}\times\boldsymbol{c}=\begin{bmatrix}\begin{vmatrix}1 & 3\\ 3 & 1\end{vmatrix}\\ \begin{vmatrix}3 & 1\\ 1 & -3\end{vmatrix}\\ \begin{vmatrix}1 & -3\\ 1 & 3\end{vmatrix}\end{bmatrix}=$

$\begin{bmatrix} -8 \\ -10 \\ 6 \end{bmatrix}$ (3) $\boldsymbol{c} \times \boldsymbol{a} = \begin{bmatrix} \begin{vmatrix} 3 & 3 \\ 1 & -2 \end{vmatrix} \\ \begin{vmatrix} 1 & -2 \\ -3 & 1 \end{vmatrix} \\ \begin{vmatrix} -3 & 1 \\ 3 & 3 \end{vmatrix} \end{bmatrix} = \begin{bmatrix} -9 \\ -5 \\ -12 \end{bmatrix}$ (4) $(\boldsymbol{a}+\boldsymbol{b}) \times (\boldsymbol{b}-\boldsymbol{c}) = \begin{bmatrix} 2 \\ 4 \\ 1 \end{bmatrix} \times \begin{bmatrix} 4 \\ -2 \\ 2 \end{bmatrix} =$

$\begin{bmatrix} \begin{vmatrix} 4 & -2 \\ 1 & 2 \end{vmatrix} \\ \begin{vmatrix} 1 & 2 \\ 2 & 4 \end{vmatrix} \\ \begin{vmatrix} 2 & 4 \\ 4 & -2 \end{vmatrix} \end{bmatrix} = \begin{bmatrix} 10 \\ 0 \\ -20 \end{bmatrix}$ (5) 面積：$\|\boldsymbol{a} \times \boldsymbol{b}\| = \sqrt{(11)^2 + (-5)^2 + (-2)^2} = \sqrt{150} = 5\sqrt{6}$

(6) $V = |(\boldsymbol{a} \times \boldsymbol{b}, \boldsymbol{c})| = \left| \left(\begin{bmatrix} 11 \\ -5 \\ -2 \end{bmatrix}, \begin{bmatrix} -3 \\ 3 \\ 1 \end{bmatrix} \right) \right| = |-50| = 50$，$(\boldsymbol{a} \times \boldsymbol{b}, \boldsymbol{c}) = -50$ から左手系．

講義 12 12.1 (1) $c_1\boldsymbol{a}_1 + c_2\boldsymbol{a}_2 + c_3\boldsymbol{a}_3 = \boldsymbol{0}$ を満足する実数 $c_i(i = 1,2,3)$ を求める．$\boldsymbol{a}_1, \boldsymbol{a}_2, \boldsymbol{a}_3$ を代入して $\begin{bmatrix} 1 & 1 & 1 \\ 1 & 0 & 1 \\ 0 & 1 & 1 \end{bmatrix} \begin{bmatrix} c_1 \\ c_2 \\ c_3 \end{bmatrix} = \begin{bmatrix} 0 \\ 0 \\ 0 \end{bmatrix}$．$A = \begin{bmatrix} 1 & 1 & 1 \\ 1 & 0 & 1 \\ 0 & 1 & 1 \end{bmatrix}$，$|A| = -1 \neq 0$ より，行列 A は正則．A^{-1} を左から掛け $\begin{bmatrix} c_1 \\ c_2 \\ c_3 \end{bmatrix} = \begin{bmatrix} 0 \\ 0 \\ 0 \end{bmatrix}$．$\boldsymbol{a}_1, \boldsymbol{a}_2, \boldsymbol{a}_3$ は互いに 1 次独立で，$\mathbb{R}^3$ の基底ベクトル．(2) $\boldsymbol{a} = x_1\boldsymbol{a}_1 + x_2\boldsymbol{a}_2 + x_3\boldsymbol{a}_3$ の 1 通りで表現（$x_i(i = 1,2,3)$ は実数）．$\boldsymbol{a}, \boldsymbol{a}_1, \boldsymbol{a}_2, \boldsymbol{a}_3$ を代入して $\begin{bmatrix} 1 & 1 & 1 \\ 1 & 0 & 1 \\ 0 & 1 & 1 \end{bmatrix} \begin{bmatrix} x_1 \\ x_2 \\ x_3 \end{bmatrix} = \begin{bmatrix} 2 \\ 1 \\ -1 \end{bmatrix}$．$A = \begin{bmatrix} 1 & 1 & 1 \\ 1 & 0 & 1 \\ 0 & 1 & 1 \end{bmatrix}$，$A^{-1} = \begin{bmatrix} 1 & 0 & -1 \\ 1 & -1 & 0 \\ -1 & 1 & 1 \end{bmatrix}$ より $\begin{bmatrix} x_1 \\ x_2 \\ x_3 \end{bmatrix} = \begin{bmatrix} 3 \\ 1 \\ -2 \end{bmatrix} \Rightarrow \boldsymbol{a} = 3\boldsymbol{a}_1 + \boldsymbol{a}_2 - 2\boldsymbol{a}_3$．(3) シュミットの直交化法より $\boldsymbol{b}_1 = \boldsymbol{a}_1$，$\boldsymbol{b}_2 = \boldsymbol{a}_2 - \dfrac{(\boldsymbol{b}_1, \boldsymbol{a}_2)}{\|\boldsymbol{b}_1\|^2}\boldsymbol{b}_1$，$\boldsymbol{b}_3 = \boldsymbol{a}_3 - \dfrac{(\boldsymbol{b}_1, \boldsymbol{a}_3)}{\|\boldsymbol{b}_1\|^2}\boldsymbol{b}_1 - \dfrac{(\boldsymbol{b}_2, \boldsymbol{a}_3)}{\|\boldsymbol{b}_2\|^2}\boldsymbol{b}_2$ として $\boldsymbol{b}_1 = \begin{bmatrix} 1 \\ 1 \\ 0 \end{bmatrix}$，$\boldsymbol{b}_2 = \begin{bmatrix} 1/2 \\ -1/2 \\ 1 \end{bmatrix}$，$\boldsymbol{b}_3 = \begin{bmatrix} -1/3 \\ 1/3 \\ 1/3 \end{bmatrix}$．求める正規直交基底はつぎである．

$$\boldsymbol{u}_1 = \frac{1}{\|\boldsymbol{b}_1\|}\boldsymbol{b}_1 = \begin{bmatrix} 1/\sqrt{2} \\ 1/\sqrt{2} \\ 0 \end{bmatrix},\ \boldsymbol{u}_2 = \frac{1}{\|\boldsymbol{b}_2\|}\boldsymbol{b}_2 = \begin{bmatrix} 1/\sqrt{6} \\ -1/\sqrt{6} \\ 2/\sqrt{6} \end{bmatrix},\ \boldsymbol{u}_3 = \frac{1}{\|\boldsymbol{b}_3\|}\boldsymbol{b}_3 = \begin{bmatrix} -1/\sqrt{3} \\ 1/\sqrt{3} \\ 1/\sqrt{3} \end{bmatrix}.$$

$(\boldsymbol{u}_1, \boldsymbol{a}) = 3/\sqrt{2}$, $(\boldsymbol{u}_2, \boldsymbol{a}) = -1/\sqrt{6}$, $(\boldsymbol{u}_3, \boldsymbol{a}) = -2/\sqrt{3}$ より $a = (3/\sqrt{2})\boldsymbol{u}_1 - (1/\sqrt{6})\boldsymbol{u}_2 - (2/\sqrt{3})\boldsymbol{u}_3$．12.2 つぎを満たす実数 $p_{ij}(i,j = 1,2)$ を求める．$\boldsymbol{b}_1 = p_{11}\boldsymbol{a}_1 + p_{12}\boldsymbol{a}_2$，$\boldsymbol{b}_2 =$

$p_{21}\boldsymbol{a}_1 + p_{22}\boldsymbol{a}_2$. $\boldsymbol{a}_i, \boldsymbol{b}_i (i = 1, 2)$ を代入して $\begin{bmatrix} 3 \\ 6 \end{bmatrix} = \begin{bmatrix} -4 & -5 \\ 1 & 2 \end{bmatrix} \begin{bmatrix} p_{11} \\ p_{12} \end{bmatrix}$, $\begin{bmatrix} -3 \\ 9 \end{bmatrix} = \begin{bmatrix} -4 & -5 \\ 1 & 2 \end{bmatrix} \begin{bmatrix} p_{21} \\ p_{22} \end{bmatrix}$. $A = \begin{bmatrix} -4 & -5 \\ 1 & 2 \end{bmatrix}$ より $A^{-1} = -\frac{1}{3}\begin{bmatrix} 2 & 5 \\ -1 & -4 \end{bmatrix}$. $\begin{bmatrix} p_{11} \\ p_{12} \end{bmatrix} = A^{-1}\begin{bmatrix} 3 \\ 6 \end{bmatrix} = \begin{bmatrix} -12 \\ 9 \end{bmatrix}$, $\begin{bmatrix} p_{21} \\ p_{22} \end{bmatrix} = A^{-1}\begin{bmatrix} -3 \\ 9 \end{bmatrix} = \begin{bmatrix} -13 \\ 11 \end{bmatrix}$. 求める基底変換行列は $P = \begin{bmatrix} -12 & 9 \\ -13 & 11 \end{bmatrix}$.

講義 13 13.1 (1) $P^{\mathsf{T}}P = \begin{bmatrix} 2/\sqrt{5} & 1/\sqrt{5} \\ -1/\sqrt{5} & 2/\sqrt{5} \end{bmatrix} \begin{bmatrix} 2/\sqrt{5} & -1/\sqrt{5} \\ 1/\sqrt{5} & 2/\sqrt{5} \end{bmatrix} = \begin{bmatrix} 1 & 0 \\ 0 & 1 \end{bmatrix}$ より行列 P は直交行列. (2) $\mathrm{A}(-1, 1), \mathrm{B}(3, -2)$ より, $\overrightarrow{\mathrm{OA}} = \begin{bmatrix} -1 \\ 1 \end{bmatrix}$, $\overrightarrow{\mathrm{OB}} = \begin{bmatrix} 3 \\ -2 \end{bmatrix}$, $\overrightarrow{\mathrm{AB}} = \overrightarrow{\mathrm{OB}} - \overrightarrow{\mathrm{OA}} = \begin{bmatrix} 4 \\ -3 \end{bmatrix}$ より, $\|\overrightarrow{\mathrm{OA}}\| = \sqrt{2}, \|\overrightarrow{\mathrm{OB}}\| = \sqrt{13}, \|\overrightarrow{\mathrm{AB}}\| = 5$. さらに, $\overrightarrow{\mathrm{OR}} = \begin{bmatrix} 2/\sqrt{5} & -1/\sqrt{5} \\ 1/\sqrt{5} & 2/\sqrt{5} \end{bmatrix} \begin{bmatrix} -1 \\ 1 \end{bmatrix} = \begin{bmatrix} -3/\sqrt{5} \\ 1/\sqrt{5} \end{bmatrix}$, $\overrightarrow{\mathrm{OS}} = \begin{bmatrix} 2/\sqrt{5} & -1/\sqrt{5} \\ 1/\sqrt{5} & 2/\sqrt{5} \end{bmatrix} \begin{bmatrix} 3 \\ -2 \end{bmatrix} = \begin{bmatrix} 8/\sqrt{5} \\ -1/\sqrt{5} \end{bmatrix}$. また, $\overrightarrow{\mathrm{RS}} = \overrightarrow{\mathrm{OS}} - \overrightarrow{\mathrm{OR}} = \begin{bmatrix} 11/\sqrt{5} \\ -2/\sqrt{5} \end{bmatrix}$ より, $\|\overrightarrow{\mathrm{OR}}\| = \sqrt{2}, \|\overrightarrow{\mathrm{OS}}\| = \sqrt{13}, \|\overrightarrow{\mathrm{RS}}\| = 5$. $\triangle\mathrm{OAB} \equiv \triangle\mathrm{ORS}$ である. 13.2 (1) $A^{\mathsf{T}} = \begin{bmatrix} a & 1 \\ 1 & a \end{bmatrix} = A$ より, 行列 A は対称行列. 行列 A の固有方程式は $|A - \lambda E| = \begin{vmatrix} a-\lambda & 1 \\ 1 & a-\lambda \end{vmatrix} = 0 \Rightarrow (a-\lambda)^2 - 1 = \lambda^2 - 2a\lambda + a^2 - 1 = 0$ $\Rightarrow \lambda^2 - 2a\lambda + (a+1)(a-1) = (\lambda - a - 1)(\lambda - a + 1) = 0$. 行列 A の固有値は $\lambda_1 = a + 1, \lambda_2 = a - 1$ である. $\lambda_1 = a + 1$ に対応する固有ベクトル $\boldsymbol{u}_1$ を $\boldsymbol{u}_1 = \begin{bmatrix} x_1 \\ y_1 \end{bmatrix}$ とする. $(A - \lambda_1 E)\boldsymbol{u}_1 = \boldsymbol{0} \Rightarrow \begin{bmatrix} -1 & 1 \\ 1 & -1 \end{bmatrix} \begin{bmatrix} x_1 \\ y_1 \end{bmatrix} = \begin{bmatrix} 0 \\ 0 \end{bmatrix}$. 対応する固有ベクトルは $\boldsymbol{u}_1 = t\begin{bmatrix} 1 \\ 1 \end{bmatrix}$ であり $t \neq 0$ の任意の実数. $\|\boldsymbol{u}_1\| = 1$ を満たすのは $t = \pm\frac{1}{\sqrt{2}}$ であり, $\boldsymbol{u}_1 = \begin{bmatrix} 1/\sqrt{2} \\ 1/\sqrt{2} \end{bmatrix}$. $\lambda_2 = a - 1$ に対応する固有ベクトル $\boldsymbol{u}_2$ は $\boldsymbol{u}_2 = \begin{bmatrix} 1/\sqrt{2} \\ -1/\sqrt{2} \end{bmatrix}$. $P = \begin{bmatrix} \boldsymbol{u}_1 & \boldsymbol{u}_2 \end{bmatrix} = \begin{bmatrix} 1/\sqrt{2} & 1/\sqrt{2} \\ 1/\sqrt{2} & -1/\sqrt{2} \end{bmatrix}$ より $\|\boldsymbol{u}_1\| = \|\boldsymbol{u}_2\| = 1, (\boldsymbol{u}_1, \boldsymbol{u}_2) = 0$ なので, P は直交行列. $P^{-1}AP = P^{\mathsf{T}}AP = \begin{bmatrix} a+1 & 0 \\ 0 & a-1 \end{bmatrix}$ と対角化可能. (2) $A^{\mathsf{T}} = \begin{bmatrix} 3 & 2 & 2 \\ 2 & 3 & 2 \\ 2 & 2 & 3 \end{bmatrix} = A$ なので, 与えられた行列 A は対称行列である. 与えられた行列 A の固有方程式はつぎとなる. $|A - \lambda E| = \begin{vmatrix} 3-\lambda & 2 & 2 \\ 2 & 3-\lambda & 2 \\ 2 & 2 & 3-\lambda \end{vmatrix} = 0 \Rightarrow -\lambda^3 + 9\lambda^2 - 15\lambda + 7 = 0 \Rightarrow (\lambda-1)^2(\lambda-7) = 0$. よって, 行列 A の固有値は $\lambda_1 = 1$(2 重解), $\lambda_2 = 7$ である. 例 13.3 と同様の手順で $\lambda_1 = 1$(2 重解) に対応する固有ベクトルと $\lambda_2 = 7$ に対応する固有ベクトルのうち互いに直交し, ノルムが 1 のも

のは $\boldsymbol{u}_1 = \begin{bmatrix} 1/\sqrt{2} \\ 0 \\ -1/\sqrt{2} \end{bmatrix}$，$\boldsymbol{u}_2 = \begin{bmatrix} 1/\sqrt{6} \\ -2/\sqrt{6} \\ 1/\sqrt{6} \end{bmatrix}$，$\boldsymbol{u}_3 = \begin{bmatrix} 1/\sqrt{3} \\ 1/\sqrt{3} \\ 1/\sqrt{3} \end{bmatrix}$ より $P = \begin{bmatrix} \boldsymbol{u}_1 & \boldsymbol{u}_2 & \boldsymbol{u}_3 \end{bmatrix}$ とすると，$\|\boldsymbol{u}_1\| = \|\boldsymbol{u}_2\| = \|\boldsymbol{u}_3\| = 1, (\boldsymbol{u}_1, \boldsymbol{u}_2) = (\boldsymbol{u}_2, \boldsymbol{u}_3) = (\boldsymbol{u}_3, \boldsymbol{u}_1) = 0$ なので，P は直交行列であり，与えられた対称行列 A は $P^{-1}AP = P^{\top}AP = \begin{bmatrix} 1 & 0 & 0 \\ 0 & 1 & 0 \\ 0 & 0 & 7 \end{bmatrix}$ と対角化できる．

講義 14 14.1 (1) $|A - \lambda E| = \begin{vmatrix} 5-\lambda & -3 \\ -3 & 5-\lambda \end{vmatrix} = 0 \Rightarrow \lambda^2 - 10\lambda + 16 = (\lambda - 2)(\lambda - 8) = 0.$
行列 A の固有値は $2, 8$ とともに正であるので，$\boldsymbol{x}^{\top} A\boldsymbol{x} > 0$．(2) $|A - \lambda E| = \begin{vmatrix} -2-\lambda & 1 \\ 1 & -2-\lambda \end{vmatrix} = 0 \Rightarrow \lambda^2 + 4\lambda + 3 = (\lambda + 1)(\lambda + 3) = 0$．行列 A の固有値は $-1, -3$ とともに負であるので，$\boldsymbol{x}^{\top} A\boldsymbol{x} < 0$．

14.2 例 14.2 と同様にして $\boldsymbol{y} = \begin{bmatrix} -5.58 \\ -3.42 \\ -4.00 \\ -10.94 \\ -21.23 \\ -37.97 \end{bmatrix}$，$\boldsymbol{x} = \begin{bmatrix} a_2 \\ a_1 \\ a_0 \end{bmatrix}$，$A = \begin{bmatrix} 1.00 & -1.00 & 1.00 \\ 0.19 & 0.44 & 1.00 \\ 1.12 & 1.06 & 1.00 \\ 6.20 & 2.49 & 1.00 \\ 13.47 & 3.67 & 1.00 \\ 24.60 & 4.96 & 1.00 \end{bmatrix}$．

$\boldsymbol{x}$ はつぎとなる．$\boldsymbol{x} = (A^{\top}A)^{-1}A^{\top}y = \begin{bmatrix} -1.58 \\ 0.85 \\ -3.24 \end{bmatrix}$

最小二乗法の意味で最適な 2 次多項式は $y = -1.58x^2 + 0.85x - 3.24$ となる．

参考図書

本書の執筆において参考にした主な図書をあげておく.

[1] 吉本武史, 豊泉正男：線形代数入門, 学術図書出版社, 2010

[2] 永井敏隆, 永井敦：理工系の数理　線形代数, 裳華房, 2008

[3] 桑村雅隆：リメディアル　線形代数　2 次行列と図形からの導入, 裳華房, 2007

[4] 数理科学 6 月号：特集　線形代数の力　その歴史から多彩な応用まで, サイエンス社, 2008

その他にもさまざまな書籍, 論文, 解説記事などを参考にした. さらに学習を進めたい場合は, まず上記図書を参考にするとよい.

線形代数学の応用について, 参考になる書籍をあげておく.

[5] Amy N. Langville, Carl D. Meyer（著）, 岩野和生, 黒川和明, 黒川洋（訳）：Google PageRank の数理　最強検索エンジンのランキング手法を求めて, 共立出版, 2009

[6] 金谷健一：これなら分かる最適化数学　計算原理から計算手法まで, 共立出版, 2005

その他にもたくさんの良書があり, 枚挙に暇がない. 書店やウェブサイトを通じて気に入った書籍を見つけ, 1 冊を丁寧に読み込むことが大切である.

索　引

た行

な行

は行

ま行

や行

ら行

わ行

著者紹介

佐藤和也（さとうかずや）　博士（工学）

1996年　九州工業大学大学院工学研究科設計生産工学専攻修了

現　在　佐賀大学教育研究院自然科学域理工学系 教授

【執筆箇所：講義 01〜04，講義 11〜12】

只野裕一（ただのゆういち）　博士（工学）

2005年　慶應義塾大学大学院理工学研究科開放環境科学専攻修了

現　在　佐賀大学教育研究院自然科学域理工学系 教授

【執筆箇所：講義 01，講義 05〜10】

下本陽一（しももとよういち）　博士（工学）

1992年　九州工業大学大学院工学研究科設計生産工学専攻修了

現　在　長崎大学大学院工学研究科 准教授

【執筆箇所：講義 12〜14】

NDC411　220p　21cm

工学基礎（こうがくきそ）　はじめての線形代数学（せんけいだいすうがく）

2014年8月25日　第1刷発行

2024年2月16日　第13刷発行

著　者　佐藤和也（さとうかずや）・只野裕一（ただのゆういち）・下本陽一（しももとよういち）

発行者　森田浩章

発行所　株式会社　講談社

〒112-8001　東京都文京区音羽 2-12-21

販売　(03)5395-4415

業務　(03)5395-3615

編　集　株式会社　講談社サイエンティフィク

代表　堀越俊一

〒162-0825　東京都新宿区神楽坂 2-14　ノービィビル

編集　(03)3235-3701

本文データ制作　藤原印刷株式会社

印刷・製本　株式会社ＫＰＳプロダクツ

落丁本・乱丁本は，購入書店名を明記のうえ，講談社業務宛にお送りください．送料小社負担にてお取替えします．なお，この本の内容についてのお問い合わせは，講談社サイエンティフィク宛にお願いいたします．定価はカバーに表示してあります．

Printed in Japan

ISBN 978-4-06-156537-1